模具制造综合实训

刘世峰◎主　编

东北林业大学出版社
Northeast Forestry University Press
·哈尔滨·

图书在版编目（CIP）数据

模具制造综合实训 / 刘世峰主编 . — 哈尔滨 : 东北林业大学出版社 , 2023.2

ISBN 978-7-5674-2968-0

Ⅰ . ①模… Ⅱ . ①刘… Ⅲ . ①模具—制造—职业教育—教材 Ⅳ . ① TG76

中国国家版本馆 CIP 数据核字（2023）第 037253 号

责任编辑： 姚大彬

封面设计： 郭　婷

出版发行： 东北林业大学出版社

（哈尔滨市香坊区哈平六道街 6 号　邮编：150040）

印　　装： 北京四海锦诚印刷技术有限公司

开　　本： 787 mm × 1092 mm　1/16

印　　张： 18

字　　数： 359 千字

版　　次： 2023 年 2 月第 1 版

印　　次： 2024 年 4 月第 1 次印刷

书　　号： ISBN 978-7-5674-2968-0

定　　价： 98.00 元

《模具制造综合实训》编委会

主　编　刘世峰

副主编　连立雅　田志凯

参　编　张晋峰　栗志峰　赵会军　商林芳

　　　　王冠雄　刘星星　张夏平

前 言

PREFACE

模具在现代工业的生产中日益发挥着重大作用，广泛应用于汽车、机械、电子、轻工、家电、通信、军事和航空航天等领域，是当今工业生产中一种重要的工艺装备，也是最重要的工业生产手段和工艺发展方向。一个国家工业水平的高低在很大程度上取决于模具工业的发展水平，因此模具工业的发展水平成为一个国家制造技术水平的重要标志之一。随着模具工业的飞速发展，社会上对既具有理论知识又具有高技能模具制造加工人才的需求越来越多。“模具制造综合实训”是为培养模具设计与制造专业人才而设置的专业课程之一。

根据模具企业对模具专业人才的要求，围绕职业院校人才培养目标，我们编写了本教材。在编写本教材时，考虑到目前许多学校的培养计划中在技术基础课程和学时上出现的新情况，本教材对传统的教材结构进行了调整，在取材过程中本着以学生为主体，以能力培养为目标，以企业需求为依据，以就业为导向的原则，取舍适当，特别注重学生模具制造技术的综合应用能力。

本教材较系统、全面地介绍了现代模具制造过程中的常用工艺和特殊工艺。内容上既有传统的模具制造技术的基础知识，也有模具制造的新技术、新工艺的介绍，其内容包括模具的结构及设计案例、模具的一般机械加工、模具数控车削加工、模具数控铣削加工、模具工作型面的加工技术、模具的特种加工技术及其他新技术。本书既可作为职业技术院校高级技工学校的模具设计与制造专业的必修课教材，也可作为机械类其他专业的选修课教材，同时还可作为从事模具设计、模具制造工作的工程技术人员的参考用书。

本教材参考了大量的相关文献资料，借鉴、引用了诸多专家、学者和教师的研究成果，其主要来源已在参考文献中列出。本教材编写得到很多专家学者的支持和帮助，在此深表谢意。

项目一　模具加工基础知识…………………………………… 1

任务一　模具钳工基础知识 ……………………………………2
任务二　数控加工及特种加工基础知识 ……………………8
任务三　模具成型面研抛技术 ……………………………… 22
任务四　模具热处理及表面处理技术 ……………………… 27

项目二　常见的模具结构与特征…………………………… 47

任务一　冷冲模的结构 ……………………………………… 48
任务二　塑料成型模的结构 ………………………………… 57
任务三　金属成型模的结构 ………………………………… 63

项目三　冲裁模、注塑模及压铸模的结构形式………… 69

任务一　冲裁模常见的结构形式 …………………………… 70
任务二　注塑模常见的结构形式 …………………………… 74
任务三　压铸模常见的结构形式 …………………………… 80

项目四　模具的一般机械加工……………………………… 85

任务一　模具的普通车削加工 ……………………………… 86
任务二　轴类零件车削工艺分析 …………………………… 92
任务三　模具零件的铣削加工 ……………………………… 96
任务四　模具零件的刨削加工 ……………………………… 98
任务五　模具零件的磨削加工 ……………………………102
任务六　插削加工 …………………………………………107
任务七　仿形加工 …………………………………………108

项目五　模具数控车削加工……………………………… 111

任务一　数控车床的结构及加工特点 ……………………112
任务二　零件定位及安装 …………………………………115

任务三　数控车削加工工艺 ……117
任务四　数控车削常用的编程指令 ……125

项目六　模具数控铣削加工……154

任务一　数控铣削加工机床结构及加工特点 ……155
任务二　工件的定位与装夹 ……164
任务三　数控铣床的加工工艺 ……167
任务四　数控铣削加工常用的编程指令 ……177

项目七　模具工作型面的加工技术……210

任务一　型面的普通机械加工 ……211
任务二　成型磨削 ……223

项目八　模具的特种加工技术……234

任务一　模具的数控线切割加工 ……238
任务二　模具的电化学及化学加工 ……248
任务三　模具的其他加工方法 ……251

项目九　模具制造的其他新技术……256

任务一　精密铸造技术 ……257
任务二　模具挤压成型 ……261
任务三　模具快速成型技术 ……265
任务四　模具高速加工技术 ……272
任务五　模具零件表面强化技术 ……274

参考文献……279

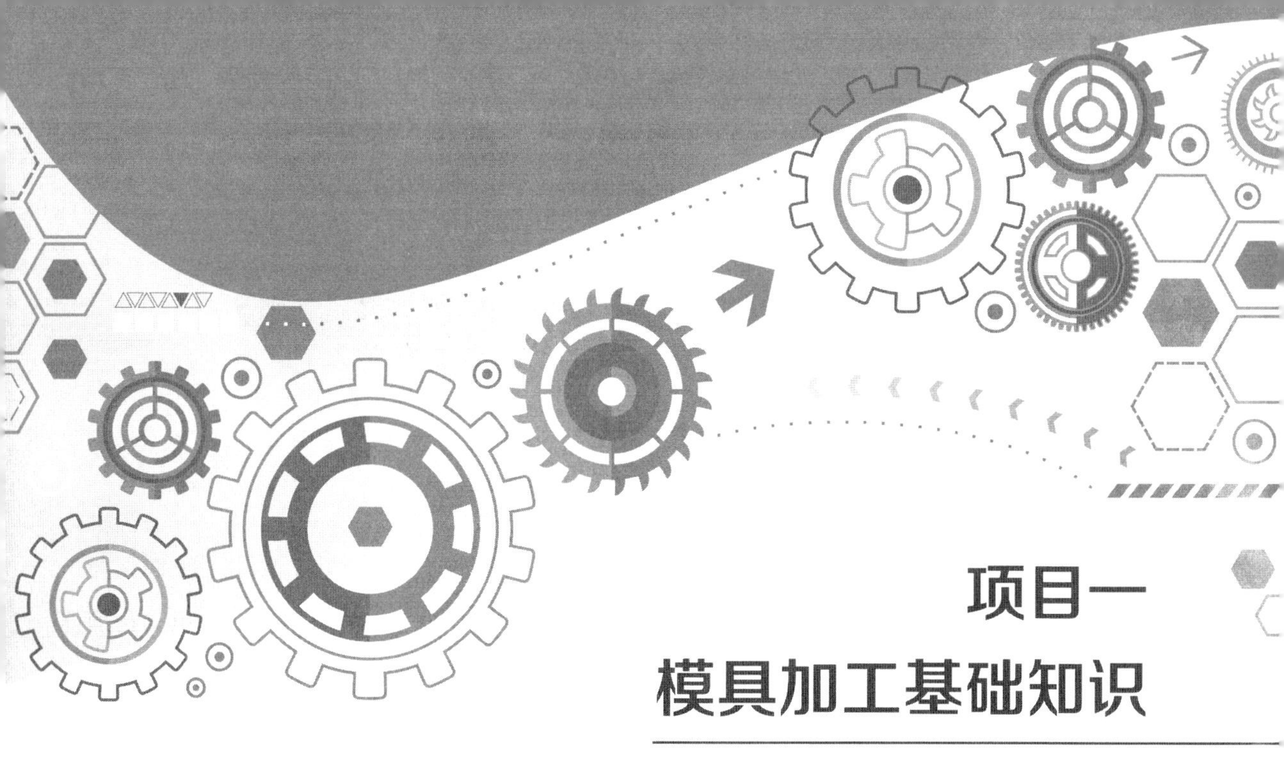

项目一 模具加工基础知识

导读

模具以其特定的形状，通过一定的方式使原材料成型。现代工业生产中，模具是加工各种制品的重要工艺装备，特别是汽车、航空、无线电、电机、电器、仪器、仪表、兵器、日用品等工业，模具必不可少。几乎所有的金属零件，如锻件、冲压件、压铸件、粉末冶金零件，以及非金属零件如塑料、陶瓷、橡胶、玻璃等制品，都是用模具成型的，本项目就模具加工的基础知识进行学习。

学习目标

1. 掌握钳工的基本环境及加工设备知识；
2. 了解模具制造工艺的规程设计及工艺选择；
3. 掌握数控加工及特种加工基础知识；
4. 掌握模具的热处理及表面处理技术。

任务一　模具钳工基础知识

一、钳工的基本环境及加工设备认知

（一）模具钳工的基本要求

模具生产的产品质量，与模具的精度直接相关。模具的结构，尤其是型芯、型腔，通常都是比较复杂的。一套模具，除必要的机械加工或采用某些特种工艺加工（如电火花加工、电解加工、激光加工等）外，余下的很大工作量主要是靠钳工来完成的。尤其是一些复杂型腔的最终精修光整，模具装配时的调整、对中等，都靠钳工手工完成。

1. 模具钳工要具备的素质

（1）熟悉模具的结构和工作原理。

（2）了解模具零件、标准件的技术要求和制造工艺。

（3）掌握模具零件的钳工加工方法和模具装配方法。

（4）掌握常用模具的调整方法和维修方法。

2. 安全工作注意事项

由于模具钳工的工作场地很复杂，因此对安全技术及操作要求也很严格，模具钳工工作应遵守以下规定：

（1）作业场地要经常保持整齐清洁，搞好环境卫生；使用的工具、加工的零件、毛坯和原材料等放置要有次序，并且整齐稳固，以保证操作过程中的安全和方便。

（2）操作用的机床、工具要经常检查（如钻床、砂轮机、手电钻和锉刀等），发现损坏要及时停止使用，待修好再用。

（3）在钳工工作中，例如錾削、锯割、钻孔，以及在砂轮机上修磨工具等，都会产生很多切屑。清除切屑时要用刷子，不要用手去清除，更不要用嘴去吹，以免切屑飞进眼里造成不必要的伤害。

（4）使用电器设备时，必须使用防护用具（如防护眼镜、胶皮手套及防护胶鞋等），若发现防护用具失效，应及时修补更换。

（二）钳工设备认知

1. 钳台和虎钳

钳台（图 1–1）是钳工工作专用台，用来安装虎钳、放置工具及零件等。钳台离地面高度为 800 ～ 900 mm，台面可覆盖铁皮或橡胶。

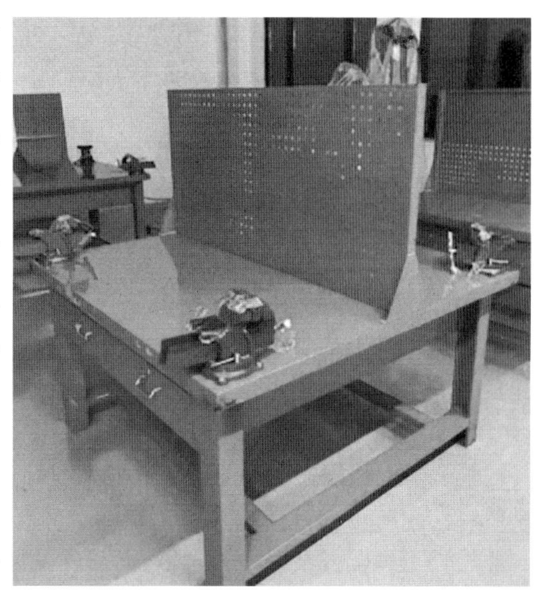

图 1–1　钳台

虎钳安装在钳台上，可分为固定式和活动式，用来夹持工件。虎钳应牢固安装在钳台上，夹持工件时用力应适中，一般要双手尽力扳紧手柄，绝不能将虎钳手柄加长来增大加紧力。夹持精密工件时要用软钳口（一般用紫铜或黄铜皮）；夹持软性或过大的工件时，不能用力过大，以防工件变形；夹持过长或过大的工件时，要另用支架支撑，以免使虎钳承受过大的压力。

2. 砂轮机

砂轮机（图 1–2）用来刃磨钻头、錾子及其他工具。

使用者必须站在砂轮机侧面，不可正面对砂轮。开启电源，等砂轮运转正常后，再进行使用。搁架与砂轮应随时保持小于 3 mm 的距离，否则容易发生事故，同时也不便于侧面刃磨。

3. 钻床

钻床可分为台式铣床、立式钻床（图 1–3）、摇臂钻床、手电钻。

图 1–2　上海砂轮机厂 m3040 落地式砂轮机

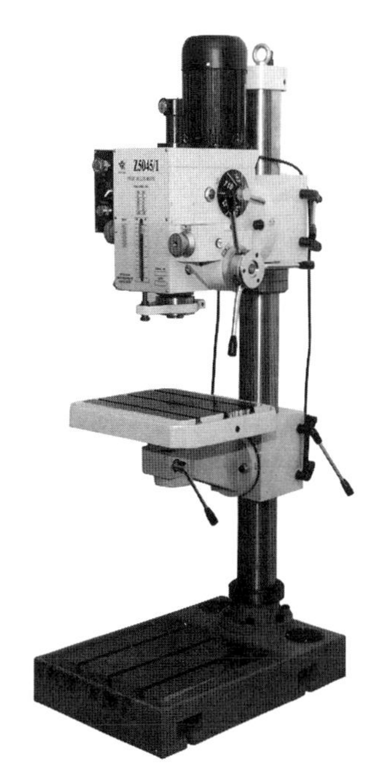

图 1–3　z5040 立式钻床

（1）台式铣床。

台式铣床简称台钻，是一种小型钻床，通常钻削直径 13 mm 以下孔的设备，由于转速高、效率高、使用方便，因此是模具工人经常使用的设备之一。

（2）立式钻床。

立式钻床简称立钻。立钻是钻床中较为普遍的一种，具有不同的型号，用来加工各种不同尺寸的孔。

（3）摇臂钻床。

在加工较大模具的多孔时，使用立钻就不合适了，因为立钻的主轴中心位置不能作前后、左右移动。当钻完一个孔再钻另一个孔时，必须移动模具，使钻孔的位置对正中心，才能继续钻孔，而搬移大或重的模具比较困难，在这种情况下，使用摇臂钻床就比较方便。

（4）手电钻。

手电钻用来钻削直径 12 mm 以下的孔，通常在不便于使用钻床钻孔的情况下使用。

二、模具制造工艺规程设计

（一）模具制造特点

模具是工业生产的主要装备之一。一套模具制出后，通过它可以生产出数十万件制品或零件，但对于模具本身的制造，它的生产规模只能是单件生产，其生产工艺特征主要表现如下：

（1）模具零件的毛坯制造一般采用木模、手工造型、砂型铸造或自由锻造加工而成，其毛坯精度较低，加工余量较大。

（2）模具零件除采用一般普通机床，如车床、万能铣床、内外圆磨床、平面磨床加工外，还需要采用高效、精密的专用加工设备和机床来加工，如仿形刨床、电火花穿孔机床、线切割加工机床、成型磨削机床、电解加工机床等。

（3）模具零件的加工一般多采用通用夹具。

（4）一般模具广泛采用配合加工方法，对于精密模具应考虑工作部分的互换性。

（5）模具生产专业厂一般都实现了零部件和工艺技术及其管理的标准化、通用化、系列化，把单件生产转化为批量生产。

（二）模具的生产过程

模具的生产过程主要包括模具的设计、模具制造工艺规程的制定、模具原材料的运输和保存、生产的准备工作、模具毛坯制造、模具零部件的加工和热处理、模具的装配、试模与调整及模具的检验与包装。

1. 制定工艺规程

工艺规程是指按模具设计图样，由工艺人员规定出整个模具或零部件制造工艺过程和操作方法。模具加工工艺规程常采用工艺过程卡片形式。工艺过程卡片是以工序为单位，简要说明模具或零部件加工及装配过程的一种工艺文件。它是生产部门及车间进行技术准备、组织生产、指导生产的依据。

2. 组织生产零部件

按零部件生产工艺规程或工艺卡片，组织零部件的生产。利用机械加工、电加工及其他工艺方法，制造出符合设计图样要求的零部件。

3. 模具装配

按规定的技术要求，将加工合格的零部件进行配合与连接，装配成符合模具设计图样结构总图要求的模具。

4. 试模与调整

将装配好的模具进行试模。边试边调整、校正，直到生产出合格的制品零件为止。

三、模具加工工艺的选择

（一）模具加工方法

模具加工方法如表 1–1 所示。

表 1–1　模具加工方法

加工方法	制模方法	使用模具	所需技术	加工精度
铸造方法	1. 用锌合金制造	冷冲、塑料、橡胶	铸造	一般
	2. 用低熔点合金	冷冲、塑料	铸造	一般
	3. 用铍（青）铜方法	塑料	铸造	一般
	4. 用合成树脂	冷冲	铸造	一般
切削加工	1. 一般机床	冷冲、塑料、压铸、锻造	熟练技术	一般
	2. 精密机床	冷冲、其他	熟练技术	精
	3. 仿形铣	全部	操作	精
	4. 仿形刨	全部	操作	一般
	5. 靠模机床	冷冲、其他	操作	精
	6. 数控机床	全部	操作	精
特种加工	1. 冷挤	塑料、橡胶	阴阳模	精
	2. 超声波加工	冷冲、其他	刀具	精
	3. 电火花加工	全部	电极	精
	4. 线切割加工	全部	—	精
	5. 电解加工	冲压、其他	电极	精
	6. 电解磨削	冷冲	成型模型	精
	7. 电铸加工	冷冲	成型模型	精
	8. 腐蚀加工	塑料、玻璃	图样模型	一般

（二）冷冲模零件制造工艺方法

冷冲模零件制造工艺方法如表 1–2 所示。

表 1–2　冷冲模零件制造工艺方法

<table>
<tr><th>序号</th><th colspan="2">工艺方法</th><th>工艺说明</th><th>优缺点</th></tr>
<tr><td>1</td><td colspan="2">手工锉削、压印法</td><td>先按图样加工好凸（凹）模，淬硬后以此作为样冲反压凹（凸）模，边压边锉削，使其成型</td><td>方法陈旧，周期较长，需较高的钳工及热处理技术，对工艺装配要求低，适用于一般设备缺乏的小型工厂模具加工</td></tr>
<tr><td>2</td><td colspan="2">成型磨削</td><td>利用专用成型磨床，如 M8950 或在平面磨床上装置成型磨削夹具，进行凸凹模外形加工</td><td>加工精度高，解决了零件淬火后易变形的影响。但工艺计算复杂，需要制造许多高精度磨削工卡具</td></tr>
<tr><td>3</td><td colspan="2">电火花加工</td><td>利用火花通过电极对模具进行穿孔加工</td><td>与成型磨削配合加工出电极和凸模后，对凹模进行穿孔，其加工精度高，解决了热处理变形及开裂问题，是目前广泛采用的加工工艺</td></tr>
<tr><td rowspan="3">4</td><td rowspan="3">线切割加工工艺</td><td>靠模线电极切割</td><td>利用靠模样板控制电极丝的运动来切割型孔</td><td>方法直观，工艺易掌握，废品少；但需制样板，其工艺复杂性增加。零件的加工精度取决于样板的精度</td></tr>
<tr><td>光电跟踪线切割</td><td>利用光电头跟踪放大到一定比例的零件图样，通过电器装置及机械装置达到仿形加工</td><td>操作简便，可以加工任意几何形状的模具孔。但调整困难，易产生误差</td></tr>
<tr><td>数字程序控制线切割</td><td>根据被加工图样，编好程序，打好纸带输入计算机，由计算机控制加工</td><td>综合了各种加工方法的优点，其加工精度高、废品少，可以加工各种形状的零件</td></tr>
</table>

（三）型腔模加工工艺

型腔模加工工艺如表 1–3 所示。

表 1–3　型腔模加工工艺

序号	加工工艺	工艺说明	优缺点
1	钳工修磨加工	根据图样采用车、铣粗加工后，由钳工修磨抛光成型	劳动强度大、加工精度低，质量不易保证
2	冷挤压型腔	温室下，利用加工淬硬的冲头对金属挤压成型	冲头可多次使用，比较经济，其表面作淬硬化后，提高了模具的寿命；粗糙度值低，无须再加工，需要大吨位挤压设备
3	电镀成型	利用电镀的原理使其成型	可以加工形状复杂、精度高的小型塑压模型腔，但工艺时间长，耗电量大
4	电火花加工型腔	利用电火花放电腐蚀金属，对型腔加工成型	对操作工人技术等级要求低，易操作，减少了工时。型体采用整体结构还可以简化设计，是目前正在推广的加工工艺

（四）模具零件加工工序的选择

模具零件的加工工序除按表 1–1 加工工艺方法划分外，还可按可达到的加工精度分为粗加工工序、精加工工序及光整加工工序（表 1–4）。

表 1–4 模具零件加工工序的选择

工序名称	加工特点	用途
粗加工工序	从工件上切去大部分工件余量，使其形状和尺寸接近成品要求的工序，如粗车、粗镗、粗铣、粗刨及钻孔等加工精度不低于 IT11，表面粗糙度 $Ra > 6.3\ \mu m$	主要应用于要求不高或非表面配合的最终加工，也可作为精加工前的预加工
精加工工序	从经过粗加工的表面上切去较小的加工余量，使工件达到较高精度及表面质量的工件。常用的方法有精车、精镗、铰孔、模孔、磨平面及成型面、电加工等	主要应用于模具工作零件，如凸、凹模的成型磨削及型腔模的定模芯、动模芯等零件的电加工
光整加工工序	从经过精加工的工件表面上切去很少的加工余量，得到很高的加工精度及很小的表面粗糙度值的加工工序	主要用于导柱、导套的研磨及成型模腔的抛光

（五）模具成型零件的加工工序安排

模具成型零件加工工序安排一般如下：

（1）毛坯加工。

（2）划线。

（3）坯料加工，采用普通机床进行基准面或六面体加工。

（4）精密划线，编制数控程序，制作穿孔底带、刀具与工装准备。

（5）型面与孔加工，包括钻孔、镗孔、成型铣削加工。

（6）表面处理。

（7）精密成型加工，包括精密电位圆孔及型孔坐标磨削、成型磨削、电火花成型加工、电火花线切割加工及电解加工等。

（8）钳工光整加工及整形。

四、模具制造工艺过程的基本要求

模具制造工艺过程应满足以下基本要求：

（1）要保证模具的质量。模具在制造加工中，按工艺规程所生产出的模具，应能达到模具设计图样所规定的全部精度和表面质量的要求，并能批量生产出合格的制品零件来。

（2）要保证制造周期。在制造模具时，应力求缩短制造周期，为此应力求缩短成型加工工艺路线，制定合理的加工工艺，编制科学的工艺标准，经济合理的使用设备，力求变单件生产为多件生产，采用和推行“成组加工工艺”。

（3）模具的成本要低廉。为了降低模具成本，要合理利用材料，缩短模具制造周期，努力提高模具使用寿命。

（4）要不断提高加工工艺水平。制造模具要根据现有条件，尽量采用新工艺、新技术、新材料，以提高模具生产效率、降低成本，使模具生产有较高的技术经济效益和水平。

（5）要保证良好的劳动条件。模具钳工应在不超过国家标准规定的噪声、有害气体、粉尘、高温及低温条件下工作。

任务二　数控加工及特种加工基础知识

一、数控加工基本知识

（一）数控加工的基本知识

1. 数控与数控机床

数字控制（Numerical Control，NC）是用数字化信号对机床的运动及其加工过程进行控制的一种方法，是一种自动控制技术。数控机床就是采用了数控技术的机床，或者说是装备了数控系统的机床。只需编写好数控程序，机床就能够把零件加工出来。

2. 数控加工

数控加工是指在数控机床上进行零件加工的一种工艺方法。数控加工与普通加工方法的区别在于控制方式。在普通机床上进行加工时，机床动作的先后顺序和各运动部件的位移都是由人工直接控制。在数控机床上加工时，所有这些都由预先按规定形式编排并输入到数控机床控制系统的数控程序来控制的。因此，实现数控加工的关键是数控编程。编制的程序不同就能加工出不同的产品，因此它非常适合于多品种、小批量生产方式。

3. 数控加工工艺设计

工艺设计是对工件进行数控加工的前期工艺准备工作，它必须在程序编制工作以前完成，因为只有工艺设计方案确定以后，程序编制工作才有依据。工艺设计是否优化，往往是影响数控加工成本和是否造成数控加工差错的主要原因之一，所以编程人员一定要先做好工艺设计，再考虑编程。工艺设计主要有以下内容：

（1）选择并决定零件的数控加工内容。

（2）零件图纸的数控加工工艺性分析。

（3）数控加工的工艺路线设计。

（4）数控加工的工序设计。

（5）数控加工专用技术文件的编写。

（二）数控机床的工作原理与分类

1. 数控机床的工作原理

数控机床加工零件时，首先要根据加工零件的图样与工艺方案，按规定的代码和程序格式编写零件的加工程序单，这是数控机床的工作指令。通过控制介质将加工程序输入到数控装置，由数控装置将其译码、寄存和运算之后，向机床各个被控量发出信号，控制机床主运动的变速、起停、进给运动及方向、速度和位移量，以及刀具选择交换，工件夹紧松开和冷却润滑液的开、关等动作，使刀具与工件及其他辅助装置严格地按照加工程序规定的顺序、轨迹和参数进行工作，从而加工出符合要求的零件。

2. 数控机床的组成

数控机床主要由控制介质、数控装置、伺服系统和机床本体四部分组成。

（1）控制介质。

控制介质是用于记载各种加工信息（如零件加工工艺过程、工艺参数和位移数据等）的媒体，经输入装置将加工信息送给数控装置。常用的控制介质有标准的纸带、磁带和磁盘，还可以用手动方式（MDI 方式）或者用与上一级计算机通信方式将加工程序输入 CNC 装置。

（2）数控装置。

数控装置是数控机床的核心，它的功能是接受输入装置输入的加工信息，经过数控装置的系统软件或逻辑电路进行译码、运算和逻辑处理之后，发出相应的脉冲送给伺服系统，通过伺服系统控制机床的各个运动部件按规定要求动作。

（3）伺服系统。

伺服系统由伺服驱动电动机和伺服驱动装置组成，它是数控系统的执行部分。机床上的执行部件和机械传动部件组成数控机床的进给伺服系统和主轴伺服系统，根据数控装置的指令，前者控制机床各轴的切削进给运动，后者控制机床主轴的旋转运动。伺服系统有开环、闭环和半闭环之分。在闭环和半闭环伺服系统中，还需配有检测装置，用于进行位置检测和速度检测。

（4）机床本体。

数控机床的本体包括主运动部件，进给运动部件如工作台、刀架及传动部件和床身立柱等支撑部件，此外还有冷却、润滑、转位、夹紧等辅助装置。对加工中心类的数控机床，还有存放刀具的刀库、交换刀具的机械手等部件。

3. 数控机床的分类

国内外数控机床的种类有数千种，如何分类尚无统一规定。常见的分类方法有：按机械运动的轨迹可分为点位控制系统、直线控制系统和轮廓控制系统；按伺服系统的类型可分为开环控制系统、闭环控制系统和半闭环控制系统；按控制坐标轴数可分为两坐标数控机床、三坐标数控机床和多坐标数控机床；按数控功能水平可分为高档数控机床、中档数控机床和低档数控机床。

但从用户角度考虑，按机床加工方式或能完成的主要加工工序来分类更为合适。按照数控机床的加工方式，可以分成以下几类。

（1）金属切削类数控机床。

金属切削类数控机床可分为数控车床、数控铣床、数控钻床、数控镗床、数控磨床、数控齿轮加工机床和加工中心等。

（2）金属成型类数控机床。

金属成型类数控机床可分为数控折弯机、数控弯管机、数控冲床、数控旋压机等。

（3）特种加工类数控机床。

特种加工类数控机床可分为数控电火花线切割机床、数控电火花成型机床及数控激光切割焊接机等。

（三）数控加工的特点与应用

1. 数控加工的特点

（1）加工精度高。

数控机床是精密机械和自动化技术的综合，所以机床的传动精度与机床的结构设计都考虑到要有很高的刚度和热稳定性，它的传动机构采用了减小误差的措施，并由数控装置补偿，所以数控机床有较高的加工精度。数控机床的定位精度可达 ±0.005 mm，重复定位精度为 ±0.002 mm；而且数控机床的自动加工方式还可以避免人为的操作误差，使零件尺寸一致，质量稳定，加工零件形状愈复杂，这种特点就愈显著。

（2）自动化程度高和生产率高。

数控加工是按事先编好的程序自动完成零件加工任务的，操作者除了安放控制介质及操作键盘、装卸零件、关键工序的中间测量以及观察机床的运动情况外，不需要进行繁重的重复性手工操作，因此自动化程度很高，管理方便。同时，由于数控加工能有效减少加工零件所需的机动时间和辅助时间，因而加工生产效率比普通机床高很多。

（3）适应性强。

当改变加工零件时，只需更换加工程序，就可改变加工工件的品种，这就为复杂结构的单件、小批量生产以及试制新产品提供了极大的便利，特别是普通机床很难加工或无法加工的精密复杂型面。

（4）有利于生产管理现代化。

用数控机床加工零件，能准确地计算零件的加工工时，并有效地简化检验和工夹具、半成品的管理工作，这些都有利于使生产管理现代化。

（5）减轻劳动强度，改善劳动条件。

操作者不需繁重而又重复的手工操作，劳动强度和紧张程度大大改善，另外工作环境整洁，劳动条件也相应改善。

（6）成本高。

数控加工不仅初始投入资金大（数控设备及计算机系统），而且复杂零件的编程工作量也大，从而增加了它的生产成本。

2. 数控加工的应用

从数控加工的一系列特点可以看出，数控加工有一般机械加工所不具备的许多优点，所以其应用范围也在不断扩大。它特别适合加工多品种、中小批量以及结构形状复杂、加工精度要求高的零件，特别是加工需频繁变化的模具零件，越来越多地侧重于数控加工技术。但数控加工目前并不能完全代替普通机床，也还不能以最经济的方式解决机械加工中的所有问题。

3. 数控加工技术的发展

数控加工技术是综合运用了微电子、计算机、自动控制、自动检测和精密机械等多学科的最新技术成果而发展起来的，它的诞生和发展标志着机械制造业进入了一个数字化的新时代，为了满足社会经济发展和科技发展的需要，它正朝着高精度、高速度、高可靠性、多功能、智能化及开放性等方向发展。

二、模具数控加工及数控工艺设计

（一）适于数控加工的模具零件结构

1. 选择合适的工艺基准

由于数控加工多采用工序集中的原则，因此要尽可能采用合适的定位基准。一般可选模具零件上精度高的孔作为定位基准孔。如果零件上没有基准孔，也可设置专门的工艺孔作为定位基准，如在毛坯上增加工艺凸台或在后续工序要切除的余量上设置定位基准孔。

2. 加工部位的可接近性

对于模具零件上一些刀具难以接近的部位（如钻孔、铣槽），应关注刀具的夹持部分是否与零件相碰。如发现上述情况，可使用加长柄刀具或小直径专用夹头。

3. 外轮廓的切入切出方向

在数控铣床上铣削模具零件的内外轮廓时，刀具的切入点和切出点选择在零件轮廓几何零件的交点处，并根据零件的结构特征选择合适的切入和切出方向。如铣削外轮廓表面时要沿外部曲线延长线的切向切入或切出，以免在切入处产生刀具刻痕；而铣削内轮廓表面（如封闭轮廓）时，只能沿轮廓曲线法向切入或切出，但应避免造成刀具干涉问题。

4. 特殊结构的处理

对于薄壁复杂型腔等特殊结构的模具零件，应根据具体情况采取有效的工艺手段。对于一些薄壁零件，例如厚度尺寸要求较高的大面积薄壁（板）零件，由于数控加工时的切削力和薄壁零件的弹性变形容易造成明显的切削振动，影响厚度尺寸公差和表面粗糙度，甚至使切削无法正常进行，此时应改进装夹方式，采用粗精分开加工及对称去除余量等加工方法。

对于一些型腔表面复杂、不规则、精度要求高，且材料硬度高、韧性大的模具零件，可优先考虑采用数控电火花成型加工。这种加工方法电极与零件不接触，没有机械加工的切削力，尤其适宜加工刚度低的模具型腔及进行细微加工。

对于模具上一些特殊的型面，如角度面、异形槽等，为保证加工质量与提高生产效率，可采用专门设计的成型刀加工。

（二）编程原点及定位基准的选择

1. 编程原点的选择

编程原点通常作为坐标的起始点和终止点，它的正确选择将直接影响到模具零件的加工精度和坐标尺寸计算的难易程度。在选择编程原点时应注意以下原则：

（1）编程原点尽可能与图样的尺寸基准（设计基准与工艺基准）相重合，例如以孔定位的零件，应以孔的中心作为编程原点，对于一些形状不规则的零件，可在其基准面（或线）上选择编程原点，当加工路线呈封闭形式时，应在精度要求较高的表面选择编程原点（或加工起始点）。

（2）编程原点的选择应有利于编程和数值计算简便。

（3）编程原点所引起的加工误差应最小。

（4）编程原点应易找出，且测量位置较方便。

2. 定位基准的选择

数控加工中应采用统一的定位基准，否则会因零件的多次安装而引起较大的误差。零件结构上最好有合适的可作为统一定位基准的孔或面。若没有合适的，可在工件上增设工艺凸台或工艺孔。若确实难以在零件上加工出统一的定位基准要素时，可选择经过精加工的组合表面作为统一的定位基准，以减少多次装夹所产生的误差。

（三）刀具的选择及走刀

1. 刀具的选择

合理选择刀具是数控加工工艺分析的重要内容之一。模具型腔或凸模成型表面，多使用模具铣刀进行加工。模具铣刀可分为圆锥铣刀（圆锥半角为 3°、5°、7°、10°），圆柱形球头铣刀和圆锥形球头铣刀，它们的圆周与球头（或端面）上均有切削刃，可作径向和轴向切削。立体型面和变斜角轮廓外形加工，一般多采用球头铣刀、环形铣刀、鼓形铣刀、圆锥立铣刀等。但加工较为平坦的曲面时，若使用球头铣刀顶端刃切削，切削条件较差，效率低；若采用环形铣刀，加工质量和效率明显提高。

在数控编程中，刀具部分的几何参数可用两个选项来设定：第一个选项用来确定刀体类型，包括圆柱形和圆锥形刀具；第二个选项用来确定刀头类型，包括平头、球形和圆角。定义刀具几何形状的参数包括如下几项。

（1）刀锥角度。

刀锥角度用于定义圆锥刀具的刀具轴线与刀具斜侧刃的夹角，用角度表示。当角度为零时，就表示圆柱铣刀。

（2）刀具半径。

对圆柱铣刀而言，刀具半径指刀具圆柱形工作截面的半径；对圆锥铣刀而言，刀具半径指圆锥刀体部分与刀头相接处的圆的半径。

（3）圆角半径。

对具有球头或圆角头的刀具来说，圆角半径是指球的半径或圆角半径。

（4）刀具高度。

刀具高度用来表示刀具切削部分的高度值。

在生成刀具运动轨迹的编程中，刀具选择合理与否，关系到零件的加工精度、效率及刀具的使用寿命。一般来说，金属模具粗加工时，采用 ϕ50 mm 以上的平头刀或球头刀进行加工；半精加工时，采用 ϕ30 mm 以上的平头刀或球头刀进行加工；精加工应选择刀具半径小于被加工曲面的最小凹向曲率半径的球头刀进行加工。

2. 加工路线的确定

确定加工路线时，要在保证被加工零件获得良好的加工精度和表面质量的前提下，力求计算容易，走刀路线短，空刀时间少。

（1）平面轮廓的加工路线。

平面轮廓零件的表面多由直线、圆弧或各种曲线构成，常用 2 坐标联动的 3 坐标铣床加工，编程较简单。图 1–4 所示为直线和圆弧构成的平面轮廓铣削。零件轮廓为 *ABCDE*，采用半径为 *r* 的圆柱铣刀进行周向加工，虚线为刀具中心的运动轨迹。当机床具备 G41、G42 功能可跨象限编程时，可按轮廓划分程序段；如果机床不具备跨象限编程能力，需按象限划分圆弧程序段（程序段数会增加）。

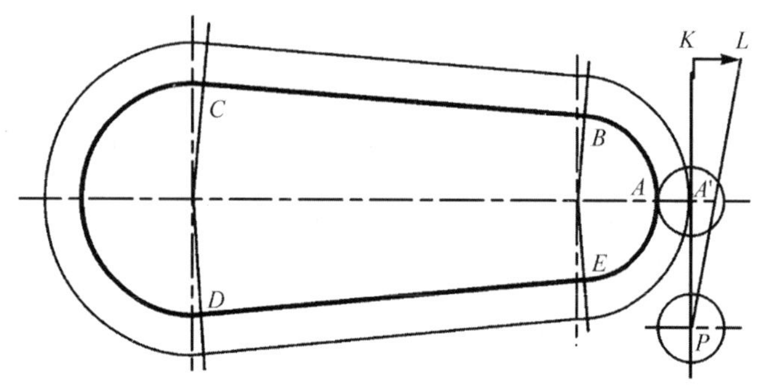

图 1–4 直线和圆弧构成的平面轮廓铣削

在铣削平面轮廓时，为保证加工能光滑过渡，应增加切入外延 *PA'*、切出外延 *A' K*、让刀 *KL* 以及返回 *LP* 等程序段，这样可以减少接刀痕迹，保证轮廓的表面质量。相反，若铣刀沿法向直接切入零件，就会在零件外形上留下明显的刀痕。

同时，加工中要尽量避免进给中途停顿。因为加工过程中零件、刀具、夹具、机床工艺系统在弹性变形状态下平衡，若进给停顿则切削力会减小，切削力的突变就会使零件表面产生变形，在零件表面上留下凹痕。

铣削加工中不同的走刀路线往往会给加工编程带来不同的影响，图 1–5 所示为加工内槽的 3 种走刀路线。所谓内槽是指以封闭曲线为边界的平底凹坑。这种内槽用平底立铣刀加工，刀具圆角半径应符合内槽的图纸要求。图 1–5（a）和图 1–5（b）分别表示用行切法和环切法加工内槽。两种走刀路线的共同点是都能切净内腔中的全部面积，不留死角，不伤轮廓，同时能尽量减少重复走刀的搭接量。但是，行切法将在每两次走刀的起点与终点间留下残留高度，而达不到所要求的表面粗糙度。通常先用行切法，最后环切一刀，光整轮廓表面，能获得较好的效果 [图 1–5（c）]。从数值计算的角度看，环切法的刀位点计算稍微复杂，需要逐次向外扩展轮廓线。若从走刀路线的长短比较，行切法略优于环切法，但在加工小面积内槽时，环切的程序要短些。

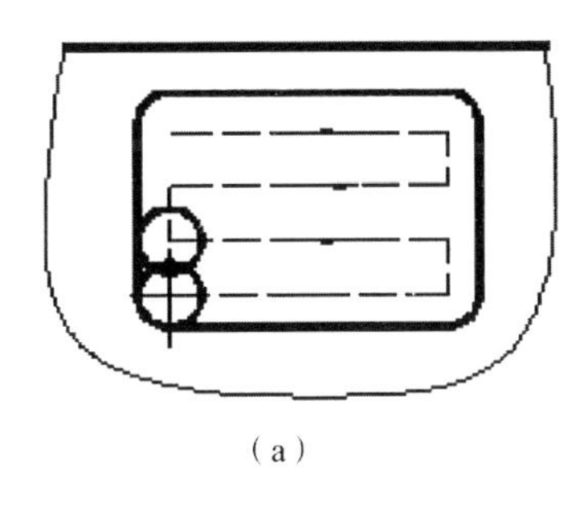
（a）

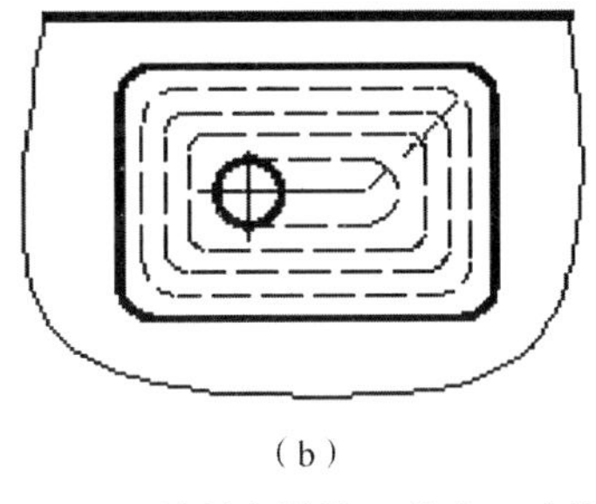
（b）

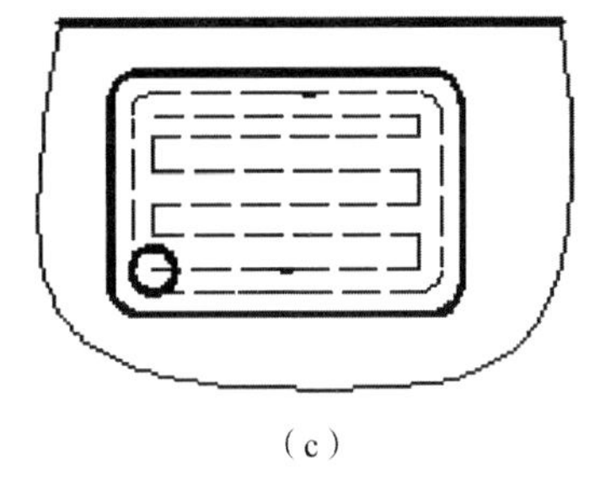
（c）

图 1–5　铣削内槽的 3 种走刀路线

（a）行切法；（b）环切法；（c）先用行切法，最后环切一刀

（2）曲面轮廓的加工路线

曲面加工中常用球头铣刀、环形刀、鼓形刀、锥形刀和盘铣刀等，切削时根据曲面的具体情况选择刀具的几何形状。通常根据曲面形状、刀具形状以及精度要求，采用不同的铣削方法，如用 2.5 轴、3 轴、4 轴、5 轴等插补联动加工来完成立体曲面的加工。

对于三维曲面零件，根据曲面形状、精度要求、刀具形状等情况，通常采用两种方法加工：一种是 2 坐标联动的 3 坐标加工，即 2.5 轴加工，此方法常用来加工不太复杂的空间曲面零件；另一种是 3 坐标联动加工，这种方法要求所用机床的数控系统必须具备 3 轴联动的功能，常用来加工比较复杂的空间曲面零件。

三维曲面的行切法（又叫行距法）加工，是用球头铣刀一行一行地加工曲面，每加工完一行后，铣刀要沿一个坐标方向移动一个行距（图 1–6），直至加工好整个曲面为止。在用 3 坐标联动加工时，球头铣刀沿着曲面一行一行连续切削，最后获得整张曲面 [图 1–6（a）]；当用 2 坐标联动的 3 坐标加工时，相当于以平行于某一坐标平面的一组平面将被加工曲面切成许多薄片，切削一行就相当于加工一个平面曲线轮廓，每加工完一行后，铣刀沿某一坐标方向就移动一个行距，直至加工好整个曲面 [图 1–6（b）]。

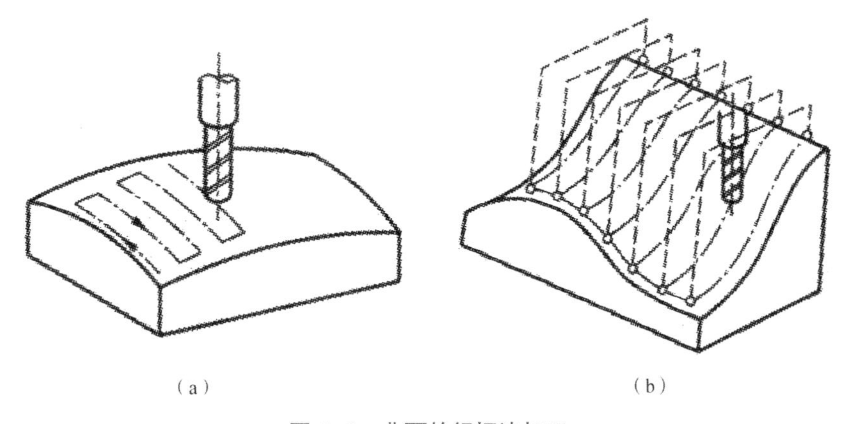
（a）　　（b）

图 1–6　曲面的行切法加工

（a）3 坐标联动加工；（b）铣刀沿某一坐标方向移动

应用行切法的加工结果如图 1–7 所示。图 1–7（a）表示 2.5 轴加工产生金属残留高度 H；图 1–7（b）表示在 3 坐标联动加工时，铣刀沿切削方向采用直线插补的加工结果。

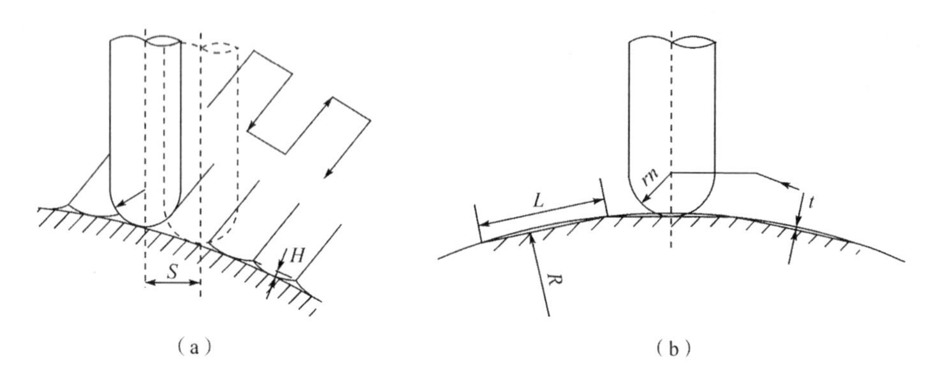

图 1–7　行切法的加工结果

（a）2.5 轴加工产生；（b）3 坐标联动加工直线插补

4 坐标、5 坐标加工用于比较复杂、要求较高的曲面加工，其工艺处理的基本步骤和原则与 3 坐标曲面加工有许多类似之处，但计算上更为复杂，一般都采用自动编程方法。

（四）走刀速度、进给速度

在数控编程中，有五种进给速度可供选择，即切削进给速度、跨越进给速度、接近工件表面进给速度、退刀和空刀进给速度，以及主轴转速。

1. 切削进给速度

切削进给速度应根据所采用机床的功率、刀具材料和尺寸，被加工零件的切削加工性能和加工余量的大小综合确定。一般原则是：工件表面的加工余量大、硬度高，则切削进给速度低；反之则切削进给速度高。切削进给速度可由操作者根据被加工工件表面的具体情况进行调整，以获得最佳切削状态。

2. 跨越进给速度

跨越进给速度是指在曲面区域加工中，刀具从一切削行运动到下一切削行之间所具有的运动速度，该速度一般与切削进给速度相同。

3. 接近工件表面进给速度

为了使刀具安全、可靠地接近工件表面，接近工件的进给速度不宜太高，一般为切削进给速度的 1/5。

4. 退刀和空刀进给速度

为了缩短非切削加工时间，降低生产成本，退刀和空刀进给速度应选择机床所允许的最大进给速度。

5. 主轴转速

主轴转速应根据所采用机床的功率、刀具材料和尺寸、被加工零件的切削加工性能和加工余量来综合确定。对于大余量的钢类或铸铁类零件的表面加工，主轴转速不能选得太高，否则容易损坏刀具或使刀具磨损过度；对小余量的钢类或铸铁类零件的表面精加工，在刀具能正常使用的前提下，尽量加快主轴的转速，以获得高质量的加工表面。

三、模具高速切削技术

什么是高速加工？所谓高速铣削是指高转速、大进给、小切削的加工工艺，但高速加工并不仅仅是使用更高的主轴转速和更快的机床进给来加工原来的刀路。它是小切削恒定负荷、快速走刀，需要使用非常高的刀具切削线速度，这来自主轴转速和刀具尺寸。高速加工还需要特殊的加工工序和加工方法，可直接加工淬火材料。因此，高速加工能充分发挥机床和刀具的切削效率。

（一）高速加工的许多优点

（1）得到较高的表面质量。

（2）加工效率高，缩短生成周期。

（3）有利于使用较小的刀具加工。

（4）实现了高硬度材料、脆性材料和薄壁材料的加工。

（5）自动化程度高。

（二）高速切削技术在模具生产中的特点

目前，模具加工制造过程中，主要以普通机加工和数控铣及电火花加工为主。数控铣加工模具型腔一般都是在热处理前进行粗加工、半精加工和精加工，加工未到位处再加以电火花加工，然后打磨抛光，费时又费力，加工效率不高（靠加班加点完成任务）。随着产品更新换代速度的加快，对模具的生产效率和制造品质提出了越来越高的要求，要缩短制造周期并降低成本，必须广泛采用先进切削加工技术。而代表先进制造技术的高速切削技术的出现，满足了现代模具加工的要求与特点，模具产品精度质量高，工时短，刀具、材料成本消耗低，安全有效。它实现了高效率、高质量曲面加工，省略了两个工序（电火花加工、光整加工），节省了 30% ～ 50% 时间。

高速切削技术可加工淬硬钢，而且可得到很高的表面质量，表面粗糙度 $Ra < 0.6$ μm，取得以铣代磨的加工效果，不仅节省了大量的时间，还提高了加工表面质量。采用高速切削，不仅机床转速高、进给快，而且粗精加工可以一次完成，极大地提高了生产效率，模具的制造周期大大缩短。高速切削加工模具既不需要做电极，也不需要后续研磨与抛光，还容易实现加工过程自动化，提高模具的开发速度。

（三）高速切削技术的应用

高速切削技术制造模具，具有切削效率高，可明显缩短机动加工时间，加工精度高，表面质量好，因此可大大缩短机械后加工、人工后加工和取样检验辅助工时等许多优点。今后，电火花成型加工应该主要针对一些尖角、窄槽、深小孔和过于复杂的型腔表面的精密加工。高速切削加工在发达国家的模具制造业中已经处于主流地位，据统计，目前有85% 左右的模具电火花成型加工工序已被高速加工所取代。但是由于高速切削的一次性设备投资比较大，在国内，高速切削与电火花加工还会在较长时间内并存。

模具的高速切削中对高速切削机床有下列技术要求：

（1）主轴转速高（12 000 r/min 以上），功率大。

（2）机床的刚度好。

（3）主轴转动和工作台直线运动都要有极高的加速度。

由于高速切削时产生的切削热和刀具的磨损比普通速度切削高很多，因此，高速刀具的配置十分重要，主要表现如下：

（1）刀具材料应硬度高、强度高、耐磨性好、韧度高、抗冲击能力强、热稳定和化学稳定性好。

（2）必须精心选择刀具结构和精度、切削刃的几何参数，刀具与机床的连接方式广泛采用锥部与主轴端面同时接触的 HSK 空心刀柄，锥度为 1∶10，以确保高速运转刀具的安全和轴向加工精度。

（3）型腔的粗加工、半精加工和精加工一般采用球头铣刀，其直径应小于模具型腔曲面的最小曲率半径；而模具零件的平面的粗加工、精加工则可采用带转位刀片的端铣刀。

（四）五轴模具加工技术

五轴模具加工是指在一台机床上至少有五个坐标轴（三个直线坐标和两个旋转坐标），而且可在计算机数控（CNC）系统的控制下同时协调运动进行加工，它是集机床结构、数控系统和编程技术于一体的综合应用。

五轴模具加工多用于零件形状复杂的行业，如航空航天、电力、船舶、高精密仪器、模具制造等。五轴模具加工的应用技术难度较大，国际上把五轴联动数控技术作为一个国家自动化水平的标志。

五轴模具加工具有如下优点：

（1）刀具可以对工件呈任意的姿势进行加工；可以使加工刀具尽可能地短；可避免切削速度为零的现象，延长刀具寿命降低成本。

（2）可以加工复杂的、以前只能通过浇注方法才能得到的零件。

（3）可提高模具零件的加工精度、表面加工质量。

（4）可减少工件装夹次数，缩短加工时间。

（5）可减少放电区域、减少模具抛光、减少电极数量、减少加工设备、减少制作流程。

（6）对于较深的型腔加工，可灵活应用刀具前倾角、侧倾角，产生最佳加工程序。

五轴模具加工主要用于航天、汽车、机车零件、整体叶轮、叶片、手表、切削刀具、模具加工（鞋模、轮胎模、保特瓶模、汽车模）、较深的型腔加工（毛坯残留计算，应用前倾角、侧倾角，产生最佳加工程序）。

四、电加工技术

（一）电火花成型加工的基本知识

电火花加工是在一定介质中，通过工具电极和工件电极之间脉冲放电时的电腐蚀作用，对工件进行加工的一种工艺方法。它可以加工各种高硬度、高熔点、高强度、高纯度、高韧性材料，在模具制造中应用于型孔和型腔的加工。

1. 电火花加工的原理

电火花加工的原理是基于工具和工件（正、负电极）之间脉冲电火花放电时的电腐蚀现象来腐蚀多余的金属，以达到对工件的尺寸、形状及表面质量等预定的加工要求。电火花腐蚀的主要原因是因为电火花放电时火花通道中瞬时产生大量的热，达到很高的温度，足以使任何金属材料局部熔化、气化而被腐蚀掉，形成放电凹坑。

2. 电火花加工的主要特点

（1）脉冲放电产生的高温火花通道足以熔化任何材料，因此，所用的工具电极无须比工件材料硬。它便于加工用机械加工方法难以加工或无法加工的特殊材料，包括各种淬火钢、硬质合金、耐热合金等任何硬、脆、韧、软、高熔点的导电材料。在具备一定条件时，也可加工半导体和非导体材料。

（2）加工时工具电极与工件不接触，两者之间宏观作用力极小，不存在因切削力而产生的一系列设备和工艺问题。因此，可不受工件的几何形状的影响，有利于加工通常机械切削方法难以或无法加工的复杂形状工件和具有特殊工艺要求的工件，例如薄壁、窄槽、各种型孔、立体曲面等。

（3）脉冲参数可以任意调节，在同一台机床上能连续进行粗、中、精加工。由于工具电极和工件具有仿形加工的特性，因而具有多种金属切削机床的功能。

（4）用电能进行加工，便于实现自动控制和加工自动化。但是电火花加工的基本原理，也常带来这种工艺存在的局限性。例如生产效率较低、工具电极有损耗、影响尺寸加工的精度等，这些还需要进一步研究提高。

3. 电火花加工在模具制造中的应用

电火花加工在模具制造中的应用主要有以下几个方面：

（1）各种模具零件的型孔加工。冲裁、复合模、连续模等各种冲模的凹模；凹凸模、固定板、卸料板等零件的型孔；拉丝模、拉深模等具有复杂型孔的零件等。

（2）复杂形状的型腔加工。如锻模、塑料模、压铸模、橡皮模等各种模具的型腔加工。

（3）小孔加工。对各种圆形、异形孔的加工（可达 0.15 mm 直径），如线切割的穿丝孔、喷丝板的型孔等。

（4）电火花磨削。如对淬硬钢、硬质合金工件进行平面磨削、内外圆磨削、坐标孔磨削以及成型磨削等。

（5）强化金属表面。如对凸模和凹模进行电火花强化处理后，可提高耐用度。

（6）其他加工。如刻文字、花纹、电火花攻螺纹等。

（二）电火花线切割加工基本知识

1. 电火花数控线切割加工基本原理

电火花线切割时电极丝接脉冲电源的负极，工件接脉冲电源的正极。当来一个电脉冲时，在电极丝和工件之间产生一次火花放电，在放电通道中心温度瞬时可达 10 000℃以上，高温使工件金属熔化，甚至有少量气化，高温也使电极和工件之间的工作液部分产生气化，这些气化后工作液和金属蒸气瞬间迅速热膨胀，并且有爆炸的特点。这种热膨胀和局部微爆炸，抛出熔化和气化了的金属材料，而实现对工件材料进行电蚀切割加工。通常认为电极丝与工件之间的放电间隙 δ 在 0.01 mm 左右，若电脉冲的电压高，放电间隙会大一些。线切割编程时，一般取 $\delta = 0.01$ mm。

为了确保每来一个电脉冲在电极丝和工件之间产生的是电火花放电而不是电弧放电，必须创造必要的条件。首先必须使两个电脉冲之间有足够的间隔时间，使放电间隙中的介质电离，即使放电通道中的带电粒子复合为中性粒子，恢复本次放电通道处间隙中介质的绝缘强度，以免总在同一处发生放电而导致电弧放电。一般脉冲间隔应为脉冲宽度的 4 倍以上。

为了保证火花放电时电极丝（一般用钼丝）不被烧断，必须向放电间隙注入大量的工作液，以使电极丝得到充分冷却。同时电极丝必须作高速轴向运动，以避免火花放电总在电极丝的局部位置而被烧断，电极丝速度为 7 ～ 10 m/s，有利于不断往放电间隙中带入新的工作液，同时也有利于把电蚀产物从间隙中带出。

电火花切割加工时，为了获得比较好的表面粗糙度和高的尺寸精度，并保证钼丝（电极丝）不被烧断，应选择好相应的脉冲参数，并使工件和钼丝之间的放电必须是火花放电，而不是电弧放电。

2. 电火花数控线切割加工的特点

（1）适合于难切削材料的加工。由于加工中材料的去除是靠放电时的电热作用实现的，材料的可加工性主要取决于材料的导电性及热学特性，如熔点、沸点（气化点）、比热容、热导率、电阻率等，而几乎与其力学性能（硬度、强度等）无关。

（2）可以加工特殊及复杂形状的零件，由于加工中钼丝和工件不直接接触，没有机械加工的切削力，因此适宜加工低刚度工件及微细加工。

（3）采用标准通用电极丝，这种电极丝可市场购买，更换方便，大大降低了电极的设计与制造费用，缩短了生产准备时间，且加工周期短，这对新产品的试制是很有意义的。

（4）电极丝比较细，可以加工微细异形孔、窄缝和复杂形状的工件。由于窄缝很窄，且只对工件材料进行“套件”加工，实际金属去除量很少，材料的利用率高，这对加工、节约贵重金属有重要意义。

（5）采用移动的长电极丝进行加工，使单位长度电极丝的损耗较少，从而对加工精度的影响比较小。

（6）自动化程度高，操作方便，加工周期短，成本低，较安全，但工件必须具导电性。

3. 电火花数控线切割加工的适用范围

线切割加工为新产品试制、精密零件加工及模具制造开辟了一条新的工艺途径，主要适用于以下几个方面。

（1）加工模具。

适用于加工各种形状的冲模。调整不同的间隙补偿量，只需一次编程就可以切割凸模、凸模固定板、凹模及卸料板等。模具配合间隙、加工精度通常都能达到要求。此外，还可加工挤压模、粉末冶金模、弯曲模、塑料模等通常带锥度的模具。

（2）加工零件。

在试制新产品时用线切割在坯料上直接割出零件，如试制切割特殊微电机硅钢片定、转子铁芯，由于不需另行制造模具，可大大缩短制造周期，降低成本。另外修改设计、变更加工程序比较方便，加工薄件时还可以多片叠起来加工。在零件制造方面，可用于加工品种多、数量少的零件，特殊难加工材料的零件，材料试验样件，以及各种型孔、特殊齿轮、凸轮、样板、成型刀具。同时还可以进行微细加工，如异形槽和标准缺陷的加工等。

任务三　模具成型面研抛技术

抛光是模具制造过程中一道不可缺少的工序，是模具制造的关键步骤。模具抛光的重要性在于：

（1）型腔模的型腔和型芯的表面粗糙度直接影响制品的脱膜及制品表面粗糙度。

（2）模具型腔电加工后在表面形成脆性大、微裂多的脆硬层和放电痕迹，对模具的寿命影响大，必须通过抛光除去。

（3）机械加工表面的微观形貌呈规律起伏的峰谷，构成了大量微小的应力集中源，降低了表面的耐蚀性和疲劳强度，也必须通过抛光除去。

（4）模具制造成本中比例最大的是工时费用，一副制作精良的模具，抛光和研磨的工时往往占总制模工时的 15% ～ 45%。

因此，为了提高制件质量，保证模具寿命，降低模具制造成本，必须充分重视模具的抛光和研磨工作。

抛光原理就是把表面微观不平度的峰点逐渐除去，使峰谷差值减少，而镜面抛光则要把表面抛光成像镜子一样光可照人。因此，大多数情况下，抛光工序不是对零件尺寸和形状进行修正，而只是降低零件表面的粗糙度值。影响模具表面抛光效果的因素很多，除模具材料的组织、力学性能、抛光前表面的加工状态和工人的经验等外，抛光工序所用的工具、磨料、研磨剂的合理选用，抛光工艺的选择等也都是十分重要的。

抛光可以分为物理抛光和化学或电化学抛光两大类。物理抛光是利用磨料的切削作用将峰点金属去除，而化学或电化学抛光则是利用化学或电化学作用将高点蚀去，也可将两者结合进行联合抛光。目前应用较多、工艺较为成熟的是物理抛光，下面介绍几种常用的物理抛光和化学或电化学抛光形式。

一、手工研抛和机械研抛技术

（一）手工抛光

虽然目前各种抛光机械发展迅猛，但在模具制造中仍然大量采用手工抛光，主要的手工抛光方法如下。

1. 砂纸抛光

这是最为简便的抛光方法，一般采用各号金相砂纸，手持砂纸在模具型腔表面交叉运

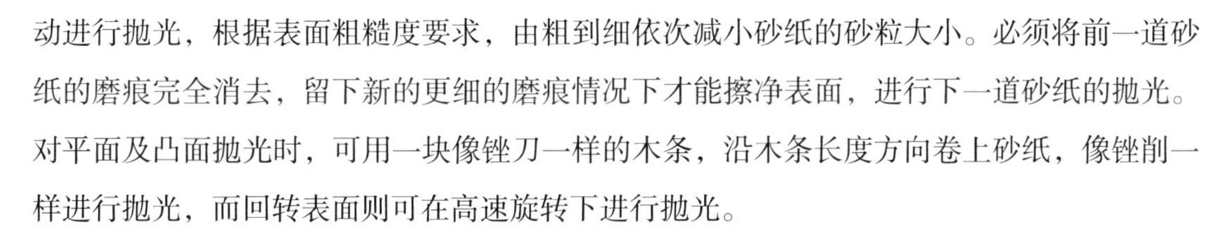

动进行抛光，根据表面粗糙度要求，由粗到细依次减小砂纸的砂粒大小。必须将前一道砂纸的磨痕完全消去，留下新的更细的磨痕情况下才能擦净表面，进行下一道砂纸的抛光。对平面及凸面抛光时，可用一块像锉刀一样的木条，沿木条长度方向卷上砂纸，像锉削一样进行抛光，而回转表面则可在高速旋转下进行抛光。

2. 油石抛光

油石抛光可用在平面、槽和形状复杂而又没有适当研具的情况下。油石的截面形状有正方形、长方形、三角形、圆形、半圆形和刀形等，应根据被抛表面的形状选择，还可根据需要将油石修磨成特殊形状。油石在抛光前应浸在煤油里，抛光时手压要轻，要经常检查油石的“堵塞”情况。粗抛时可选用 80 ～ 150 粒号陶瓷黏合剂的碳化硅油石，然后选用更高粒号的油石进行精抛光，与第一次油石打磨方向成45°，直到前一道痕迹消失为止。油石抛光时必须要注意保持油石和被抛表面的清洁，油石和被抛表面不清洁会出现明显的划痕，使前功尽弃，因此每换一次粒度油石都要将被抛表面擦洗干净，油石在工作中也要随时清洗以防“堵塞”。

3. 研磨

研磨是在工件与研具之间放入磨料进行配研的加工。研磨分湿式研磨和干式研磨两种。湿式研磨是在研具与研磨零件之间放入研磨剂和研磨液的混合物进行研磨，干式研磨只放入磨料。模具都采用湿式研磨。

抛光之前的零件应满足以下要求：表面粗糙度 $Ra < 1.6 \sim 3.2$ μm，余量小于 0.1 ～ 0.12 mm。常用抛光工具有抛光机、毛呢布、布轮、油石、绸布、镊子。常用的抛光材料有抛光剂和抛光液。抛光剂有金刚砂、Cr_2O_3 膏。抛光液有煤油、机油与煤油和透平油的混合物、乙醇。抛光液在研磨中起调和磨料、冷却和润滑作用，以加速研磨过程。对抛光液要求有一定的黏度、良好的润滑和冷却作用，对工件无腐蚀并对操作者无害。

此外，研磨时也常用各种牌号的研磨膏，研磨膏在使用时要加煤油或汽油稀释。

抛光工艺路线及注意事项如下：

（1）用细锉刀粗加工表面，较硬的用油石加工，表面质量以不留刀纹为宜。

（2）用细砂布抛光（也叫砂光）。

（3）采用研磨膏、金刚砂抛光时，应该用毡布、毛呢蘸煤油再进行抛光，摩擦的速度比研磨要快。

（4）抛光剂应先粗后细。

（5）湿抛后用毛呢擦干，干抛后用细丝绸擦净。

研具有手工研具、研磨平板、外圆筒研具和衬套研具等，可适应不同的形状。研具的材质常用的有铸铁、铜和低碳钢等，其硬度要低于研磨零件。

（二）机械抛光

由于手工抛光需要熟练技工，劳动强度大，生产效率低，因此采用机械抛光以部分或全部替代手工抛光是发展的趋势。目前已有为数众多的各种机械抛光问世，可根据实际情况选用。机械抛光有电动、气动和超声波的，常用的几种类型如下。

1. 旋转式电动砂轮打磨机

此类打磨机主要用于粗加工各种型面、打毛刺、去焊疤等，是一种简单、粗糙的打磨工具。

2. 手持自身旋转抛光机

此类抛光机通常用于中小模具的研抛加工。配有各种材质、形状和尺寸的砂轮用于修磨工序，同时配有各种尺寸的羊毛毡抛光工具对型腔进行抛光。

3. 手持角式旋转抛光机

此类抛光机和直身式旋转抛光机的不同之处在于能改变主轴角度，使操作人员能在最适宜的位置进行抛光，而且能深入型腔研抛。

4. 手持往复式抛光机

此类抛光机的特点在于研具不作旋转运动，而作直线往复运动，因此特别适宜于狭槽平面和角度等处的抛光工作。

5. 圆盘式抛光机

此类抛光机适用于大平面和大曲面等的抛光工作。

二、电解抛光与修磨

（一）电解抛光

电解抛光是利用电化学阳极溶解的原理对金属表面进行抛光的一种表面加工方法。电解抛光如图 1–8 所示。图 1–8（a）中，件 6 为阳极，即要抛光的型腔，件 2 为阴极，即用铅金属制成的与型腔相似的工具电极。两者之间保持一定的电解间隙。当电解液中通以直流电后，随着阳极表面发生电化学溶解，型腔表面上被一层溶化的阳极金属和电解液所组成的黏膜所覆盖，它的黏度很高，导电性能很低。由于型腔表面高低不平，在凹入的地方黏膜较厚，电阻较大，在凸出的部位黏膜较薄，电阻较小，如图 1–8（b）所示。因此，凸出部分的电流密度比凹入部分的大，溶解较快，经过一段时间以后，就逐渐将不平的金属表面蚀平。

电火花加工后的型腔表面通过电解抛光后，其表面粗糙度可由 Ra 2.5 ～ 12.5 μm 提高到 Ra 0.32 ～ 0.63 μm。

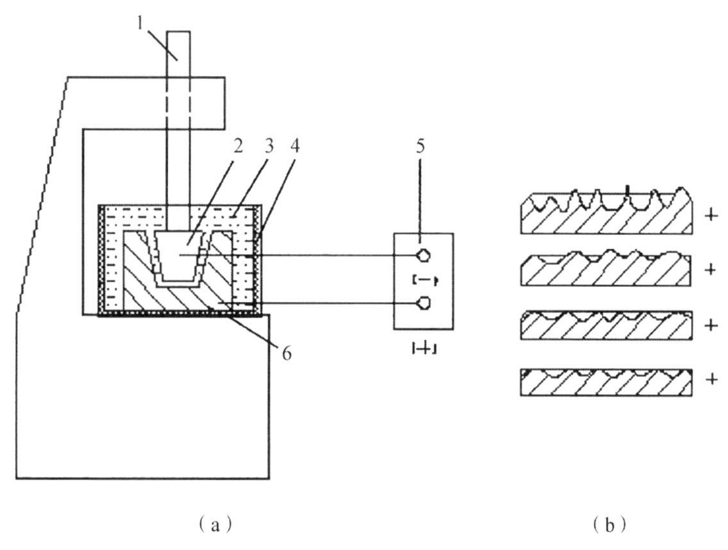

1—主轴头；2—阴极；3—电解液；4—电解槽；5—电源；6—工件

图 1-8　电解抛光示意图

（a）电解抛光设备；（b）型腔表面

（二）电解修磨

电解修磨加工是通过阳极溶解作用对金属进行腐蚀。以被加工的工件为阳极，修磨工具（即磨头）为阴极，两极由一低压直流电源供电，两极间通以电解液。为了防止两电极接触时形成短路，在工具磨头表面上敷上一层能起绝缘作用的金刚石磨粒，当电流及电解液在两极间流动时，工件（阳极）表面被溶解并生成很薄的氧化膜，这层氧化膜被移动着的工具磨头上的磨粒所刮除，使工件露出新的金属表面，并被进一步电解。这样，由于电解作用和刮除氧化膜作用的交替进行，达到去除氧化膜和提高表面质量的目的。

1. 电解修磨的优点

（1）电解修磨是基于电化学腐蚀原理去除金属的。它不会使工件引起热变形或产生应力，工件硬度也不影响腐蚀速度。

（2）经电解修磨后的表面用油石及砂布能较容易地抛光到 Ra 0.4 μm 以上。

（3）用电解修磨法去除硬化层前，模具表面粗糙度达 Ra 3.2 μm 即可，相当于电火花标准加工所得表面粗糙度。这时工具电极损耗小，表面波纹度也低。对于已产生的表面波纹，用电解修磨法也能基本除去，还可用来蚀除排气孔凸起铲除后留下的余痕。

（4）对型腔中用一般修磨工具难以精修的部位及形状，如深槽、窄缝及不规则圆弧和棱角等，采用异形磨头能较准确地按原型腔进行修磨，这时效果更为显著。

（5）装置结构简单，操作方便，工作电压低，电解液无毒。适用于对尺寸要求不太严格的塑料模、压铸模、橡胶模具等。

2. 电解修磨的缺点

（1）电解修磨主要是手工操作，去除硬化层后仍需手工抛光才能达到实用的表面质量。

（2）人造金刚石寿命高，刃口锋利去除电加工硬化层效果很好，但易使表面产生划痕，对提高表面质量不利。

三、超声波抛光

超声波机械加工是利用超声波的能量，通过机械装置对工件进行加工。超声波是频率超过 20 000 Hz 的弹性波，其波长短、频率高，具有较强的束射性能，使能量高度集中。超声波抛光是利用超声波作为动力，推动细小的磨粒以极高的速度冲击工件表面，从工件上“刺”下无数的材料微粒，从而达到抛光加工的目的。

1. 超声波抛光的主要工艺特点

（1）一般粗规准加工后的抛光余量为 0.15 mm 左右，经中、精规准电火花加工后的抛光余量为 0.02 ～ 0.05 mm。

（2）加工精度可达 ±（0.01 ～ 0.05）mm。抛光前工件的表面粗糙度 *Ra* 应不大于 1.25 ～ 2.50 μm，经抛光后可达 *Ra* 0.08 ～ 0.63 μm 或更高。

（3）一般情况下，抛光处的表面粗糙度从 *Ra* 5 μm 减小到 *Ra* 0.04 μm 的抛光速度为 10 ～ 15 min/cm^2。

（4）抛光工序分为粗抛和精抛两个阶段。精抛时为防止工件表面划伤，可用药棉或尼龙拭纸垫在工具端部，蘸以微粉（常用 Fe_2O_3）作为磨料进行抛光。粗、中抛光用水作为工作液，细、精抛光用煤油作为工作液，亦可干抛。

2. 超声波抛光的适用范围

（1）适用于加工硬脆材料和不导电的非金属材料。

（2）工具对工件的作用力和热影响较小，不产生变形、烧伤和变质层，加工精度达 0.01 ～ 0.02 mm，粗糙度达 0.1 ～ 1.0 μm。

（3）可以抛光薄壁、薄片、窄缝和低刚度的零件。

（4）设备简单，使用维修方便，操作容易，成本较低。

（5）抛光头无转动，可以做成复杂形状，抛光复杂型腔。

3. 影响抛光效率的因素

（1）工具的振幅和频率。从原理上讲，增大振幅和频率会提高抛光的效率，但过大又会增加能量的消耗和降低变幅杆和工具的使用寿命，一般情况下振幅控制在 0.01 ～ 0.10 mm，频率控制在 16 000 ～ 25 000 Hz。

（2）工具对零件表面的静压力。抛光式工具对工件的进给力称为静压力。压力过大，磨料和工作液不能顺利更新和交换，降低生产效率；压力过小，降低磨粒对工具的撞击力和切削能力，同样降低效率。

（3）磨料的种类和粒度。高硬度材料的抛光选择碳化硼磨料，硬度不高的脆性材料采用碳化硅磨料。磨料的粒度与振幅有关：当振幅≥ 0.05 mm 时，磨粒愈大加工效率愈高；当振幅< 0.05 mm 时，磨粒愈小加工效率愈高。

（4）料液比。磨料混合剂中磨料和工作液的体积或质量之比称为料液比。过大或过小都会使抛光效率降低。常用的料液比为 0.5 ～ 1.0。

4. 超声抛光时影响抛光表面质量的因素

抛光的质量指标主要是表面粗糙度，它与磨料粒度、工件材料的性质、工具的振幅等有关，通常是：粒度小，材料硬，超声振幅小，则表面粗糙度的改观就愈大。此外，煤油和机油比水质工作液效果要好。

任务四 模具热处理及表面处理技术

一、模具的热处理

（一）模具钢的热处理

模具钢的热处理工艺是指模具钢在加热、冷却过程中，根据组织转变规律制定的具体热处理加热、保温和冷却的工艺参数。根据加热、冷却方式及获得组织和性能的不同，热处理工艺可分为常规热处理、表面热处理（表面淬火和化学热处理）等。

根据热处理在零件生产工艺流程中的位置和作用，热处理又可分为预备热处理和最终热处理。模具钢的常规热处理主要包括退火、正火、淬火和回火。由于真空热处理技术具有防止加热氧化、不脱碳、真空除气、变形小及硬度均匀等特点，近年来得到广泛的推广应用。

1. 退火

退火一般是指将模具钢加热到临界温度以上，保温一定时间，然后使其缓冷至室温，获得接近于平衡状态组织的热处理工艺。其组织为铁素体基体上分布着碳化物。目的是消除钢中的应力，降低模具材料的硬度，使材料成分均匀，改善组织，为后续工序（机加工、冷加工成型、最终热处理等）做准备。

2. 正火

正火与完全退火相比，两者的加热温度基本相同，但正火的冷却速度较快，转变温度较低。冷却方式通常是将工件从炉中取出，放在空气中自然冷却，对于大件也可采用鼓风或喷雾等方法冷却。因此，对于亚共析钢来说，相同钢正火后组织中析出的铁素体数量较少，珠光体数量较多，且珠光体的片间距较小，对于过共析钢来说，正火可以抑制先共析网状渗碳体的析出。钢的强度、硬度和韧性也比较高。

3. 淬火

将钢加热到临界点或以上一定温度，保温一定时间，然后以大于临界淬火速度的速度进行冷却，使过冷奥氏体转变为马氏体或贝氏体组织的热处理工艺称为淬火。

4. 回火

回火是紧接淬火的一道热处理工艺，大多数淬火模具钢都要进行回火。目的是稳定组织，减小或消除淬火应力，提高钢的塑性和韧性，获得强度、硬度和塑性、韧性的适当配合，以满足不同模具的性能要求。

决定模具回火后组织和性能最重要的因素是回火温度。回火可分为低温、中温和高温回火。

（1）低温回火。

大部分钢是淬火高碳钢和淬火高合金钢。经低温回火后得到回火马氏体，具有很高的强度、硬度和耐磨性，同时显著降低了钢的淬火应力和脆性。冷冲压、冷镦、冷挤压模具，需要相当高的硬度和耐磨性，常采用低温回火。

（2）中温回火。

中温回火后模具的内应力基本消除，具有高的弹性极限、较高的强度和硬度、良好的塑性和韧性。中温回火主要用于热锻模具。

（3）高温回火。

压铸模和橡胶模要求较高的强度和韧性，常采用高温回火，回火时间一般不少于 1 h。

5. 真空热处理

在热处理时，被处理模具零件表面发生氧化、脱碳和增碳等效应，都会给模具使用寿命带来严重的影响。为了防止氧化、脱碳和增碳。利用真空作为理想的加热介质，制成真空热处理炉。零件在真空炉中加热后，将中性气体通入炉内的冷却室，在炉内利用气体进行淬火的为气冷真空处理炉，利用油进行淬火的为油冷真空处理炉。

近年来，真空热处理技术在我国发展较为迅速，它特别适合用于模具的热处理工艺。模具钢经过真空热处理后具有良好的表面状态，其表面不氧化、不脱碳，淬火变形小。而与大气下的淬火工艺相比，真空淬火后，模具表面硬度比较均匀，整体硬度甚至略高。真空加热时，模具钢表面呈活性状态，不脱碳，不产生阻碍冷却的氧化膜。真空淬火后，钢的断裂韧度有所提高，模具寿命比常规工艺提高 40% ～ 400%，甚至更高。模具真空淬火技术在我国已得到较广泛的应用。

（1）真空热处理的特点。

①因为在真空中加热和冷却，氧的分压很低，零件表面氧化作用得到抑制，从而可得到光亮的处理表面。

②在大气中熔炼的金属和合金，由于吸气而使韧性下降，强度降低，在真空热处理时，可使吸收的气体释放，从而增加了强度和韧性，提高了模具的使用寿命。

③由于在密封条件下处理，有无公害和保护环境等优点。

④真空中的传热只是发热体的辐射，并非以对流、传导来传热，因此零件背面部分的加热有时会不均匀。

（2）真空热处理设备。

真空热处理技术的关键是采用合适的设备（真空退火炉、真空淬火炉、真空回火炉）。真空加热最早采用真空辐射加热，后来逐步发展为真空辐射加热、负压载气加热、低温阶段正压对流加热等。

①真空退火炉。真空退火炉的真空度为 10^{-3} ～ 10^{-2} Pa，温度的升降应能自动控制。热处理工艺与非真空炉退火工艺基本相同。

②真空淬火炉。真空淬火分为油淬和气淬。油淬时，零件表面出现白亮层，其组织为大量的残余奥氏体，不能用560℃左右的一般回火加以消除，需要更高的温度（700～800℃）才能消除。气淬的零件表面质量好、变形小，不需清洗，炉子结构也较简单。对于高合金或高速钢模具零件，应选用高压气淬炉。

③真空回火炉。真空回火炉对于热处理后不再进行机械加工的模具工作面，淬火后尽可能采用真空回火，特别是真空淬火的工件（模具），它可以提高与表面质量相关的力学性能，如疲劳性能、表面光亮度、耐腐蚀性等。

（3）真空热处理工艺。

真空热处理工艺也是真空热处理技术的关键。

①清洗。通常采用真空脱脂的方法。

②真空度。真空度是主要的工艺参数。在高温高真空下，模具钢中的合金元素容易蒸发，影响模具表面质量和性能。

③加热温度。真空热处理的加热温度为 1 000 ～ 1 100℃时，需要在大约 800℃进行预

热。加热温度为 1 200℃时：简单、小型模具可在 850℃进行一次预热；大型、复杂模具可采用两次预热，第一次在 500 ～ 600℃，第二次在 850℃左右。

④保温时间。真空中的加热速度比盐浴处理的加热速度慢，主要是由于传热方式以辐射为主。一般加热时间是盐浴炉加热时间的 6 倍左右，是空气炉加热时间的 2 倍左右。另外，恒温时间也应长于盐浴炉加热。

⑤冷却。真空冷却分油淬和气淬。油淬应使用特制的真空淬火油，气淬又分为负压气淬和高压气淬等。负压气淬由于负压气体冷却能力低，只能对小件实施淬火；高压气淬则可对大件实施淬火，现在国际上 6×10^{-3} ～ 5×10^{-2} Pa 的单室真空高压气冷技术已得到普遍应用。加热的保护性气体和冷却所用气体主要是氨气、氮气、氦气或氢气。其冷却能力从大到小的顺序依次是氢气、氦气、氮气和氨气，其冷却能力之比为 2.2∶1.7∶1∶0.7。

（二）常用冷作模具钢热处理

1. 冷作模具的工作条件和对模具材料的性能要求

冷作加工是金属在室温下进行冲压、剪断或变形加工的制造工艺，如冷冲压、冷镦锻、冷挤压和冷轧加工等。由于各种冷作加工的工作条件不完全相同，因此对冷作模具材料的要求也不完全一致。

如在冲压过程中，被冲压的材料变形抗力很大，模具的工作部分，特别是刃口承受着强烈的摩擦和挤压，所以对冲裁、剪切、拉深、压印等模具材料的要求主要是高的硬度和耐磨性。同时模具在工作过程中还将受到冲击力的作用，要求模具材料也应具有足够的强度和适当的韧性。此外为便于模具制造，模具材料还要求有良好的冷热加工性能，包括退火状态下的可加工性、精加工时的可磨削性以及锻造、热处理性能等。

冷挤压时，模具整个工作表面除承受巨大的变形抗力和摩擦，还要经受 300℃左右的温度，因此除了要求模具材料具有足够的强度和耐磨性外，还要求具有一定的红硬性和耐热疲劳性。

2. 碳素工具钢的热处理

要求不太高的小型简单冷作模具可以采用碳素工具钢。应用较多的为 T8A 和 T10A。T10A 钢热处理后硬而耐磨，但淬火变形收缩明显；T8A 钢韧性较好，但耐磨性稍差。除了碳元素以外，由于碳素工具钢不含有其他合金元素，因此其淬透性较差，常规淬火后硬化层仅有 1.5 ～ 3.0 mm。

碳素工具钢淬火后得到马氏体组织，使模具具有高硬度和耐磨性。如果淬火温度过高，会使奥氏体组织晶粒粗大，并导致马氏体组织粗大，增加淬火变形开裂的可能性，力学性能降低。但是，若淬火温度太低，奥氏体组织不能溶入足够的碳，且碳浓度不能充分均匀

化，则同样会降低其力学性能。碳素工具热处理工艺规范见有关热处理手册。

3. 低合金模具钢的热处理

冷作模具常用的低合金工具钢有：CrWMn、9Mn2V、9SiCr、GCr15 等。此类钢是在碳素工具钢的基础上，加入了适量的 Cr、W、Mo、V、Mn 等合金元素。合金元素总含量低于 5% 为低合金工具钢。合金元素的加入提高了钢的淬透性以及过冷奥氏体的稳定性。因此，可以降低淬火冷却速度，减少热应力、组织应力以及淬火变形开裂的倾向。

4. 高合金模具钢的热处理

高合金模具钢有含高铬和中铬工具钢、高速钢、基体钢等。此类钢含有较多的合金元素，具有淬透性好、耐磨性高及淬火变形小等特点，广泛用作承受负荷大、生产批量大、耐磨性要求高及形状复杂的模具。

（1）高碳高铬钢。

此类钢的成分特点是高铬量、高碳量，是冷作模具钢中应用范围最广、数量最大的。代表性钢号有 Cr12、Cr12MoV、Cr12MoIVI（D2）、Cr12W 等。

该类钢锻后通常采用球化退火处理，退火后硬度为 207 ～ 255 HB。常用的淬火工艺如下。

①较低温度淬火。将 Cr12 钢加热到 960 ～ 980℃，油冷、淬火后硬度为 62 HRC 以上。对 Cr12MoV 钢，淬火温度为 1 020 ～ 1 050℃，油冷、淬火后硬度为 62 HRC 以上。采用此种方法可使钢获得高硬度、高耐磨性和高精度尺寸，用于制作冷冲压模具。

②较高温度淬火及多次高温回火。对 Cr12 钢，加热到 1 050 ～ 1 100℃，油冷、淬火后硬度为 42 ～ 50 HRC。对 Cr12MoV 钢，淬火温度为 1 100 ～ 1 150℃，油冷、淬火后硬度为 42 ～ 50 HRC。较高温度淬火加上多次高温回火，可以使钢获得高红硬性和耐磨性，用于制作高温下工作的模具。

Cr12 型钢淬火后应及时回火，回火温度可以根据要求的硬度而定。对于要求高硬度的冷冲压模具，回火温度在 150 ～ 170℃，回火后硬度在 60 HRC 以上。对要求较高强度、硬度和一定韧性的冷冲压模具，回火温度取 250 ～ 270℃，回火后硬度为 58 ～ 60 HRC。对于要求高冲击韧性和一定硬度的冷冲压模具，回火温度可以提高到 450℃左右，回火后硬度为 55 ～ 58 HRC，Cr12 型钢要避开 275 ～ 375℃的回火脆性区。

（2）高碳中铬钢。

高碳中铬钢主要有 Cr6WV 钢、Cr4W2MoV 钢、Cr6Mo1V 钢。

（3）高速钢。

铜或铝零件冷挤压时，模具受力不太剧烈，一般可以采用 Cr12 型模具钢。但黑色金属冷挤压时，受力剧烈，工作条件十分恶劣，对模具提出了更高的要求，因此需要采用更高级的模具钢，如高速钢来制造模具。

高速钢热处理后具有高的硬度和抗压强度、良好的耐磨性，能满足较为苛刻的冷挤压条件。常用的冷挤压高速钢有 W6Mo5Cr4V2 钢、W18Cr4V 钢、6W6Mo5Cr4V 钢。

W18Cr4V 钢具有良好的红硬性，在 600℃时仍具有较高的硬度和较好的韧性，但其碳化物较粗大，强度和韧性随尺寸增大而下降。W6Mo5Cr4V2 钢具有良好的红硬性和韧性，淬火后表面硬度可以达到 64 ～ 66 HRC，是一种含 Mo 低 W 的高速钢，其碳化物颗粒较为细小，分布较均匀，强度和韧性较 W18Cr4V 钢较好。

大多数高速钢制作的冷挤压（包括冷镦）模具，可以采用略低于高速钢刀具淬火温度的温度进行淬火，如 W18Cr4V 钢采用 1 240 ～ 1 250℃，W6Mo5Cr4V2 钢采用 1 180 ～ 1 200℃，然后在 560℃进行三次回火。对于一些细长或薄壁的模具，要求有很高的韧性，则可以进一步降低淬火温度，以提高其使用寿命。但低温淬火后，高速钢抗压强度降低，不能用于高负荷模具，也会使耐磨性降低。

（三）热作模具钢热处理

1. 热作模具的工作条件和对模具材料的性能要求

热作模具主要用于热压力加工（包括锤模锻、热挤压、热镦锻、精密锻造、高速锻造等）和压力铸造，也包括塑料成型。

热锻模承受着较大的冲击载荷和工作压力，模具的型腔除产生剧烈的摩擦外，还经常与被加热到 1 050 ～ 1 200℃高温的毛坯接触，型腔表面温度一般在 400℃以上，有时能达到 600 ～ 700℃，随后又经水、油或压缩空气对锻模进行冷却，这样冷热反复交替使模具极易产生热疲劳裂纹。因此要求热锻模材料要具有较高的高温强度和热稳定性（即红硬性）、适当的冲击韧性和尽可能高的导热性、良好的耐磨性和耐热疲劳性，在工艺性能方面具有高的淬透性和良好的切削加工件能力。

近年来被推广的热挤压、热镦锻、精密锻造、高速锻造等先进工艺，由于模具的工作条件比一般热锻模更为恶劣，因此对模具材料提出了更高的要求。这些模具在工作时需长时间与被变形加工的金属相接触，或承受较大的打击能量，模具型腔的受热程度往往比锤锻模具高，承受的负荷也比锤锻模大，尤其是黑色金属挤压和高速锻造，模具型腔表面温度通常在 700℃以上。高速锻造时，型腔表面的加热速度为 2 000 ～ 4 000℃/s，温度可达 950℃左右，造成模具寿命显著下降。所以特别要求模具材料要有高热稳定性和高温强度、良好的耐热疲劳特性能以及高耐磨性。

2. 锤锻模具的热处理

常用作锤锻模的钢种有 5CrNiMo、5CrMnMo、5CrMnSiMoV 等。5CrNiMo 钢具有高的淬透性，良好的综合力学性能，主要用作形状复杂、冲击负荷大的较大型锻模。5CrMnMo 钢中不含有 Ni，以 Mo 代替 Ni 不降低强度，但塑性和韧性降低，适于制造中型锻模。

5CrNiMo 钢的淬火温度通常采用 830 ～ 860℃。由于淬透性高，奥氏体稳定性大，冷却时可采用空冷、油冷、分级淬火或等温淬火。一般是淬火前先在空气中预冷至 750 ～ 780℃，然后油冷到 150 ～ 180℃出油，再行空冷。模具淬火后要立即回火，以防止变形与开裂。

一般热锻模回火后的硬度无须太高，以保证所需的韧性。生产上对不同尺寸的热锻模有不同硬度要求，因而回火温度也应不同。如小型模具硬度要求 44 ～ 47 HRC，回火温度可选择在 190 ～ 510℃；中型模型的硬度要求 38 ～ 42 HRC，回火温度为 520 ～ 540℃；大型模具硬度要求 34 ～ 37 HRC，回火温度为 560 ～ 580℃。模具淬火后内应力较大，回火加热时应缓慢升温或预热（350 ～ 400℃）均匀后，升至所需的回火温度，保温时间不少于 3 h。

3. 热挤压及压铸等模具的热处理

热挤压及压铸等模具要求模具钢有较高的高温性能，如热强性、热疲劳、热熔损、回火抗力及热稳定性等。因此，此类钢含有较多的 Cr、W、Si、Mo、V 等元素，以保证拥有以上性能。我国标准中应用最多的代表性牌号有 3Cr2W8V、4Cr5MoSiV1、4Cr5MoSiV、4Cr3Mo3SiV、4Cr5W2VSi 等。

3Cr2W8V 钢虽然只含有 0.3% ～ 0.4% 的 C，但由于钨、铬含量高，组织上仍属于过共析钢。其工艺性能、热处理规范与 Cr12MOV 钢颇为类似。退火工艺为 830 ～ 850℃下保温 3 ～ 4 h，常用的淬火处理温度为 1 050 ～ 1 150℃，除缓慢加热外，大件或复杂模具应在 800 ～ 850℃预热均温，回火时也有二次硬化现象，回火选择 550 ～ 620℃的高温回火。

3Cr2W8V 钢广泛用作黑色金属和有色金属热挤压模以及 Cu、Al 合金的压铸模。这种钢的热稳定性高，使用温度达 650℃，但钨系热作模具钢的导热性低，冷热疲劳性差。我国在 20 世纪 80 年代初引进国外通用的铬系热作模具钢 H13（4Cr5MoSiVI），H13 钢的合金含量比 3Cr2W8V 钢低，但淬透性、热强性、热疲劳性、韧性、塑性都比前者好，在使用温度不超过 600℃时，代替 3Cr2W8V 钢，模具寿命有大幅度提高，因此 H13 钢迅速得到推广应用。

H13 钢的热处理工艺为：退火温度 800 ～ 840℃，保温 3 ～ 6 h，以 30℃ /h 冷至 500℃以下空冷，也可以采用球化退火工艺。淬火温度为 1 040 ～ 1 080℃，油冷至 500 ～ 550℃

后出油空冷。回火温度为 580 ～ 620℃，保温 2 ～ 3 h，回火 2 次。经上述工艺处理后的 H13 钢模具硬度为 44 ～ 51 HRC。

（四）塑料模具钢热处理

塑料制品已在工业及日常生活中得到广泛应用。塑料模具已向精密化、大型化方向发展，对塑料模具钢的性能要求越来越高。塑模钢的性能应根据塑料种类、制品用途、成型方法和生产批量大小而定。一般要求塑料模具钢有良好的综合性能，对模具材料的强度和韧性要求不如冷作和热作模具高，但对材料的加工工艺性能要求高，如热处理工艺简便、处理变形小或者不变形、预硬状态的切削加工性能好、镜面抛光性能和图案蚀刻性能优良等。

1．塑料模具钢所要求的基本性能

（1）综合力学性能。

成型模具在工作过程中要受到不同的温度、压力、侵蚀和磨损作用。因此要求模具材料组织均匀，无网状及带状碳化物出现，热处理过程应具有较小的氧化、脱碳及畸变倾向，热处理以后应具有一定的强度。为保证足够的抗磨损性能，许多塑料模具经调质后再进行渗氮或镀铬等表面强化处理。

（2）切削加工性能。

对于大型、复杂和精密的注射模具，通常预硬化到 28 ～ 35 HRC，再进行切削和磨削加工至所要求的尺寸和精度后再投入使用，从而排除热处理变形、氧化和脱碳的缺陷。因此常用加入易切削元素 S、Co 和稀土，以改善预硬的切削加工性能。

（3）镜面加工性。

能做光盘和塑料透镜等塑料制品的表面粗糙度要求很高，主要由模具型腔的粗糙度来保证。一般模具型腔的粗糙度要比塑料制品的高一级。模具钢的镜面加工性能与钢的纯洁度、组织、硬度和镜面加工技术有关。高的硬度、细小而均匀的显微组织、非金属夹杂少，均有利于镜面抛光性提高。镜面抛光性要求高的塑料模具钢常采用真空熔炼、真空除气。

（4）图案蚀刻性能。

某些塑料制品表面要求呈现清晰而丰满的图案花纹，如皮革工业中大型皮纹压花版都要求模具钢有良好的图案光刻性能。图案光刻性能对材质的要求与镜面抛光性能相似，钢的纯洁度要高，组织要致密，硬度要高。

（5）耐蚀性能。

含氯和氟的树脂以及在 ABS 树脂中添加抗燃剂时，在成型过程中将释放出有腐蚀性的气体。因此，这类塑料模具要选用耐蚀塑料模具钢，或镀铬，或采用镍磷非晶态涂层。

另外，还要求塑料模具钢有良好的预硬化性能、较高的冷压性能和补焊性能等。

塑料模具钢根据化学成分和使用性能可以分为渗碳型、预硬化型、耐蚀型、时效硬化型和冷挤压成型型等。

2. 渗碳型塑料模具钢的热处理

受冲击大的塑料模具零件，要求表面硬而心部韧，通常采用渗碳工艺、碳氮共渗工艺等来达到此目的。

一般渗碳零件可采用结构钢类的合金渗碳钢，其热处理工艺与结构零件基本相同。对于表面质量要求很高的塑料模具成型零件，宜采用专门用钢。热处理的关键是选择先进的渗碳设备，严格控制工艺过程，以保证渗碳层的组织和性能要求。

渗碳或碳氮共渗工艺规范可参考热处理行业工艺标准：《钢的渗碳与碳氮共渗淬火回火处理》。

常用渗碳型橡塑模具钢有 20、20Cr、12CrNi2、12CrNi3、12Cr2Ni4、20Cr2Ni4 钢等。

3. 预硬化型塑料模具钢的热处理

预硬化型塑料模具钢是指将热加工的模块，预先调质处理到一定硬度（一般分为 10 HRC、20 HRC、30 HRC、40 HRC 四个等级）供货的钢材，待模具成型后，不需再进行最终热处理就可直接使用，从而避免由于热处理而引起的模具变形和开裂，这种钢称预硬化钢。预硬化钢最适宜制作形状复杂的大、中型精密塑料模具。常用的预硬型橡塑模具钢有 3Cr2Mo（P20）、3Cr2NiMo（P4410）、8Cr2MnWMoVS、4Cr5MoSiV1、P20SRe、5NiSCa 等。

（1）3Cr2Mo 钢。

3Cr2Mo（现为 SM3Cr2Mo）钢是最早列入标准的预硬化塑料模具钢，相当于美国 P20 钢，同类型的还有瑞典（ASSAB）的 718、德国的 40CrMnMo7、日本的 HPM2 钢等。3Cr2Mo 钢是我国国家标准中唯一的塑料模具钢，主要用于聚甲醛、ABS 塑料、醋酸丁酸纤维素、聚碳酸酯（PC）、聚酯（PEF）、聚乙烯（DPE）、聚丙烯（PP）、聚氯乙烯（PVC）等热塑性塑料的注射模具。

我国某厂推荐的 3Cr2Mo 钢的强韧化热处理工艺：淬火温度 840 ～ 880℃，油冷；温度 600 ～ 650℃，空冷，硬度 28 ～ 33 HRC。

（2）8Cr2MnWMoVS（8Cr2S）钢。

为了改善预硬化钢的切削加工性，在保证原有性能的前提下添加一种或几种易切削合金元素，成为一种易切削型的预硬化钢。

8Cr2S 钢是我国研制的硫系易切削预硬化高碳钢，该钢不仅可以用来制作精密零件的冷冲压模具，而且经预硬化后还可以用来制作塑料成型模具。此钢具有高的强韧性、良好的切削加工性能和镜面抛光性能，具有良好的表面处理性能，可进行渗氮、渗硼、镀铬、镀镍等表面处理。

8Cr2S 钢热处理到硬度为 40 ～ 42 HRC 时，其切削加工性相当于退火态的 T10A 钢（200 HBS）的加工性。综合力学性能好，可研磨抛光到 *Ra* 0.025 μm，该钢有良好的光刻侵蚀性能。

8Cr2S 钢的淬火加热温度为 860 ～ 920℃，油冷淬火、空冷淬火或在 240 ～ 280℃硝盐中等温淬火都可以。直径 100 mm 的钢材空冷淬火可以淬透，淬火硬度为 62 ～ 64 HRC。回火温度可在 550 ～ 620℃温度范围内选择，回火硬度为 40 ～ 48 HRC。因加有 S，预硬硬度为 40 ～ 48 HRC 的 8Cr2S 钢坯，其机械加工性能与调质到 30 HRC 的碳素钢相近。

4. 时效硬化型塑料模具钢的热处理

对于复杂、精密、高寿命的塑料模具，模具材料在使用状态必须有高的综合力学性能，为此，必须采用最终热处理。但是，采用一般的最终热处理工艺，往往导致模具的热处理变形，模具的精度就很难达到要求。而时效硬化型橡塑模具钢在固溶处理后变软（一般为 28 ～ 34 HRC），可进行切削加工，待冷加工成型后进行时效处理，可获得很高的综合力学性能。时效热处理变形很小，而且该类钢一般具有焊接性能好，可以进行渗氮等优点。适合于制造复杂、精密、高寿命的塑料模具。

时效硬化型塑料模具钢有马氏体时效硬化钢和析出（沉淀）硬化钢两大类。

（1）马氏体时效硬化钢。马氏体时效硬化钢有屈服强度比高、切削加工性和焊接性能良好、热处理工艺简单等优点。典型的钢种是 18Ni 系列，屈服强度 1 400 ～ 3 500 MPa。这一类钢制造模具虽然价格昂贵，但由于使用寿命长，综合经济效益仍然很高。

（2）析出（沉淀）硬化钢。析出硬化钢也是通过固溶处理和沉淀析出第二相而强化，硬度在 37 ～ 43 HRC，能满足某些塑料模具成型零件的要求。市场以 40 HRC 级预硬化供应，仍然有满意的切削加工性。这一类钢的冶金质量高，一般都采用特殊冶炼，所以纯度、镜面研磨性、蚀花加工性良好，使模具有良好的精度和精度保持性。其焊接性好，表面和芯部的硬度均匀。

二、模具的表面化学处理

化学热处理能有效地提高模具表面的耐磨性、耐蚀性、抗咬合、抗氧化性等性能。几乎所有的化学热处理工艺均可用于模具钢的表面处理。化学热处理就是利用化学反应和物理冶金相结合的方法改变金属材料表面的化学成分和组织结构，从而使材料表面获得某种性能的工艺过程。

化学热处理普遍地由三个基本过程组成：

（1）活性原子的产生。通过化学反应产生活性原子或借助一些物理方法使欲渗入的原子的能量增加，活性增加。

（2）材料表面吸收活性原子。活性原子首先被材料表面吸附，进而被表面吸收，此过程为一个物理过程。

（3）活性原子的扩散。材料表面吸收了大量活性原子，使得表面层该原子的浓度大为提高，为渗入原子的扩散创造了条件，活性原子不断地渗入表面层，经扩散就形成了一定深度的扩散层。

以上三个过程进行的程度都与温度和时间两个要素有关，因此温度和时间是化学热处理过程中两个重要的工艺参数。

（一）渗碳

1. 概述

渗碳是一种历史悠久、应用相当广泛的化学热处理方法。迄今为止，渗碳或碳氮共渗仍然属于应用广泛的表面强化方法，由于经济、可靠，今后仍将在热处理生产中占有主导地位。近年来，又发展了高频、离子及真空渗碳等方法，后者克服了以往渗碳法的不足，使表面活性化，可以大大缩短渗碳时间。

渗碳技术主要用于低碳钢制造模具零部件的表面强化。中高碳的低合金模具钢和高合金钢也可以进行渗碳或碳氮共渗。高碳低合金钢渗碳或碳氮共渗时，应尽可能选取较低的加热温度和较短的保温时间，可以保证表层有较多的未溶碳化物核心，渗碳和碳氮共渗后，表层碳化物呈颗粒状，碳化物总体积也有明显增加，可以增加钢的耐磨性。

中高碳高合金钢还可进行高温渗碳，因为在高温奥氏体化时，在这类钢中仍能残留较多难溶的弥散的碳化物。对这类含大量强碳化物形成元素进行渗碳，使渗层沉淀出大量弥散合金碳化物的工艺称为 CD 渗碳法。3Cr2W8V 钢制造压铸模具时，先渗碳，再经 1 140 ～ 1 150℃淬火，550℃回火两次，表面硬度可达 58 ～ 61 HRC，用于有色金属及其合金的压铸模具，使用寿命可提高 1.8 ～ 3.0 倍。65Cr4W3Mo2VNb 等基体钢有高的强韧性，但其表面的耐磨性常常不足。对这类钢制作的模具进行渗碳或碳氮共渗，可显著提高其使用寿命。

渗碳是为解决钢件表面要求高硬度、高耐磨性而芯部又要求较高的韧性这一矛盾而发展起来的工艺方法。渗碳就是将低碳钢工件放在增碳的活性介质中，加热、保温（使碳原子渗入钢件表面，并向内部扩散形成一定碳浓度梯度的渗层。渗碳并不是最终目的，为了获得高硬度、高耐磨的表面及强韧的芯部，渗碳后必须进行淬火加低温回火的处理。

渗碳的优点是：

（1）获得比高频淬火硬度高、更耐磨的表层以及韧性更好的芯部，不受零件形状的限制。

（2）与渗氮工艺相比有渗层厚、可承受重负荷、工艺时间短的优越性。

但渗碳工艺过程烦琐，渗碳后还要进行淬火加回火的处理；工件变形大；与高频淬火相比生产成本高；渗碳层的硬度和耐磨性不如渗氮层高。

渗碳工艺按渗碳介质可以分为固体渗碳、气体渗碳和液体渗碳。

2. 固体渗碳

固体渗碳是在固体渗碳介质中进行的渗碳过程。渗碳剂由两部分组成：固体炭和催渗剂。固体炭可以是木炭也可以是焦炭。碱金属或碱金属的碳酸盐可用作催渗剂，其醋酸盐有更好的催渗作用和活性。

固体渗碳的反应是这样进行的，高温下渗碳剂发生分解：

$$Na_2CO_3 \rightarrow Na_2O+CO_2$$

$$BaCO_3 \rightarrow BaO+CO_2$$

高温下分解出的 CO_2 与炽热的炭发生还原反应：

$$CO_2+C \rightarrow 2CO$$

CO 气体吸附在工件表面，在 Fe 的催化作用下发生渗碳反应：

$$2CO \rightarrow C（Fe）+CO_2$$

固体渗碳是在充满渗碳剂的密封钢制箱中进行的，一般采用箱式电炉加热渗碳箱。固体渗碳的优点是无须专用渗碳设备，渗碳工艺简单，特别适用于没有专用渗碳设备、批量小、变化多样零件的条件，其缺点是渗碳过程质量控制困难，渗碳加热效率低，能源浪费大。

工艺规范中，在 800 ～ 850℃透烧的目的是减小靠箱壁的工件与箱子芯部工件渗碳层的差别，透烧时间的多少取决于渗碳箱的大小。

渗碳保温时间取决于渗层的深度要求，在（930 ± 10）℃温度范围内，一般渗碳速度为 0.1 ～ 0.15 mm/h。根据渗层深度就可大致估算出保温时间。

分级渗碳工艺规范中，当渗碳深度接近要求深度的下限值时，将炉温降低到 840 ～ 860℃保温一定时间进行扩散，使表面碳浓度降低，渗层加厚，这样可防止网状渗碳体的出现。对于本质细晶粒钢，可免去正火清除网状渗碳体的过程，渗碳后直接淬火。

固体渗碳的操作主要体现在使用试样来确定获得所要求的渗层深度的出炉时间。在渗碳箱中放置两种试样：一种是插入箱内的 ϕ10 mm 的钢棒，要求它与工件材料相同，在渗碳过程中可随时抽取检验；另一种试样是埋入箱中的，随件出炉，供渗碳处理后检查金相组织和硬度。为了能正确反映工件渗碳效果，试样应靠近工件放置。

3. 气体渗碳

虽然固体渗碳有很多优点，如可以用各种形式的加热炉、不需要控制气氛、对小批量和大工件比较经济、不需要特殊缓冷设备等，但它也有很多不利之处，如工作环境条件差，在要求较浅的渗碳层时不易控制渗碳层深度、碳含量及碳浓度的梯度，需要直接淬火时操作比较困难等。为了消除这些缺点，改善工作条件，提高效率，常需要采用气体渗碳法。

将气体渗碳剂通入或滴入高温的渗碳炉中，进行裂化分解，产生活性原子，然后渗入模具表面进行的渗碳就是气体渗碳。

常见的气体渗碳剂有两类：一类是碳氢化合物的有机液体，采用滴入法，将液体渗碳剂（如煤油、苯、甲苯、丙酮等）滴入高温的渗碳炉；另一类是气体，可直接通入渗碳炉中，有天然气、丙烷及吸热式可控气氛。后者成分常随地区、时间而有所不同，较难控制，使产品质量多不稳定；前者成分稳定，便于控制，但价格较贵。

气体渗碳的主要设备是渗碳炉，气体渗碳炉可以分为批装式炉和连续式炉两大类。批装式炉是把工件成批装入炉内，渗碳完毕后再成批出炉；连续式炉是把工件依次连续地从炉的一端送入炉中渗碳，而在渗碳完毕后从炉的另一端输出。气体渗碳工艺需要根据工件的钢种、形状、数量、渗碳层深度、渗碳层内碳的浓度及梯度等要求和现有设备条件来选择。影响渗碳层深度、浓度及梯度的主要因素除钢种外，还有渗碳气体的碳势、渗碳温度和渗碳时间。决定渗碳速度的基本因素是碳在奥氏体中的扩散速度，这种扩散速度随温度的升高而迅速增加。因此，为了加速渗碳的进行，在不导致晶粒粗化的前提下，应采用尽可能高的渗碳温度，一般为 900 ～ 950℃。但较高的温度容易产生网状碳化物、晶粒粗大，反而降低性能。

4. 液体渗碳

液体渗碳是在能提供活性炭原子的熔融盐浴中进行的。它的优点是设备简单，渗碳速度快，碳量容易控制等。它适合于无专门的渗碳专用设备、中小零件的小批量生产。

渗碳用盐浴通常由渗碳剂和中性盐组成。前者主要起渗碳作用，提供活性碳原子，后者主要起调节盐的相对密度、熔点和流动性的作用。最初的液体渗碳都是采用氰盐作为渗碳剂，由于氰盐毒性大，容易造成环境污染和危害人体健康，我国已经很少采用，代之以无毒盐配方。

在盐浴配方确定的前提下，渗碳工艺就是确定渗碳温度和时间，渗碳温度取决于工件的渗层厚度要求、零件是否易变形以及精度要求等。如果渗层要求不深、工件易变形或对变形要求严格，可选择较低的渗碳温度 850 ～ 900℃；如果工件要求渗层厚、又不易变形；

则要选择较高的渗碳温度 910 ～ 950℃。

盐浴渗碳与盐浴加热热处理工艺相似，但在配制渗碳盐浴时应先将中性盐熔化，待要达到渗碳温度时，再将渗碳剂加入盐浴。渗碳剂加入盐浴可能产生沸腾，此时停止加热，待平静后再加热添加盐。随着溶碳过程的进行，渗碳剂在消耗，盐浴的渗碳能力下降，此时应掏出一部分旧盐，按比例加一定量新盐。液体检碳一般随工件放入三个试样，一个决定出炉时间，另外两个随工件出炉，以供测定渗层深度和金相组织用。为了减少盐浴的挥发和辐射热损失，以及减少空气中氧的侵入，盐浴上面可覆盖石墨、炭粉、固体渗碳剂粉末。液体渗碳工件的热处理可采取以下方式：将工件移到等温槽中预冷，直接淬火；工件在等温槽中预冷后空冷（目的是减少工件表面脱碳），然后重新加热淬火。

（二）渗氮

渗氮也称氮化，是在一定温度下将活性氮原子渗入模具表面的化学热处理工艺。渗氮后模具的变形小，具有比渗碳更高的硬度，可以增加其耐磨性、疲劳强度、抗咬合性、抗蚀性及抗高温软化性等。渗氮工艺有气体渗氮、离子渗氮。

渗氮工艺有以下特点：

（1）氮化物层形成温度低，一般为 480 ～ 580℃，由于扩散速度慢，所以工艺时间长。

（2）氮化处理温度低，变形很小。

（3）渗氮工件不需再进行热处理，便具有较高的表面硬度（≥ 850 HV）。

1. 气体渗氮

气体渗氮在生产中应用已有 50 多年的历史，工艺比较成熟。通常采用的介质为氨气，在渗氮温度下（400 ～ 500℃），当氨与铁接触时就分解出氮原子固溶于铁中。也可以产生氮分子及氢分子。

气体渗氮可根据产品情况（零件的形状、大小）选用 RJJ 系列井式电炉、RJX 系列箱式电炉及钟罩式电炉。

（1）气体渗氮工艺参数。渗氮温度、渗氮时间和氨分解率是气体渗氮三个重要的工艺参数。它们对渗氮速度、渗层深度、渗层硬度、硬度梯度以及脆性都有极大影响。

渗氮温度的提高会促进氮原子的扩散，所以渗层深度会随温度的增加而加深，渗层硬度会下降，这是因为产生高硬度的细小氮化物会随温度的升高而长大的缘故。在 480 ～ 530℃渗氮时，渗层可获得很高的硬度。

随时间的延长，渗层深度加深，但由于氮化物的集聚长大会使渗层硬度下降，尤其温度高则更为明显。

氨分解率会影响钢件表面的吸氮能力，对渗层深度和硬度也有影响。当氨分解率低时

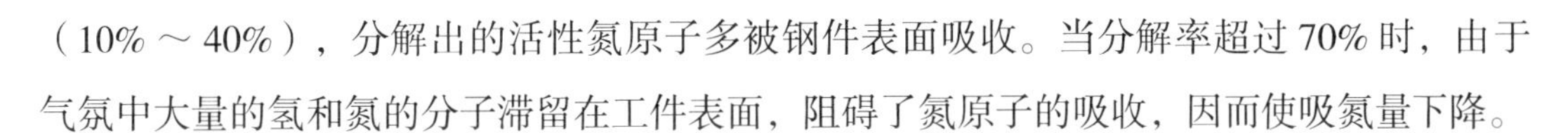

（10% ～ 40%），分解出的活性氮原子多被钢件表面吸收。当分解率超过 70% 时，由于气氛中大量的氢和氮的分子滞留在工件表面，阻碍了氮原子的吸收，因而使吸氮量下降。

（2）典型渗氮工艺。

①一段渗氮法。一段渗氮法也称单程渗氮法、等温渗氮法。渗氮温度为 480 ～ 530℃。

②二段渗氮法。二段渗氮法是将模具先在较低温度下（一般为 490 ～ 530℃）渗氮一段时间，然后提高渗氮温度到 535 ～ 550℃再渗氮一段时间。在渗氮的第一阶段，模具表面获得较高的氮浓度，并形成含有弥散度、高硬度氮化物的渗氮层；在第二阶段，氮原子在钢中的扩散将加速进行，以迅速获得一定厚度的渗氮层。

二段渗氮法是目前生产中常采用的一种渗氮工艺，与一段渗氮法相比，其渗氮速度较快，渗层脆性较小，但硬度较低。

③三段渗氮法。三段渗氮法是在二段渗氮法的基础上改进的，先将模具在 490 ～ 520℃下渗氮，获得高渗氮浓度的表面，然后提高渗氮温度到 550 ～ 600℃，加速渗氮速度，再将温度降低到 520 ～ 540℃继续渗氮，提高渗氮层厚度。这种渗氮方法不仅缩短渗氮时间，而且可以保证渗氮层的高硬度。

2. 离子渗氮

离子渗氮是辉光离子渗氮的简称，方法是将待处理的模具零件放在真空容器中，充以一定压力（如 70 Pa）的含氮气体（如氮或氮、氢混合气）然后以被处理模具作为阴极，以真空容器的罩壁作为阳极，在阴、阳极之间加上 400 ～ 600 V 的直流电压，阴、阳极间便产生辉光放电，容器里的气体被电离，在空间产生大量的电子与离子。在电场的作用下，正离子冲向阴极，以很高速度轰击模具表面，将模具加热。高能正离子冲入模具表面，获得电子，变成氮原子被模具表面吸收，并向内扩散形成氮化层，离子氮化可提高模具耐磨性和疲劳强度。

离子渗氮是利用了辉光放电这一物理现象并以此作为热源加热工件，由此特点使它具有以下优点：

（1）加速了渗氮过程，仅相当于气体渗氮周期的 1/3 ～ 1/2。

（2）离子渗氮的温度可比气体渗氮低，可在 350 ～ 500℃下进行，工件变形小。

（3）由于渗氮时气体稀薄，过程可控，使得渗层脆性小。

（4）离子渗氮中有离子轰击而产生的阴极溅射现象，可以清除表面的钝化膜，不锈钢和耐热钢表面不经处理可直接渗氮。

（5）局部防渗简单易行，只要采取机械屏蔽即可。

（6）经济性好，热利用率高，省电、省氨。

工作表面渗氮后能显著提高模具的力学性能。氮虽然是一种作为保护性气体的惰性气体，但氮离子化后具有很大的活性，能够参与表面处理，形成高硬度和抗腐蚀的氮化物，如 TiN、Ti2N，Cr2N，VN 等。但在离子氮化前必须进行去除加工应力的退火或回火处理，且不同的材料氮化效果也不同，对于必须氮化、不能氮化或两者均可的部位要明确尺寸精度要求。

目前，离子渗氮已广泛应用于热锻模、冷挤压模、压铸模、塑料模等几乎所有的模具上，很好地解决了硬度、韧性、热疲劳性和耐磨性几者之间的矛盾。

3. 碳氮共渗

碳氮共渗是在渗碳和渗氮的基础上发展起来的一种化学热处理方法。它是将碳原子和氮原子同时渗入钢件表面的过程。由于早期的碳氮共渗是在含氰化物的盐浴中进行的，所以俗称“氰化”。碳氮共渗与渗碳相比，其处理温度低，渗后可直接淬火，工艺简单，晶粒不易长大，变形开裂倾向小，能源消耗少，渗层的耐疲劳性、耐磨性和抗回火稳定性好；与渗氮相比，生产周期大大缩短，对材料适用广。

碳氮共渗兼有渗碳和渗氮的优点，主要优点有以下几方面：

（1）渗层性能好。碳氮共渗与渗碳相比，碳氮共渗层的硬度与渗碳层的硬度差不多，但其耐磨性、抗腐蚀性及疲劳强度都比渗碳层高。碳氮共渗层一般比渗氮层厚，并且在一定温度下不形成化合物白层，故其比渗氮层抗压强度高，而脆性较低。

（2）渗入速度快。在碳氮共渗的情况下，碳氮原子互相促进渗入过程，在相同温度下，碳氮共渗速度比渗碳和渗氮都快，仅是渗氮时间的 1/4 ～ 1/3。

（3）模具变形小。碳氮共渗温度一般低于渗碳温度，又没有马氏体、奥氏体的组织转变，所以变形较小。

根据共渗介质的不同，碳氮共渗可以分为气体碳氮共渗、液体碳氮共渗和固体碳氮共渗。

固体碳氮共渗与固体渗碳相似，所不同的是渗剂中加入了含氮物质。液体碳氮共渗是将模具等放入含有氰化物盐的盐浴中加热，虽然其时间短，效果好，但毒性大，应用较少。虽然采用无毒盐的液体碳氮共渗，其原料无毒，但反应产物仍然含有氰化物，容易造成环境污染，对人体有害，也不宜采用。应用最多的是气体碳氮共渗。

气体碳氮共渗的共渗介质有三类：一是渗碳气加氨气，渗碳气可以用天然气、液化石油气、煤气等；二是液体渗碳剂加氨气，液体渗碳剂有煤油、苯等；三是含碳和氮的有机化合物液体，如三乙醇胺、尿素甲醇溶液加丙酮等。三乙醇胺是一种活性较强、无毒的共渗剂，但其黏度大、流动性差，可采用酒精按 1 : 1 稀释后使用。采用 45 号钢制造的切边模具经过碳氮共渗工艺处理后的渗层厚度为 0.95 ～ 1.00 mm，表面硬度为 927 HV。

4. 氮碳共渗

氮碳共渗工艺是在液体渗氮基础上发展起来的。早期氮碳共渗是在含氮化物的盐浴中进行的。由于处理温度低，一般为 500 ～ 600℃，过程以渗氮为主，渗碳为辅，所以又称为"软氮化"。

氮碳共渗工艺的优点如下：

（1）氮碳共渗层有优良的性能，渗层硬度高，碳钢氮碳共渗处理后渗层硬度可达 570 ～ 680 HV，模具钢、高速钢、渗氮钢共渗后硬度可达 850 ～ 1 200 HV；脆性低，有优良的耐磨性、耐疲劳性、抗咬合性、热稳定性和耐腐蚀性。

（2）工艺温度低，且不淬火，工件变形小。

（3）处理时间短，经济性好。

（4）设备简单，工艺易掌握。

存在的问题是渗层浅，承受重载荷零件不宜采用。

氮碳共渗工艺也有气体、液体和固体氮碳共渗工艺。固体氮碳共渗工艺较少应用，使用最多的是气体氮碳共渗工艺，尤其是以尿素、甲酰胺、三乙醇胺为渗剂的气体氮碳共渗为多。目前国内外采用比较多的是低温气体氮碳共渗。

早期使用的液体氮碳共渗主要是在氰盐和氰酸盐溶液中进行的。由于氰盐剧毒，公害严重，后来研究出许多新的渗剂，它就慢慢地被其他渗剂代替了。

（三）渗硼

渗硼是继渗碳、氮之后发展起来的一项重要、实用的化学热处理工艺技术，是提高钢件表面耐磨性的有效方法。将工件置于能产生活性硼的介质中，经过加热、保温，使硼原子渗入工件表面形成硼化物层的过程称为渗硼。金属零件渗硼后，表面形成的硼化物（FeB、Fe_2B、TiB_2、ZrB_2、VB_2、CrB_2）及碳化硼等化合物硬度极高（1 300 ～ 2 000 HV），热稳定好。其耐磨性、耐腐蚀性、耐热性均比渗碳和渗氮高，可广泛用于模具表面强化，尤其适合在磨粒磨损条件下的模具。根据采用介质的不同，渗硼分为固体法、液体法和气体法。

（四）多元共渗

模具的化学热处理不仅可以渗入碳、氮、硼等非金属元素，还可以渗入铬、铝、锌等金属元素。在钢的表面渗入金属元素后，使钢的表面形成渗入金属的合金，从而可提高抗氧化、抗腐蚀等性能。各种合金钢的化学成分中，含有多种元素，因而可以兼有多种性能。同样在化学热处理中若向同一金属表面渗入多种元素，则在钢的表面可以具有多种优良的性能。将工件表层渗入多于一种元素的化学热处理工艺称为多元共渗。

由于各种模具的工作条件差异很大，只能根据模具工作零件的工作条件，经过分析和实验，找出最适宜的表面强化方法。当渗入单一元素的化学热处理不能满足模具寿命的要求时,可考虑多元共渗的方法。实践证明,适当的多元共渗方法对提高模具具有显著的效果。

共渗层的相组织不仅与基体材料、处理工艺有关，而且还与渗入元素的浓度比例有关。

三、模具的其他表面处理技术

（一）激光表面处理技术

激光表面处理技术是指一定功率密度的激光束以一定的扫描速度照射到工件的工作面上，在很短时间内，使被处理表面由于吸收激光的能量而急剧升温，当激光束移开时，被处理表面由基材自身传导而迅速冷却，使之发生物理、化学变化，从而形成具有一定性能的表面层，提高材料表面的硬度、强度、耐磨性、耐蚀性和高温性能等，可显著地改善产品的质量，提高模具（或工件）的寿命，取得良好的经济效益。

目前，国内激光热处理已经应用于生产实践。GCr15 钢制冲孔模经激光强化处理后，其使用寿命提高了 2 倍，硅钢片模具经处理后，其使用寿命提高了 10 倍。

激光表面处理工艺包括相变硬化、熔凝、涂覆、合金化、非晶化和微晶化、冲击强化等。

（二）电火花表面强化

电火花加工技术广泛应用于模具制造、复杂表面形状的零件加工和难切削材料的加工。电火花表面强化技术是利用电火花强化被金属表面的部位，较其他方法简单，效果好，因而它在实际生产中得到广泛的应用。

电火花表面强化是采用脉冲放电技术，直接利用火花放电时释放的能量，将一种导电材料涂覆或扩渗到另一种材料的表面，形成合金化的表面强化层，从而达到改善被强化工件表面性能的目的。电火花表面强化的优点是设备简单、操作方便等。这项技术已在模具上获得应用，可强化压铸模、锻模等。用硬质合金强化冷冲模、拉深模、玻璃模等均获得了良好效果。利用该工艺可有效改善工模具工作表面的物理、化学性能，提高工作面硬度，增强耐磨性，延长工模具使用寿命，并可在保持基体金属原始性能的情况下修复表面破损。

电火花强化也存在强化层薄、表面较粗糙、表层均匀性差等不足。因此，在电火花强化之后，为了得到所要求的精度，可进行适当的磨削加工，但磨削后并不会影响强化层的硬度和耐磨性（在保持表面层硬度的条件下）。磨削后在强化表面会残留微孔，一方面将显著改善配合零件的润滑条件，另一方面又可改善耐磨性能，一般经强电火花强化的模具，使用寿命可延长数倍。例如采用 WC、TiC 等硬质合金电极材料强化高速钢或合金工具钢强化寿命，能形成显微硬度 1 100 HV 以上的耐磨、耐蚀和具有红硬性的强化层，使模具的使用寿命明显地得到提高。如冲压硅钢片（厚 0.35 ～ 0.40 mm）的落料模，经电火花强化后使用寿命延长 2 ～ 3 倍，定子双槽冲模由 5 万次 / 刃磨，提高到 20 万次 / 刃磨。

利用电火花表面强化工艺还可实现模具刻字、打标记、处理折断丝锥或钻头、加工盲孔等功能。选用硬质合金、铜等导电材料作为工具电极，可方便地在有色金属表面上刻字和打标记，标记美观、耐磨，尤其适用于不能用刻字机、打标机进行加工操作的模具零件及淬火零件。利用电火花强化装置附加的穿孔器还可在淬火工件上加工盲孔或处理折断在孔中的丝锥或钻头等。

（三）气相沉积技术

气相沉积技术指采用气相沉积技术在模具表面上制备硬质化合物涂层的方法，由于其技术上的优越性及涂层的良好特性，因此，在各种模具、切削工具和精密机械零件等进行表面强化方面，有着广阔的应用前景。

根据沉积的机理不同，气相沉积可分为化学气相沉积（CVD）、物理气相沉积（PVD）和等离子体化学气相沉积（PCVD）等。它们的共同特点是将具有特殊性能的稳定化合物 TiC、TiN、SiN、Ti（C，N）、（Ti，Al）、（Ti，Si）N 等直接沉积于金属工件表面，形成一层超硬覆盖膜，从而使工件具有高硬度、高耐磨性、高抗蚀性等一系列优异性能。

（四）CVD 技术

CVD（化学气相沉积）和 PVD（物理气相沉积）技术均被广泛应用于模具表面处理，其中 CVD 涂层技术具有更卓越的抗高温氧化性能和强大的涂层结合力，在高速钢切边模、挤压模上应用效果良好。

CVD 技术是一种热化学反应过程，是在特定的温度下，对经过特别处理的基体零件（包括硬质合金和工具钢）所进行的气态化学反应，即利用含有膜层中各元素的挥发性化合物或单质蒸汽，在热基体表面发生气相化学反应，反应产物沉积形成涂层的一种表面处理技术，可适用于各种金属成型模具和挤压模具。一般情况下，经过处理的零件具有很好的耐磨性能、抗高温氧化性能和耐腐蚀性能。该技术也被广泛应用于各种硬质合金刀片和冲头。但是，由于 CVD 是一个高温过程，对于大多数的钢质零件，在 CVD 涂层后要进行再次热处理。

（五）脉冲高能电子束技术

近十几年来，脉冲高能束技术发展迅速，并在表面工程领域显示出特有优势，得到人们的广泛重视和研究。

利用脉冲高能束可以实现多种表面处理工艺，究其本质，就是通过瞬时高能量密度作用在材料表层产生一种远离平衡态的极端处理条件，使能量影响区内的材料发生质量分布、化学及力学状态变化，最终获得常规方法难以达到的表面结构和使用性能。目前，脉冲高能束流主要包括激光束、离子束、电子束和等离子体束几种。其中，使用电子束进行表面处理具有以下优势：以加速电子为能量载体，与材料表面相互作用时能量转化效率比激光处理高出 70% ～ 80%，并且无元素注入问题，真空中进行处理可避免氧化和污染问题等。

应用脉冲高能束技术的这种抛光强化复合处理方法符合自动化、高效、节能和环保等现代高技术研究的发展要求。发展这种具有自主知识产权的模具电抛光强化技术，可以提高我国的模具加工和使用水平，以迎接高新材料领域发展的需求和挑战。

1. 简述模具制造工艺规程设计的流程及要求。
2. 在选择数控工艺编程原点时应注意哪些原则？
3. 机械抛光有电动、气动和超声波的，请列举几种常用的类型。
4. 简述模具的热处理及表面处理技术流程，以及注意事项。

项目二 常见的模具结构与特征

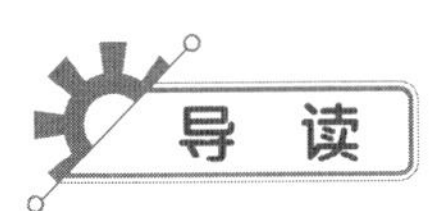

导读

模具的基本结构包括板件、回转体、型腔模具等基本结构，通过本项目的学习，可以了解和掌握模具基本组件的加工方法，如冷冲模、塑料成型模、压铸模等。

学习目标

1. 熟悉模具冷冲模的加工工艺要求；
2. 熟悉塑料成型模的概念及成型原理；
3. 掌握压铸模的加工方法。

任务一　冷冲模的结构

一、冲压加工、冲裁工艺及冲裁间隙

（一）冲压加工简介

1. 基本概念

冲压是利用安装在冲压设备（主要是压力机）上的模具对材料施加压力，使其产生分离或塑性变形，从而获得所需零件（俗称冲压件或冲件）的一种压力加工方法。

冲压加工三要素是冲压模具、冲压设备和冲压材料。冲压材料主要是指各种板料或带料，如钢板、铜板、铝及其合金板料等。冲压所使用的模具称为冲压模具，简称冲模。冲模是将金属或非金属材料批量加工成所需冲件的专用工具。冲压设备是指进行冲压加工所必需的各种机械压力机、液压机等。

2. 冲压加工的优点

冲压加工与机械加工、其他塑性加工方法相比，无论在技术方面还是在经济方面都具有以下许多独特的优点：

（1）冲压加工的生产效率高，且操作方便，易于实现自动化生产。

（2）冲压时，模具既保证了冲压件的尺寸与形状精度，也不会破坏冲压材料的表面质量，而且模具的使用寿命长，冲压件的质量稳定、互换性好。

（3）可以冲压出尺寸范围较大、形状复杂的零件，如小到钟表的秒针，大到汽车纵梁、覆盖件等。冲压时材料的加工硬化效应使冲压件的强度和刚度均较高。

（4）冲压一般没有切屑碎料生成，材料的损耗较小，也不需要其他加热设备，因而是一种省料、节能、成本较低的加工方法。

但是，冲压加工所使用的模具一般具有专用性，有时一个复杂零件需要数套模具才能加工成型，且模具制造的精度高，技术要求高，是技术密集型产品。总之，冲压技术在工业生产中，尤其在大批量生产中应用十分广泛，如汽车、拖拉机、电器、仪表、电子、国防及日用品等行业。

（二）冲裁工艺分析

冲裁就是利用模具使材料相互分离的工序，它包括落料、冲孔、切断、修边、切口等工序。但一般来说，冲裁工艺主要是指落料和冲孔工序。生活中也有类似于落料、冲孔的

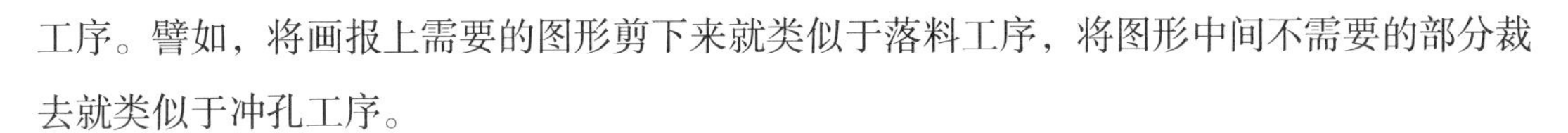

工序。譬如，将画报上需要的图形剪下来就类似于落料工序，将图形中间不需要的部分裁去就类似于冲孔工序。

使材料沿封闭曲线相互分离，封闭曲线以内的部分作为冲裁件时称为落料；而封闭曲线以外的部分作为冲裁件时则称为冲孔。冲裁的应用非常广泛，它既可直接冲制成品零件，又可为其他成型工序制备坯料。根据变形机理的不同，冲裁可分为普通冲裁和精密冲裁两类。

1. 冲裁过程

（1）弹性变形阶段。

冲裁开始时，板料在凸模的压力下，发生弹性压缩、拉伸和弯曲变形。凸模继续下压，凸模稍许挤入板料上部，板料的下部则略挤入凹模孔口内。由于凸、凹模之间有间隙存在，使板料同时受到弯曲和拉伸的作用，凸模下的板料产生弯曲，位于凹模上的板料向上翘曲。间隙越大，弯曲和上翘越严重，但材料内的应力未超过材料的弹性极限。

（2）塑性变形阶段。

凸模继续向下，压力增加，当材料内的应力达到屈服强度时，板料进入塑性变形阶段。此时凸模挤入板料上部，同时板料下部挤入凹模洞口，板料在凸、凹模刃口附近产生塑性剪切变形，形成光亮的塑性剪切面。随凸模挤入板料深度的增大，塑性变形程度增大，变形区材料硬化加剧，冲裁变形抗力不断增大，直到刃口附近侧面的材料由于拉应力的作用出现微裂纹时，塑性变形阶段便告终，此时冲裁变形抗力达到最大值。由于凸、凹模间有间隙，故在这个阶段中冲裁区还伴随着发生金属的弯曲和拉伸。间隙越大，弯曲和拉伸也越大。

（3）断裂分离阶段。

材料内裂纹首先在凹模刃口附近的侧面产生，紧接着才在凸模刃口附近的侧面产生。已形成的上下微裂纹随凸模继续压入沿最大切应力方向不断向材料内部扩展，当上下裂纹重合时，板料便被剪断分离。随后，凸模将分离的材料推入凹模洞口，冲裁变形过程结束。

2. 冲裁断面质量分析

（1）切断面特征。

由于冲裁变形的特点，冲出的工件断面与板材上下平面并不完全垂直，且粗糙而不光滑。冲裁件的切断面可分成四个具有明显特征的区域，即塌角、光面、毛面和毛刺。

（2）切断面特征的形成。

塌角：它是由于冲裁过程中刃口附近的材料被牵拉而变形（弯曲和拉伸）的结果。

光面：它是紧邻塌角并与板平面垂直的光亮部分。在塑性变形过程中凸模（或凹模）

挤压切入材料，材料受刃口侧面的剪切和挤压作用就会形成光面。

毛面：它是表面粗糙且带有锥度的部分，是由于刃口处的微裂纹在拉应力作用下不断扩展断裂而形成的。因毛面都是向材料体内倾斜，所以对一般应用的冲裁件，毛面并不影响其使用性能。

毛刺：冲裁毛刺是在刃口附近的侧面上，材料出现微裂纹时形成的，当凸模继续下行时，便使已形成的毛刺拉长并残留在冲裁件上，这也是普通冲裁中毛刺的不可避免性。不过，间隙合适时，毛刺的高度很小，易于去除。毛刺影响冲裁件的外观、手感和使用性能。因此人们总是希望冲裁件毛刺越小越好。

3. 影响断面质量的因素

冲裁件断面上的塌角、光面、毛面和毛刺四个部分在整个断面上各占的比例不是一成不变的，而是随着材料力学性能、模具间隙、刃口状态等条件的不同而变化。

（1）材料力学性质的影响。

塑性差的材料，断裂倾向严重，毛面增宽，光面、塌角、毛刺较小；反之，塑性较好的材料，光面、塌角、毛刺较大，而毛面则小一些。

（2）模具间隙的影响。

模具间隙是影响冲裁件断面质量的主要因素。模具间隙的影响主要有三种情况：间隙过小、间隙合适、间隙过大。

（3）模具刃口的影响。

模具刃口状态对冲裁件的断面质量也有较大的影响。刃口越锋利，拉力越集中，毛刺越小。当刃口磨钝后，压缩力增大，毛刺也增大。小毛刺按照磨损后的刃口形状，会变为根部很厚的大毛刺，凸、凹模刃口磨钝的状态。

4. 提高冲裁件断面质量的途径

由上述分析可知，要提高冲裁件断面质量，就要增大光面的宽度，减小塌角和毛刺高度，并减小冲裁件翘曲。主要有以下几种途径。

（1）选用塑性较好的材料。

增大光面宽度的关键在于延长塑性变形阶段，推迟裂纹的发生，这就要求材料的塑性要好，硬质材料要尽量进行退火，使材质均匀。

（2）选择合理的模具间隙值。

要选择合理的模具间隙值，并使间隙均匀分布，保持模具刃口锋利；要求光滑断面的部位要与板材轧制方向成直角。

（3）凸、凹模刃口及模具结构的合理性。

减小塌角、毛刺和翘曲的主要方法是：尽可能采用合理间隙的下限值；保持模具刃口的锋利；合理选择搭边值；采用压料板和顶板等措施。

（三）冲裁件的排样与搭边

工件在条料上的布置方法叫作冲裁件的排样。排样的目的就在于合理利用原材料，使排样更经济合理。排样是否合理将影响到材料的利用率、冲件质量、生产率、模具结构等。因此，排样是冲裁工艺与模具设计中极其重要的一项工作。

冲裁所产生的废料可分为两类：一类是结构废料，是由冲裁件的形状特点产生的，由于工件内孔的存在而产生废料，它取决于工件形状，一般不能改变；另一类是工艺废料，是由冲裁件之间和冲裁件与条料的侧边之间的搭边，以及料头、料尾和边余料而产生的废料，它取决于冲压方式和排样方式。

1. 排样方法

根据材料的利用情况，条料排样方法可分为有废料排样、少废料排样、无废料排样三种。

（1）有废料排样。

沿冲裁件轮廓冲裁时，冲裁件之间、冲裁件与条料侧边之间（搭边）都有工艺余料，冲裁后搭边成为废料。

（2）少废料排样。

沿冲裁件部分轮廓切断或冲裁时，只在冲裁件之间或冲裁件与条料侧边之间留有搭边。

（3）无废料排样。

沿直线或曲线切断条料而获得冲裁件，无任何搭边。

此外，有废料排样和少、无废料排样还可以进一步按冲裁件在条料上的布置方法加以分类，尽可能地提高材料的利用率。

在实际冲压生产中，由于零件的形状、尺寸、精度要求，批量大小和原材料供应等方面的不同，不可能提供一种固定不变的合理排样方案。所以，对于形状复杂的冲裁件，通常用纸片剪成 3 ～ 5 个样件，然后摆出各种不同的排样方法，经过分析和计算，决定出合理的排样方案。

排样时，应遵循的原则是：保证在最低的材料消耗和最高的劳动生产率的条件下得到符合技术条件要求的零件，同时要考虑方便生产操作、冲模结构简单、使用寿命长以及车间生产条件和原材料供应情况等，总之要从各方面权衡利弊，以选择出较为合理的排样方案。

2. 搭边

排样时冲裁件之间以及冲裁件与条料侧边之间留下的工艺废料叫搭边。

搭边虽然是废料，但在冲裁工艺中却有很大的作用。它补偿了定位误差和剪板误差，确保冲出合格零件。搭边可以增强条料刚度，方便条料送进，提高劳动生产率。搭边还可以避免冲裁时条料边缘的毛刺被拉入模具间隙，从而提高模具使用寿命。

搭边宽度对冲裁过程及冲件质量有很大的影响，因此一定要合理确定搭边数值。搭边过大，材料利用率低；搭边过小，搭边的强度和刚度不够，在冲裁中将被拉断，使冲裁件产生毛刺，有时甚至单边拉入模具间隙，造成冲裁力不均，损坏模具刃口。

影响搭边值的因素：

材料的力学性能。塑性好的材料，搭边值要大一些；硬度高与强度大的材料，搭边值要小一些。

冲裁件的形状与尺寸。冲裁件外形越复杂，圆角半径越小，搭边值越大。

材料厚度。材料越厚，搭边值越大。

送料及挡料方式。用手工送料，有侧压装置的搭边值可以小一些，用侧刃定距比用挡料销定距的搭边小一些。

卸料方式。弹性卸料比刚性卸料的搭边小一些。

排样的形式。对排的搭边值大于直排的搭边值。

（四）冲裁间隙

1. 间隙对冲裁件质量的影响

冲裁件的质量主要是指断面质量、尺寸精度和形状误差。断面应平直、光滑，圆角应小，应无裂纹、撕裂、夹层和毛刺等缺陷。零件表面应尽可能平整，尺寸应在图样规定的公差范围之内。

（1）影响冲裁件质量的因素。

凸、凹模间隙值的大小及间隙的分布是否均匀；凸、凹模刃口的锋利状态；模具结构的合理性与制造精度及板材的塑性等。其中，间隙值大小与凸、凹模间隙分布的均匀程度是直接影响冲裁件质量的主要因素。

间隙对冲裁件断面质量的影响已在前面阐明，这里主要讨论间隙对冲裁件尺寸精度的影响。

（2）间隙对冲裁件尺寸精度的影响。

冲裁件的尺寸精度是指冲裁件的实际尺寸与标称尺寸的差值（δ），差值越小，精度越高。这个差值包括两方面的偏差：一是冲裁模本身的制造偏差；二是冲裁件相对于凸模或

凹模尺寸的偏差。

冲裁件相对凸模或凹模尺寸的偏差，主要是由于冲裁时材料受挤压、拉伸、弯曲等作用引起的变形在制件脱离模具时产生弹性回复而造成的。影响这个偏差值的因素有间隙、材料性质、工件形状与尺寸等。其中间隙值起主导作用。

（3）间隙值对冲裁件质量的影响。

当间隙较大时，材料所受拉伸作用增大，冲裁后因材料的弹性回复使落料件尺寸小于凹模尺寸，冲孔件孔径大于凸模直径。间隙较小时，则由于材料受凸、凹模侧向挤压力大的影响，故冲裁后材料的弹性回复使落料件尺寸增大，冲孔件孔径变小。

总之，要想获得较高的冲裁件质量，必须提高模具的制造精度，根据材料合理地选择间隙值。

2. 间隙对冲裁力的影响

冲裁过程中，冲裁力是随凸模进入材料的深度而变化的。

（1）间隙大小对冲裁力的影响。

试验证明，随着间隙的增大，冲裁力有一定程度的降低，当单面间隙介于材料厚度的5%～20%范围内时，冲裁力降低不超过5%。因此，在正常情况下，间隙对冲裁力并没有很大的影响。

（2）间隙对卸料力、顶件力的影响。

间隙对卸料力、顶件力的影响则比较明显。随间隙增大，卸料力和顶件力都将减小。一般当单面间隙增大到材料厚度的15%～25%时，卸料力几乎降到零。间隙继续增大时，制件毛刺增大，卸料力、顶件力迅速增大。

3. 间隙对模具使用寿命的影响

冲裁模的使用寿命是以冲出合格冲裁件的数量来衡量的，分为两次刃磨间的使用寿命与全部磨损后总的使用寿命。而影响模具使用寿命的因素很多，有模具间隙、模具材料、制造精度、表面粗糙度、被加工材料的特性、冲裁件轮廓形状和润滑条件等。而模具间隙对模具使用寿命的影响主要有以下两种情况。

（1）模具间隙过小。

当模具间隙减小时，接触压力（垂直力、侧压力、摩擦力）会随之增大，摩擦距离随之增长，摩擦发热严重，加剧模具磨损，甚至使模具与材料之间产生黏结现象。而接触压力的增大，还会引起刃口的压缩疲劳破坏，使之崩刃。小间隙还会产生凹模胀裂，小凸模折断，凸、凹模相互啃刃等异常损坏，这些都是导致模具使用寿命大大降低的因素。

因此，适当增大模具间隙，可使凸、凹模侧面与材料间摩擦减小，并减缓间隙不均匀的不利因素，从而提高模具使用寿命。

（2）模具间隙过大。

间隙过大时，板料的弯曲拉伸相应增大，使模具刃口端面上的正压力增大，容易产生崩刃或产生塑性变形使磨损加剧，降低模具使用寿命。同时，间隙过大，会使卸料力、顶件力随之增大，加剧模具的磨损，还会导致顶杆折弯及结构的损坏。另外，间隙分布不均匀，会使接触压力发生位移，以至于增加凸、凹模侧面的磨损，甚至出现崩刃、折断、啃坏等现象，所以间隙是影响模具使用寿命的一个重要因素。

（五）冲裁模的分类

用于将板料相互分离的冷冲模称为冲裁模。分离工序是使板料按一定的轮廓线分离，以获得一定的形状、尺寸及较高切断面质量的制件。可以按以下三个主要特征进行分类：按冲裁工序性质分、按上下模导向形式分、按工序的组合形式分。

三、弯曲模、拉深模、挤压模的结构与特点

（一）弯曲工艺

弯曲是使材料产生塑性变形，形成有一定角度形状零件的冲压工序。用弯曲方法加工的零件种类很多，如自行车车把，汽车的纵梁，桥、电器零件的支架，门窗铰链，配电箱外壳等。弯曲的方法也很多，可以在压力机上利用模具弯曲，也可在专用弯曲机上进行折弯、滚弯或拉弯等。

1. 弯曲变形特点

（1）弯曲变形只发生在弯曲件的圆角附近，直线部分不产生塑性变形。

（2）弯曲变形后，内层材料缩短，外层材料伸长，而中间有一层材料弯曲变形后长度不变的则称为中性层。

（3）从弯曲件变形区域的横截面来看，窄板断面略呈扇形，宽板横截面仍为矩形。

2. 弯曲件质量分析

（1）弯裂。

弯曲时板料外侧切向伸长变形超过材料的塑性极限时，则外侧将会产生裂纹。当弯曲半径大于最小弯曲半径时，弯曲时一般不会产生裂纹。

（2）回弹。

弯曲时弯曲件在模具中所形成的夹角与弯曲半径，在出模后因弹性回复而改变的现象，是弯曲过程中常见而又难控制的现象。

弯曲回弹的大小将直接影响弯曲件的精度，回弹越大，弯曲件的精度越差。

（3）偏移。

弯曲件在弯曲过程中沿制件的长度方向产生移动，使制件直边尺寸发生变化的现象（红色区域）。

3. 弯曲件的工艺性

（1）弯曲件的圆角半径不宜小于最小弯曲半径，也不宜过大。因为过大时，受到回弹的影响，弯曲角度与圆角半径的精度都不易保证。

（2）弯曲件的直边高度 h 应大于两倍料厚，否则不易成型。

（3）对阶梯形坯料进行局部弯曲时，应减小不弯曲部分的长度，以免撕裂。假如制件的长度不能减小，则应在弯曲部分与不弯曲部分之间加工出槽。

（4）弯曲件的弯曲半径应左右一致，以保证弯曲时板料的平衡，防止产生滑动。

（二）弯曲模的结构及特点

弯曲工艺所使用的模具称为弯曲模。弯曲模的整体结构由上、下模两部分组成，模具中的工作零件、卸料零件、定位零件等的作用与冲裁模的零件基本相似，只是零件的形状不同。弯曲不同形状的弯曲件所采用的弯曲模结构也有较大的区别。简单的弯曲模工作时只有一个垂直运动，复杂的弯曲模除垂直运动外，还有一个或多个水平动作。常见的弯曲模结构类型有单工序弯曲模、级进弯曲模、复合弯曲模和通用弯曲模等。下面介绍常见的单工序弯曲模的结构。

（三）拉深工艺

拉深是把一定形状的平板坯料或空心件通过拉深模制成各种开口空心件的冲压工序。用拉深的方法可以制成筒形、阶梯形、盒形、球形、锥形等各种复杂形状的薄壁零件。

拉深模可加工轮廓尺寸从几毫米、厚度仅 0.2 mm 的小零件到轮廓尺寸达 2 ～ 3 m、厚度 200 ～ 300 mm 的大型零件。因此，拉深在汽车工业、航空航天技术、电子工业、纺织工业和日常生活用品中占据着相当重要的地位。

拉深分为不变薄拉深和变薄拉深。不变薄拉深制成的零件其各部分厚度与拉深前坯料的厚度相比基本保持不变，变薄拉深制成的零件其筒壁厚度与拉深前相比则有明显的变薄。因此，通常所说的拉深主要是指不变薄拉深，在实际生产中应用较广泛。

1. 拉深变形的特点

（1）变形程度大，而且不均匀，因此冷作硬化严重，硬度、屈服强度提高，塑性下降，内应力增大。

（2）容易起皱。产生皱折后，不仅影响拉深件的质量，更严重的是使拉深无法进行。

（3）拉深件各处变形不一样，导致各处厚度也不一致。

2. 拉深件的工艺性

在拉深过程中，材料要发生塑性流动，在不影响制件使用性能的前提下，对拉深件的图形和技术要求做如下工艺要求。

（1）拉深件的形状应尽量简单、对称，尽可能一次拉深成型，如需多次拉深则要限制每次拉深的程度在许用范围之内。

（2）凸缘和底部圆角半径不能太小，还应提高圆角处的表面粗糙度要求，否则会使制件圆角处发生破裂。

（3）凸缘的大小要适当。凸缘过大时，凸缘处不易产生变形；凸缘过小时，压边圈与凸缘接触面减小，拉深时易起皱。

（4）拉深件的壁厚是由边缘向底部逐渐减薄，因此，对拉深件的尺寸标注应只标注外形尺寸（或内形尺寸）和坯料的厚度。

（5）拉深件的直径公差等级一般为 IT12 ～ IT15 级，高度公差等级为 IT13 ～ IT16 级（可按对称公差标注）。当拉深件的尺寸公差等级要求高或圆角半径要求小时，可在拉深以后增加一道整形工序。

（四）挤压工艺与挤压模的结构及特点

1. 挤压工艺

挤压是利用压力机和模具对金属坯料施加强大的压力，把金属材料从凹模孔或凸模和凹模的缝隙中强行挤出，得到制件所需形状的一种冲压工艺。

（1）冷挤压特点。

挤压加工时材料在三个方向都受到较大压应力，因此挤压加工具有以下明显的特点：材料的变形程度较大，可加工出形状较复杂的零件，并能够节约原材料；挤压的工件材料纤维组织呈流线型且组织致密，这使零件的强度、硬度和刚度都有一定的提高；加工的零件有良好的表面质量，表面粗糙度值 *Ra* 0.16 ～ 1.25 μm，尺寸精度为 IT10 ～ IT7；挤压需要较大的挤压力，对挤压模的强度、刚度和硬度要求较高，尤其进行冷挤压时模具的开裂和磨损将成为冷挤压工艺中的主要问题。此外，对冷挤压的坯料一般都需要经过软化处理和表面润滑处理，有些挤压后的工件还需消除内应力后才能使用。

（2）冷挤压件的变形程度。

冷挤压件的变形程度用断面变化率 ε_A 表示：

$$\varepsilon_A = \frac{A_0 - A_1}{A_0} \times 100\%$$

式中，A_0——挤压变形前毛坯的横断面积；

A_1——挤压变形后坯料的横断面积。

断面变化率 ε_A 越大，表示变形程度越大，同时模具承受的单位挤压力也越大。当模具承受的单位挤压力超过了模具材料所能承受的单位挤压力时，模具就可能会破裂。因此，防止模具受到过大的单位挤压力就是要控制一次挤压时的变形程度不能过大。一次允许挤压的变形程度称为许用变形程度。

2. 挤压加工的种类

根据加工的材料温度可将挤压分为热挤压加工、冷挤压加工和温热挤压加工。热挤压主要加工大型钢质零件，温热挤压和冷挤压主要加工中小型金属零件。挤压时，根据金属材料流动方向和凸模的运动方向，可分为正挤压、反挤压、复合挤压和径向挤压。

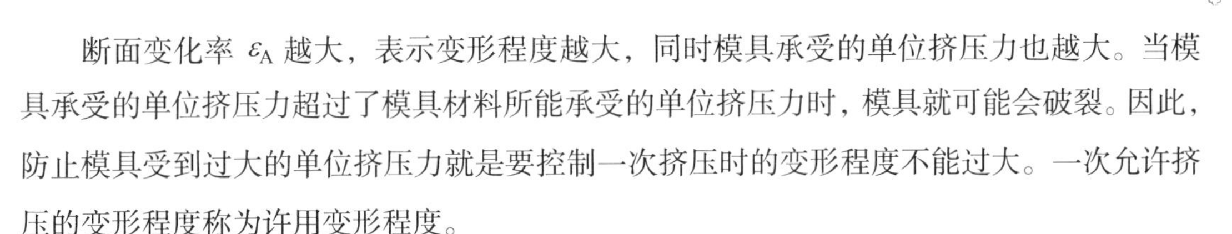

任务二　塑料成型模的结构

塑料模是实现塑料成型生产的专用工具和主要工艺装备。大家想一想在日常生活中，哪些物品是用塑料模模塑而成的？其实，我们常用的肥皂盒、塑料果盘、塑料餐具、塑料桶、家用电器的各种塑料外壳等塑料制品，都是利用塑料模制成的各种形状和尺寸的塑料制件。

一、塑料成型模的基本概念及成型原理

（一）塑料概述

1. 塑料的成分

塑料是指以树脂为主要成分的原料制成的有机合成材料，树脂在塑料中常常是起决定性作用的，可根据不同的树脂或者制件的不同要求，加入不同的添加剂，从而获得不同性能的塑料制件。

2. 塑料的种类

塑料的种类很多，按其受热后所表现的性能不同，可分为热固性塑料和热塑性塑料两大类。塑料按其性能和用途不同又可分为通用塑料、工程塑料和增强塑料。

3. 塑料制件的应用

塑料制件是现代新兴产品之一。由于塑料具有密度小、化学稳定性好、电绝缘性能高、比强度大等优异性能，再加上原料丰富、制作方便及成本低廉等优点，因此在国民经济各领域应用甚广。无论是工农业生产、交通运输、邮电通信、军事国防、仪器仪表、文体医卫及建筑五金，还是能源开发、海洋利用等，各行各业都有性能特异的塑料产品。

（二）塑料模的分类及常用塑料成型设备

塑料模的类型很多，按塑料制件成型的方法不同，可分为注塑模（注射模）、压缩模和压注模；按成型的塑料不同，可分为热塑性塑料模和热固性塑料模等。

对塑料进行模塑成型所用的设备称塑料模成型设备。按成型工艺方法不同，可分为塑料注塑机、液压机、挤出机、吹塑机等。最为常用的为塑料注塑机（又称注塑机）。

1. 注塑机的分类

对注塑机类型的划分有不同的方法，但目前人们多采用结构特征来区别，通常分为柱塞注塑机和螺杆注塑机两类。

2. 注塑机的组成

以卧式螺杆注塑机为例，主要由注射系统、锁模系统、传动机构三大部分组成。

（1）注射系统。

注射系统是注塑机的主要部分，其作用是使塑料均匀地塑化并达到流动状态，在很高的压力和较快的速度下，通过螺杆或柱塞的推挤注射入模。注射系统包括加料装置、料筒、加热装置、螺杆及喷嘴等部件。

①加料装置。

注塑机上的加料斗就是加料装置，其容量一般为可供注塑机使用 1 ～ 2 h。

②料筒。

料筒的内壁要求尽可能光滑，呈流线型，避免缝隙、死角或不平整。

③加热装置。

加热元件装在料筒外部分段加热，通过热电偶显示温度，并通过感温元件控制温度。

④螺杆。

螺杆的作用是送料压实、塑化、传压。当螺杆在料筒内旋转时，将从料斗来的塑料卷入，并逐步将其压实、排气和塑化，熔化塑料不断由螺杆推向前端，并逐渐积存在顶部与喷嘴之间，螺杆本身受熔体的压力而缓慢后退，当熔体积存到一次注射量时，螺杆停止转动，传递液压或机械力将熔体注射入模。

⑤喷嘴。

喷嘴是连接料筒和模具的桥梁。其主要作用是注射时引导塑料从料筒进入模具，并具有一定射程。喷嘴的内孔为圆锥孔，可起到增压作用，并能与模具浇口紧密接触。

（2）锁模系统。

最常见的锁模系统是具有曲臂的机械与液压力相结合的装置，它具有简单而可靠的特点，故应用较广泛。

（3）传动机构。

传动机构由齿轮减速器和调速器及液压系统组成，主要作用是传递动力，以确保原料的连续供料。

（4）模具。

模具安装在注射系统和锁模系统之间。模具的作用在于利用本身特定形状，使塑料成型为具有一定形状、尺寸、强度和性能的制件，完成成型设备所不能完成的工作，使它成为有用的型材。

（三）塑料成型过程

塑件的模塑成型是将塑料材料在一定的温度和压力作用下，借助于模具使其成型为具有一定使用价值的塑料制件的过程。塑料的模塑成型方法很多，如注射、压缩、压注、挤出、吹塑、发泡等。这里主要介绍注射模塑、压缩模塑和压注模塑的成型过程。

1. 注射模塑成型过程

（1）加料、预塑。

加料筒内的塑料随着螺杆的转动沿着螺杆向前输送，并通过加热装置的加热和螺杆剪切摩擦热的作用而逐渐升温，直至熔融塑化成黏流状态后产生一定的压力。当螺杆头部的压力达到能够克服注射液压缸活塞后退的阻力（背压）时，在螺杆转动的同时逐步向后退。

（2）台模、注射。

加料预塑完成后，合模装置动作，使模具闭合，接着由注射液压缸带动螺杆按工艺要求的压力和速度，将已经熔融并积存于料筒端部的熔融塑料（熔料）经喷嘴注射到模具型腔内。

（3）保压、冷却。

当熔融塑料充满模具型腔后，螺杆对熔体仍需保持一定压力（即保压），以阻止塑料的倒流，并向型腔内补充因制件冷却收缩所需要的塑料。在实际生产中，当保压结束后，虽然制件仍在模具内继续冷却，但螺杆可以开始进行下一个工作循环的加料塑化，为下一个制件的成型做准备。

（4）开模、推出制件。

制件冷却定型后，打开模具，在顶出机构的作用下，将制件脱出。此时，为下一个工作循环做准备的加热预塑也在进行之中。

2. 压缩模塑成型过程

压缩模塑成型过程包括加料、闭模、固化、脱模等主要工序。

压缩模塑成型的特点：没有浇注系统，耗料少；使用设备为一般压力机，模具结构简单；塑料在型腔内直接受压成型，有利于压制流动性较差的以纤维为填料的塑料，还可压制较大平面的制件。其缺点是：生产周期长、效率低，制件尺寸不精确，不能压制带有精细和易断嵌件的制件。

（四）塑件工艺性

1. 形状

为了简化模具结构，塑件的形状应尽量简单，还要有足够的强度和刚度，以防止顶出时塑件变形或破裂。其结构上应避免与起模方向垂直的侧壁凹槽或侧孔。

2. 壁厚

塑件的壁厚应大小适宜而且均匀。塑件的壁厚一般应在 1 ～ 5 mm，热塑性塑料易于形成薄壁制件，最小壁厚可达 0.5 mm，但一般不宜小于 0.9 mm。

塑件的结构和壁厚的大小对塑件的质量有直接的影响。

（1）壁厚过小。

不同表面之间成型时熔体流动阻力大，充模困难，起模时塑件容易破损。

（2）壁厚过大。

不但需要增加成型和冷却时间，延长成型周期，而且容易产生气泡、缩孔、凹痕或翘曲等缺陷。

（3）壁厚不均。

会因冷却或固化速度不均导致收缩不匀，使制件产生缩孔或缩痕，同时容易产生内应力，使制件翘曲变形甚至开裂。

3. 圆角

塑件结构上无特殊要求时，转角应尽可能以半径不小于 1.0 mm 的圆角过渡，以避免出现清角。

4. 加强筋

加强筋的作用是能在不增加塑件壁厚的条件下提高塑件的刚度和强度，沿着料流方向的加强筋还能减小熔料的充模阻力。

5. 螺纹

塑件上外螺纹的直径不宜小于 4 mm，内螺纹的直径不宜小于 2 mm，精度小于 IT8。塑料螺纹与金属螺纹的连接长度一般不宜超过螺纹直径的 1.5 ～ 2.0 倍。同一塑件上有两段同轴螺纹时，应使它们的螺距相等、旋向相同，如经常拆卸的塑件应设置嵌件。

6. 尺寸精度

塑料收缩率的波动，成型工艺条件的变化，模具成型零件的制造精度、装配精度及磨损等都会影响塑件的精度。塑件精度划分为 1 ～ 8 级，其中 1 级最高，8 级最低。1 ～ 2 级为精密技术级，只有在特殊条件下采用；常用的是 3 ～ 6 级；7 ～ 8 级的精度太低，一般不采用。

二、注塑模的结构

塑料是从石油中生产出来的合成树脂加入增塑剂、稳定剂、填充剂及着色剂等物质而组成的，原料为小颗粒或粉状。将这些小颗粒塑料加热熔化成黏流状，注射到一个具有所需产品形状的型腔中，待塑料冷却后取出来，就得到了与型腔形状一样的塑件，这个具有型腔的工具称为模具，因为它专门用于制作塑料件，所以通常称为注塑模。

注塑模的特点：模塑生产周期短、效率高，可以实现自动化生产，也能保证制件的精度，适用范围广，但设备昂贵，模具复杂。

（一）注塑模的结构特点

塑料制件的特点是几乎无须加工就可直接使用，这就对制件质量有很高的要求，而影响塑件质量的主要因素有塑料原料、注塑机的温控系统、螺杆精度、模具结构等。我们先来了解注塑模的结构特点。

1. 注塑模的组成

注塑模的结构主要由动模和定模两大部分组成。

注塑模成型时，动模座板移动至动模与定模闭合并构成型腔和浇注系统，开模时动模与定模分开后，由推出机构将制件从动模型腔中推出。

2. 注塑模的基本结构及特点

注塑模由各种标准的模板构成模具框架。它由导柱、导套导向，动、定模型芯构成闭合型腔，制件由推出机构推出，下面就把夹盘注塑模分解后，看一看它的结构组成。

（二）注塑模分类

1. 注塑模的分类方法

注塑模的分类方法很多，按照不同的划分依据，通常有以下几类：

（1）按塑料材料类别可分为热塑性注塑模、热固性注塑模。

（2）按模具型腔数目可分为单型腔注塑模、多型腔注塑模。

（3）按模具安装方式可分为移动式注塑模、固定式注塑模。

（4）按注塑机类型可分为卧式注塑模、立式注塑模和直角式注塑模。

（5）按塑件尺寸精度可分为一般注塑模、精密注塑模。

（6）按模具浇注系统可分为冷流道模、绝热流道模、热流道模、温流道模。

2. 注塑模的总体结构特征

（1）单分型面注塑模（二板式注塑模）。

单分型面注塑模是注塑模具中应用最广泛、最简单、最典型的一种，构成型腔的一部分在动模上，另一部分在定模上。卧式注塑机用的单分型面注塑模具，主流道设在定模一侧，分流道设在分型面上，开模后制件连同流道凝料一起留在动模一侧。动模上设有推出装置，用以推出制件和流道凝料（料把）。

（2）双分型面注塑模（三板式注塑模）。

双分型面注塑模特指浇注系统凝料和制件由不同的分型面取出，也叫三板式注塑模。

（3）带活动型芯的注塑模。

当制件带有侧孔或需要内成型而无法通过分型面来取出制件时，只能在模具中设置活动的型芯或镶拼组合式镶块。采用活动型芯的目的是便于在开模时方便地取出制件。

（三）分型面的类型

分型面就是动模和定模的接触面，它能使模具分开后取出制件或浇注系统。虽然分型面不是模具中的主要结构，但合理地选择分型面，不仅可以简化模具结构，而且能提高制件的质量。

1. 分型面与型腔的相对位置

分型面与制件型腔的相对位置一般有四种基本形式：直线分型面、倾斜分型面、折线分型面、曲线分型面。

2. 分型面的选择原则

（1）应取在制件最大截面上。使制件在开模时随动模移动方向脱出定模后留在动模内，以便于取出制件。

（2）要有利于保证制件的外观质量和精度要求以及浇注系统的合理布置。

（3）要有利于成型零件的加工制造和侧向抽芯的结构设计。

（4）应根据零件的技术要求，合理选择分型面，可以简化模具的结构。

（四）浇注系统

注塑模的浇注系统是指模具中从注塑机喷嘴开始到型腔入口为止的塑料熔体的流动通道。在注塑成型塑料制品时，注塑机喷嘴中熔融的塑料，经过主流道和分流道，最后通过浇口进入模具型腔，经过冷却固化后，得到所需要的制品。普通浇注系统是注塑模中最为常见的浇注系统。

（五）排气系统

注塑成型模具的排气系统是直接影响制件质量的一个因素，对于成型较大尺寸制件及聚氯乙烯等易分解产生气体的树脂来说尤为重要。因此，排气系统应与型腔和浇注系统综合考虑，以保证制件不会因排气不良而发生质量问题。

排气系统的形式有分型面排气、利用型芯、推杆、镶件等的间隙排气。

在塑料熔体充填注射过程中，除了封闭型腔内有空气外，还有塑料在高温下蒸发而形成的水蒸气等。如果不能将其排出型腔，就会降低充填速度，在制件上形成气孔、接缝、表面轮廓不清，而造成制件的废品。所以选择排气槽的开设位置时，应遵循以下原则：

（1）排气槽的排气口不能正对操作者，以防熔料喷出而发生工伤事故。

（2）排气槽最好开设在分型面上，即使产生飞翅也易随制件脱出。

（3）排气槽应尽量开设在塑料熔体充填的型腔末端部位，如流道或冷料穴的终端。

（4）排气槽最好开设在靠近嵌件和制件壁最薄处，以免产生熔接痕。

任务三　金属成型模的结构

一、压铸的基本概念、特点及应用范围

（一）压铸的基本概念

压铸是一种将熔融状态或半熔融状态的金属浇入压铸机的压室，在高压的作用下，以极高的速度充填在具有很高的尺寸精度和很小的表面粗糙度值的压铸模型腔内，并在高压下使熔融或半熔融的金属冷却凝固成型而获得铸件的高效益、高效率的精密铸造方法。常见的压铸分类方法如表 2–1 所示。

表 2–1　常见的压铸分类方法

<table>
<tr><th colspan="3">压铸的分类方法</th><th>说明</th></tr>
<tr><td rowspan="4">按压铸材料分</td><td colspan="2">单金属压铸</td><td rowspan="4">主要是非铁合金压铸</td></tr>
<tr><td rowspan="3">合金压铸</td><td>铁合金压铸</td></tr>
<tr><td>非铁合金压铸</td></tr>
<tr><td>复合材料压铸</td></tr>
<tr><td rowspan="2">按压铸机分</td><td colspan="2">热室压铸</td><td>压室浸在保温坩埚内</td></tr>
<tr><td colspan="2">冷室压铸</td><td>压室与保温炉分开</td></tr>
<tr><td rowspan="2">按合金状态分</td><td colspan="2">全液态压铸</td><td>常用的压铸技术</td></tr>
<tr><td colspan="2">半固态压铸</td><td>压铸新技术</td></tr>
</table>

（二）压铸的特点及应用范围

1．压铸的特点

高压和高速是压铸时液态或半液态金属充填成型过程的两大特点，是压铸与其他铸造方法最根本的区别所在。压铸时常用的压力一般为 20 ～ 200 MPa，最高可达 500 MPa；充填速度一般为 0.5 ～ 120 m/s；充填时间与铸件的大小和壁厚有关，一般为 0.1 ～ 0.2 s，最短仅有千分之几秒。

2．压铸的应用范围

压铸是最先进的金属成型方法之一，是实现少切削、无切削的有效途径，应用广泛，发展很快。国外可压铸直径为 2 000 mm、质量为 50 kg 的铸件。

压铸生产已广泛应用在国民经济的各行各业中。根据设计时的技术要求，可合理地选用铸件材料来满足强度、硬度以达到所需的技术指标。压铸生产主要应用于飞机、汽车、轮船、纺织机械、家用电器、家具五金、办公用具等的制造和通信、军事、气象等领域。

（三）压铸机简介

压铸机是压铸生产最基本的设备，是压铸生产中提供能源和选择最佳压铸工艺参数的条件。在压铸模设计时，必须满足压铸机的技术规格及其性能的要求，以获得优质铸件。

1．压铸机的分类

压铸机通常按压室受热条件的不同分为冷压室压铸机（简称冷室压铸机）和热压室压铸机（简称热室压铸机）两大类。

2．压铸机的压铸过程

（1）卧式冷室压铸机的压铸过程。

合模后，金属液浇入压室，压射冲头向前推动金属液经浇道压入模具型腔。凝固冷却成压铸件，动模移动与定模分开而开模，在推出机构作用下推出铸件并取出铸件，即完成一次压铸循环。

（2）立式冷室压铸机的压铸过程。

合模后，浇入压室中的金属液被已封住喷嘴孔的反料冲头托住，压射冲头向下运动将金属液压入模具型腔。凝固后，压射冲头退回，反料冲头上升切断余料，将其顶出压室并取走余料，反料冲头降到原位后开模取出铸件，即完成一次压铸循环。

（3）热室压铸机的压铸原理。

合模后，在压射冲头的作用下，金属液由压室经鹅颈管、喷嘴和浇注系统进入模具型

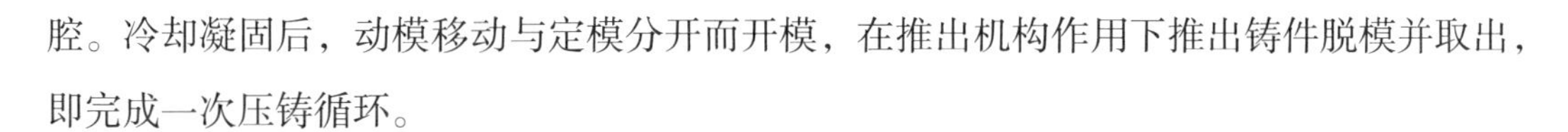

腔。冷却凝固后，动模移动与定模分开而开模，在推出机构作用下推出铸件脱模并取出，即完成一次压铸循环。

二、压铸模的组成、结构与特点

压铸工艺应用广泛，如公交车上的扶手联管接头、发动机外壳、电动工具外壳都是采用压铸制造的。压铸生产中，压铸模、压铸工艺、压铸设备都会对压铸件的质量产生重大影响。压铸生产时，正确采用压铸工艺参数是获得优质铸件的决定因素，而压铸模则是选择和调整有关工艺参数的基础。

（一）压铸模的基本结构及特点

压铸模由各种模板构成模具框架，定位靠导柱、导套导向，动模型芯、定模型芯分别镶配在动模框和定模框内。卸料部分由复位杆、推杆、推杆固定板、推杆底板构成，其作用是在模具开启时推出铸件。

（二）分型面的类型

压铸模的动模与定模的接触表面通常称为分型面。

分型面虽然不是压铸模中的一个完整的结构，但它与压铸件的形状和尺寸以及压铸件在模具中的位置和方向密切相关。合理地确定分型面不但能简化压铸模的结构，而且能保证铸件的质量。

1. 分型面的类型

根据不同分类标准，分型面类型有所不同。

（1）根据铸件的结构和形状特点不同，可将分型面分为直线分型面、倾斜分型面、折线分型面和曲线分型面等。

（2）根据分型面的数量，可将分型面分为单分型面、双分型面、三分型面和组合分型面等。

2. 分型面的选择原则

选择分型面时，应遵循以下原则：

（1）分型面应取在铸件的最大截面上。开模时，能保持铸件随动模移动方向脱出定模，使铸件保留在动模内，便于从动模内取出铸件。

（2）要有利于浇注系统和排溢系统的合理布置。

（3）应使加工尺寸精度要求高的部分尽可能位于同一半压铸模内，以保证铸件的尺寸精度。

（4）合理地选择分型面，可以简化模具的结构，有利于零件加工。

（5）应根据零件的技术要求选择分型面，尽可能不要选择在零件的外表面上。

（三）浇注系统

1. 浇注系统的结构

浇注系统主要由直浇道、横浇道、内浇口、余料组成。压铸机的类型不同，采用的浇注系统结构也有所不同。

2. 浇注系统各部分的组成

（1）内浇口。

内浇口是指横浇道到型腔的一段浇道。其作用是使横浇道输送出来的低速金属液加速并形成理想的流态而有顺序地充填型腔，它直接影响金属液的充填形式和铸件质量，因此是一个主要浇道。

（2）直浇道。

直浇道是传递金属液压力的首要部位，是指从浇口套起到横浇道为止的一段浇道。其尺寸可以影响金属液的流动速度、充填时间、气体的储存空间和压力损失的大小，起着使金属液平稳引入横浇道和控制金属液充填条件的作用。

为了更好地分流金属液和带出直浇道，通常采用分流锥的结构，分流锥单独加工后装在镶块内。圆锥形分流锥的导向效果好、结构简单、使用寿命长，因此应用较广泛。对直径较大的分流锥，可在中心设置推杆孔。

（3）横浇道。

横浇道是直浇道的末端到内浇口前端的连接通道，它的作用是将金属液从直浇道引入内浇口，并借助横浇道，用金属液来预热模具，还可以在铸件冷却收缩时用来补缩和传递静压力，使铸件材料组织紧密，无缩孔和缺陷。

（四）排溢系统

排溢系统和浇注系统在整个型腔充填过程中是一个不可分割的整体。排溢系统由溢流槽和排气槽两部分组成。溢流槽和排气槽能使金属液在充填铸型的过程中及时排出型腔中的气体、气体夹杂物、涂料残渣及冷污金属等，以保证铸件质量，消除铸件的缺陷。

1. 溢流槽（又称集渣包）

设置溢流槽的作用除了接纳型腔中的气体、气体夹杂物及冷污金属外，还可用于调节型腔局部温度、改善充填条件，必要时还可作为工艺搭子顶出铸件。

开设溢流槽位置的选择原则：

（1）金属液在进入型腔后最先冲击的部位和型芯背面。

（2）两股或多股金属液的汇合处，容易产生涡流或氧化夹杂的部位。

（3）金属液最后充填和壁厚较薄难以充填的部位。

（4）内浇口两侧或金属液不能直接充填的死角。

（5）大平面上容易产生缺陷或型腔温度较低和排气条件不良的部位。

2. 排气槽

设置排气槽的目的是为了能排除金属液在充填过程中浇道、型腔及溢流槽内的混合气体，以防止压铸件中气孔缺陷的产生。排气槽一般设置在溢流槽后端，以加强溢流和排气效果。有时也可在型腔的合适部位单独开设排气槽，但排气槽不能被金属液堵塞，相互之间不应连通。

压铸模开设排气槽的选择原则：

（1）应尽可能开设在动模的分型面上，以便于加工。

（2）排气槽应开在溢流槽的尾部，开设时要有折弯，以免废渣向外喷射。

（3）当排气量大时，可增加数量或宽度，切忌增加厚度，以防金属液向外喷射。

（4）在模具深腔处，可利用型芯和推杆的间隙排气。

三、压铸模成型零件的结构形式

在压铸模结构中，构成型腔以形成压铸件形状的零件称为成型零件。成型零件主要是指型芯和镶块，而大多数压铸模的浇注系统、排溢系统、抽芯机构的前端成型部分及推杆机构上的推杆孔也在成型零件上加工而成。这些零件直接与金属液接触，承受着高速金属液流的冲蚀及高温、高压的作用。因此，成型零件的质量决定了压铸件的精度和质量，也决定了模具的使用寿命。成型零件的结构形式分为整体式和镶拼式两种。

（一）整体式结构

整体式结构是将型腔及导向零件的孔，直接加工在同一模块上，使型腔和部分导向零件与模块构成一个整体。

（二）镶拼式结构

成型部分的型腔由型芯和镶块镶拼而成。镶块装入模具的动（定）模框内加以固定，构成动（定）模型腔。这种结构形式在压铸模中广泛采用。

镶拼式结构通常用于多型腔或深型腔的大型压铸模，以及铸件表面形状复杂而难以做成整体结构的压铸模。装配时要保证镶块定位准确、紧固，不允许发生位移，镶块要便于加工，以保证压铸件尺寸精度和脱模方便。

随着电加工、冷挤压、陶瓷型精密铸造等新工艺的不断发展，在加工条件许可的情况下，除为了满足压铸工艺要求排除深腔内的气体或便于更换易损部分而采用组合镶块外，其余成型部分应尽可能采用整体镶块。

（三）镶块的固定形式

镶块固定时，必须保持与相关的构件之间足够的稳定性，要便于加工和装卸。镶块常安装在动、定模模框内，其形式有通孔和不通孔两种形式。

（四）型芯的固定形式

型芯固定时，必须保持与相关构件之间有足够的强度和稳定性，以便加工和装卸，并使型芯在金属液的冲击下或铸件卸除包紧力时不发生位移、弹性变形和弯曲断裂现象。型芯普遍采用台阶式固定方式。

思考题

1. 冲压加工与机械加工、其他塑性加工方法相比，在技术方面及经济方面都具有哪些独特的优点?

2. 简述注塑机的分类及组成。

3. 压铸的基本特点及应用范围有哪些?

项目三 冲裁模、注塑模及压铸模的结构形式

导读

学校教育教学中有许多典型事例和疑难问题，案例可以从不同角度反映教师在处理这些问题时的行为、态度和思想感情，提出解决问题的思路。教学案例是教师在教学过程中，对教学的重点、难点、偶发事件、有意义的、典型的教学事例处理的过程、方法和具体的教学行为与艺术的记叙，以及对该个案记录的剖析、反思和总结。本项目就模具设计案例展开教学。

学习目标

1. 了解冲裁模常见零部件的结构形式；
2. 进一步了解弯曲模、拉深模、挤压模的结构与特点；
3. 了解注塑模常见的机构形式；
4. 认识压铸的应用范围。

任务一　冲裁模常见的结构形式

通过学习前面冲裁模的结构可知，尽管各类冲裁模的结构形式和复杂程度不同，但每一副冲裁模都是由一些能协同完成冲压工作的基本零部件构成的。这些零部件按其在冲裁模中所起作用不同，可分为工艺零件和结构零件两大类。

应该指出，不是所有的冲裁模都具备上述各类零件，尤其是简单的冲裁模，但是工作零件和必要的支承件是不可缺少的。

冲裁模的种类很多，组成模具的零件更是多种多样，而模具制造一般又属于单件或小批量生产，这就给模具生产带来了许多困难。我国已对各类冷冲模共同具有的零件实行标准化，有圆形凸模、凹模及固定板，上、下模座，导柱，导套，模柄等。

一、工作零件的结构形式

工作零件是直接参与冲压工作的零件，凸模、凹模的材料应具有足够的韧性和较高的强度，常用碳素工具钢T8A和T10A。形状复杂时可采用合金工具钢Cr12和Cr12Mo等材料，以提高凸模、凹模的耐磨性，为了提高模具的使用寿命，也可采用硬质合金。

工作零件的稳定与否会直接影响到冲裁件的质量，所以，要根据模具结构和冲裁力，合理地选择凸模、凹模的结构形式。

（一）凸模、凹模

常见的凸模、凹模形式有表3-1所列的几种。

表3-1　常见的凸模、凹模形式

名称	形式	特点
凸模	台肩式	这种凸模加工简单，装配修磨方便，是一种经济实用的凸模形式
	圆柱式	为简化制造过程，常将形状复杂的中、小型凸模在长度方向制成相同的断面
	护套式	当冲孔直径较小（近似于板料厚度）时，常采用此结构，以保护凸模不易折断
	整体式	常用于大、中型复杂形状的凸模，装配时，用固定板和螺钉直接与上模座紧固
凹模	台肩镶块式	主要用于冲件较大但冲孔数量较少的模具，用固定板固定，可节省材料，也适用于易损的凹模，便于更换
	整体式	适用于冲孔数量较多、形状复杂的模具，精度高。它可用螺钉直接固定在下模座上

（二）凹模刃口形式

凹模刃口的形式直接影响到模具间隙和冲件的质量，应根据冲件精度，合理选择凹模的刃口形式，表 3–2 为常见的凹模刃口形式。

表 3–2　常见的凹模刃口形式

刃口形式	特点与应用范围
过渡孔柱形刃口	刃口的强度较高。修磨后工作部分尺寸不变，但洞口易积存废料或制件。一般用于形状复杂和精度要求较高的制件
锥形刃口	刃口强度较差，修磨后工作部分的尺寸略有增大。一般只适用于制件精度要求不高的小型制件
	刃口强度较差，修磨后工作部分的尺寸略有增大。适用于冲裁形状中等复杂的制件
锥形刃口	刃口强度较差，修磨后工作部分的尺寸略有增大。适用于冲裁薄料和凹模厚度较薄的情况
柱形刃口（可调整）	凹模不淬火或淬火硬度不高，可用锤子敲打斜面以调整间隙，直至冲出满意的冲件为止。适用于冲裁 0.5 mm 以下的薄料和精度要求不高的制件
通孔柱形刃口	刃口的强度高。修磨后工作部分尺寸不变，适用于有推料装置出料的模具。一般适用于形状复杂和精度要求较高的制件

二、定位零件的结构形式

定位零件的作用是使坯料或制件在模具上相对凸模、凹模有正确的位置。定位零件的结构形式很多，用于对条料进行定位的定位零件有挡料销、导料销、导料板、侧压装置、导正销、侧刃等，用于对制件进行定位的定位零件有定位销、定位板等。

定位零件基本上都已标准化，可根据坯料或制件形状、尺寸、精度和模具的结构形式及生产率要求等选用相应的标准件。

（一）定位件

定位件主要指定位板或定位销，一般用于对单个毛坯的定位。定位件分为外缘定位和内孔定位两种。

外缘定位：一般用于毛料的外形定位。

内孔定位：一般用于毛料的内孔定位。

（二）导料件

导料件主要指导料板和侧压板，导料件的主要作用是使板料或条料有正确的送料方向。

（三）挡料件

挡料件的作用是控制条料或带料送料时的步进距离，主要有固定挡料销、活动挡料销、自动挡料销、始用挡料块和定距侧刃等。

1. 固定挡料销

固定挡料销结构简单，常用的为圆柱形式。当挡料销孔离凹模刃口太近时，为了保证凹模的强度，挡料销可移离一个步距，也可以采用钩形挡料销。

2. 活动挡料销

这种挡料销后端带有弹簧或弹簧片，能自由活动。这种挡料销常用在带弹性卸料的结构中，在复合模中最常见。

3. 自动挡料销

采用这种挡料销送料时，无须将带料抬起或回拉，只要冲裁后将料往前推便能自动挡料，故能连续送料冲压。

4. 始用挡料块

始用挡料块有时又称为临时挡料块，用于带料在级进模上冲压时的首次定位。级进模有数个工位，有的结构往往就需要用始用挡料块完成带料的首次挡料。始用挡料块的数目视级进模的工位数而定。

5. 定距侧刃

定距侧刃是以切去带料边少量材料而达到挡料目的。

结构特点：侧刃做成矩形，制造简单，但当侧刃尖角磨钝后，条料边缘处便出现毛刺，影响送料。

结构特点：侧刃两端做成凸部，当条料边缘连接处出现毛刺时，毛刺处在凹槽内不影响送料，但制造稍复杂些。

结构特点：这种形式以后端定距，每一进距需把条料往回拉。缺点是操作不方便，且效率低；优点是不浪费材料。

定距侧刃挡料另外的缺点是浪费材料，在冲制窄而长的制件（进距小于 6 mm）和某些少、无废料排样时，大多采用定距侧刃的形式来挡料。一般的级进模在冲压厚度较薄（$t < 0.5$ mm）的材料时，也较多地采用定距侧刃的形式挡料。

（四）导正销

1. 导正销的装配形式

导正销多用于级进模中，装在第二工位以后的凸模上。

工作原理：冲压时，由固定挡料装置限制板料级进步距（粗定位），再将导正销插入已冲好的孔中（二次定位），以保证内孔与外形相对位置的精度。

注意点：对于薄料（$t < 0.3$ mm），导正销插入孔内会使孔边弯曲，而不能起到正确的定位；此外，孔的直径太小时（$d < 1.5$ mm）导正销易折断，也不宜采用，应考虑采用

其他定位方式。

2. 导正销的间隙

导正销的头部分为直线与圆弧两部分。直线部分的高度不宜太大，否则不易脱件；同时也不能太小，会影响定位精度。直线部分一般取 0.5 ～ 1.0 t。由于冲孔后弹性变形收缩，导正销直径比冲孔凸模直径小 0.04 ～ 0.20 mm。

3. 凸模、导正销及挡料销

凸模、导正销及挡料销之间的位置示意如图 3–1 所示。

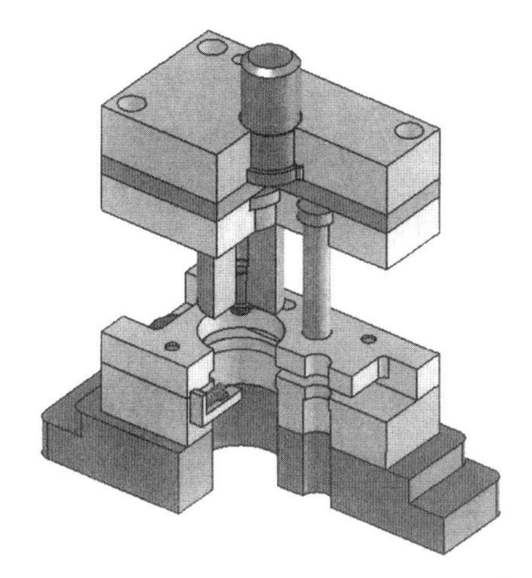

图 3–1 凸模、导正销及挡料销的位置示意图

三、导向、固定与紧固零件的结构形式

（一）导柱和导套导向

在大批量生产中为便于装模或在精度要求较高的情况下，模具都采用导向装置，以保证精确的导向。

常见的导柱和导套布置形式有导柱布置在模座中部两侧的形式、导柱布置在模座后侧的形式、导柱布置在模座对角的形式、滚珠导向模架的形式。

就以上四种形式而言，为了保证冲裁模的冲裁质量，导柱导套的配合精度大多为 H6/H5 或 H7/H6，适合于一般冲裁模的导向精度。由于导柱模广泛应用，故导柱、导套已标准化，它和上、下模板组成了标准模架，选用时，应根据冲裁模的结构和要求合理选择标准模架。

（二）固定与紧固零件

1. 固定板

对于小型的凸模、凹模零件，一般通过固定板间接地固定在模板上，以节约贵重的模具钢。

固定凸模、凹模时，固定板要有足够的厚度，确保凸模、凹模牢固可靠和有较好的垂直度。

2. 垫板

冲裁过程中，当冲裁件的料厚较大而外形尺寸又较小时，凸模、凹模后端面对模板有较大的单位压力，因此，需采用垫板来保护模板。

3. 模板

模板分带导柱和不带导柱两种情况，按其形状有适用于圆形、正方形或长方形模具的，可按冷冲模国家标准或工厂标准，选择合适的形式和尺寸。

4. 模柄

模柄主要用于固定上模。

5. 螺钉和销钉

螺钉是紧固模具零件用的，冲模中多采用内六角头或圆头螺钉。螺钉主要承受拉应力，其尺寸及数量一般根据经验确定，小型和中型模具采用M6、M8、M10或M12等，选用4～6个，要按位置具体布置而定。大型模具可选M12、M16或更大规格，选用过大的尺寸会给攻螺纹带来困难。

冲裁模中圆柱销起定位作用，主要承受模板间的剪切力。一般情况使用两个以上的圆柱销，布置时圆柱销间离得越远稳定性越好，对中小型模具一般选用d=6 mm、8 mm、10 mm、12 mm四种尺寸，侧压力较大的场合可适当增大直径。

任务二　注塑模常见的结构形式

一、合模导向机构

合模导向机构对于塑料模具是不可少的部件，因为模具在闭合时，合模导向机构具有定位、导向并能承受一定的侧压力三个作用，如表3–3所示。

表3–3　合模导向机构的作用

序号	作用	特点
1	定位	在模具闭合后，能形成一个正确的封闭型腔，避免因位置的偏移而引起制件壁厚不均匀或模塑失败
2	导向	在模具合模时，引导动模、定模正确闭合，避免型芯撞击型腔而损坏零件
3	承受一定的侧压力	由于受注塑机精度的限制，在动模、定模合模时，导柱在工作中会承受一定的侧压力

（一）导柱的结构与固定形式

常见的导柱结构与固定形式如图 3-2 所示。

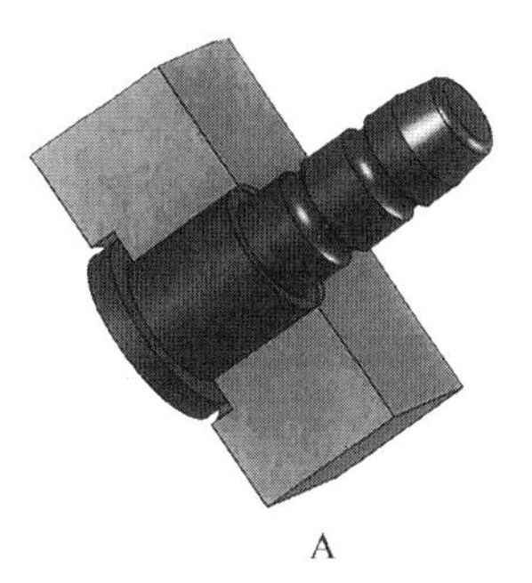
A

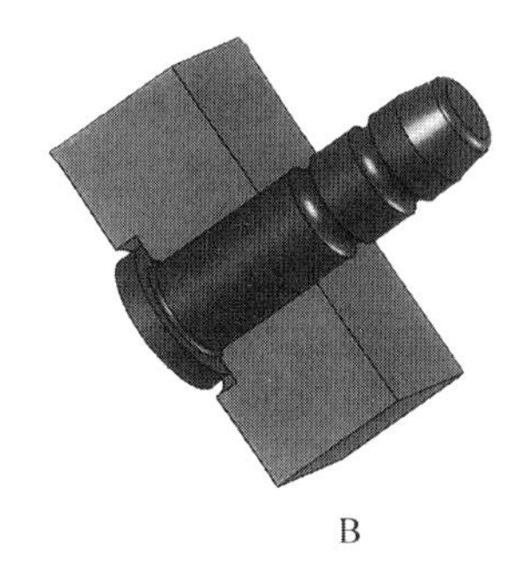
B

图 3-2 导柱的结构与固定形式

A 型用于精度要求高、生产批量大的模具，配有导套且导柱固定端与导套外径相同，这样动模、定模上的孔可以一同加工，以保证位置精度。

B 型用于单模具的小批量生产，可不需要导套，导柱直接与模板中的导向孔配合，但是孔易于磨损。如在模板中增加导套则使用寿命更长，维修更方便。

（二）导套的结构与固定形式

为了保证导向机构的精度和使用寿命，一般采用镶入导套的结构形式。

常见的导套结构如图 3-3 所示。

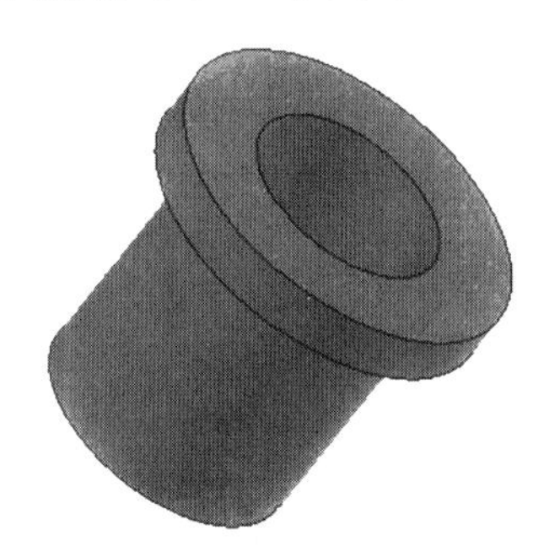

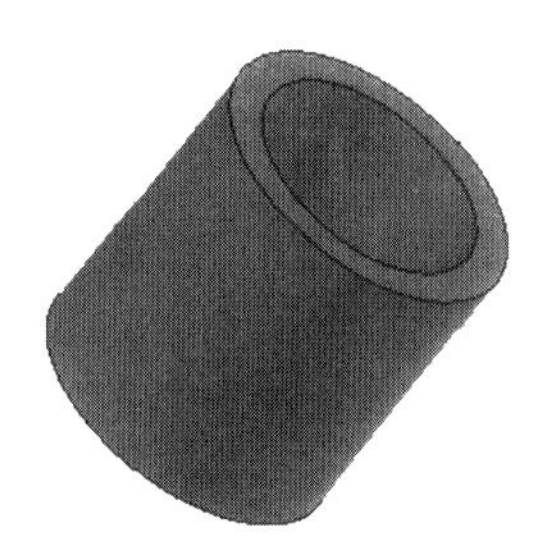

图 3-3 导套的结构

导套的固定形式如图 3-4 所示。

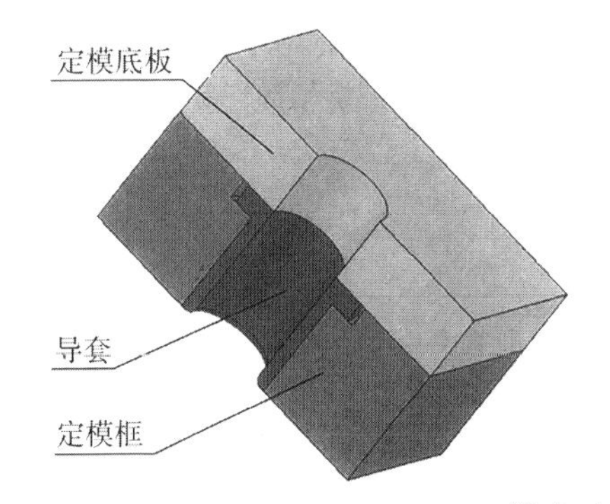

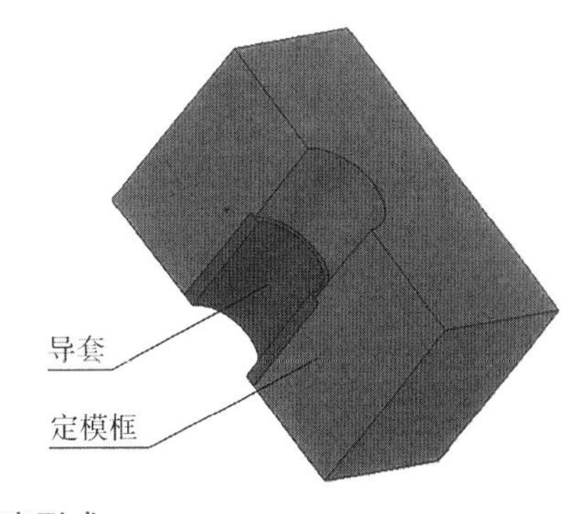

图 3-4 导套的固定形式

二、抽芯机构

当制件上具有与开模方向不同的侧向成型时，制件不能直接脱模。应将侧向成型零件做成活动型芯，以便在制件顶出前，先脱离制件。将侧向成型抽出，完成侧向成型抽出和复位的机构称为抽芯机构，制件再由推出机构推出型腔。

抽芯机构的结构形式和数量是根据产品设计要求而确定的。下面介绍连接盒抽芯机构在模具合模、开模时的位置。

（一）抽芯机构的组成

连接盒注塑模抽芯机构在模具结构中的位置如图 3–5 所示。

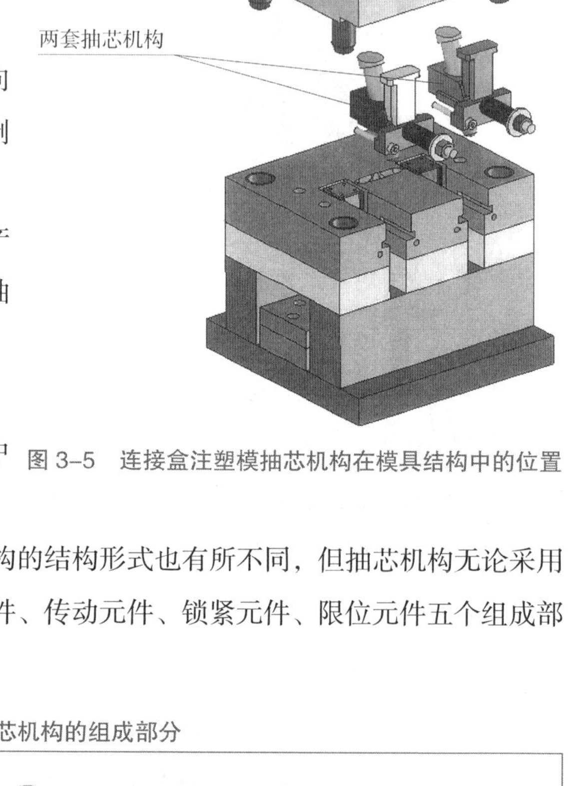

图 3–5　连接盒注塑模抽芯机构在模具结构中的位置

由于制件和模具结构的不同，抽芯机构的结构形式也有所不同，但抽芯机构无论采用何种形式，它总少不了成型元件、运动元件、传动元件、锁紧元件、限位元件五个组成部分，如表 3–4 所示。

表 3–4　抽芯机构的组成部分

锁紧块　弹簧　斜导柱　滑块　成形面　挡块

组成部分	作用与功能
成型元件	形成制件侧孔、侧向成型面的零件，如型芯、型块等
运动元件	连接并带动型芯或型块在模框滑槽内运动的零件，如滑块、斜滑块等
传动元件	带动运动元件作滑块往复运动的零件，如斜导柱、弯形导柱、齿条、液压抽芯等

续表

组成部分	作用与功能
锁紧元件	在合模后压紧运动元件，防止注塑时受到反压力而产生位移的零件，如锁紧块、楔紧锥等
限位元件	限制运动元件在开模后正确定位，以保证合模时运动元件正确位置的零件，如挡位、定位装置等

（二）抽芯机构的抽芯形式

抽芯形式按其动力来源可分为机械抽芯机构、液压抽芯机构、手动抽芯机构三种结构形式，如表 3–5 所示。在实际生产中，常采用斜导柱（斜销）、斜滑块及齿轮齿条等机械抽芯机构和液压抽芯机构。

表 3–5　抽芯机构的抽芯形式

机构形式		机构特点
机械抽芯机构	斜导柱（斜销）抽芯机构	在注塑机开模时，利用开模力使动模、定模之间产生的相对运动改变运动方向，将侧向成型面抽出。无须手工操作，生产率高，在生产实践中广泛采用，但模具结构较复杂
	弯形导柱（弯销）抽芯机构	
	齿轮齿条抽芯机构	
	斜滑块抽芯机构	
液压抽芯机构		在模具上设置专用液压缸，活动型芯靠液压系统抽出，通过液压系统实现抽芯机构的往复运动。其特点是不仅传动平稳，而且可以得到较大的抽拔力和较长的抽芯距
手动抽芯机构		活动型芯与制件一起取出，在模外使制件与型芯分离或依靠人工直接抽出侧面活动型芯。其特点是结构简单，但生产效率低，劳动强度大，常用于小批量或试样生产

（三）斜导柱抽芯机构中主要零件的结构形式。

1. 斜导柱的外形结构

由于斜导柱只有驱动滑块的作用，为了运动灵活，斜导柱工作段与滑块斜孔可采用较松的配合，工作段小于固定端 0.5 ～ 1.0 mm。

2. 滑块的结构

滑块分为整体式和组合式两种。

3. 导滑槽的结构

导滑槽的结构也分为整体式和组合式两种。根据模具结构及型芯的大小，可以确定滑块与导滑槽的配合形式。无论何种形式，总的要求是滑块在往复运动中应保证平稳，无上下窜动和卡紧现象。

4. 滑块定位装置

滑块定位装置的结构形式较多，可根据抽芯机构在注塑机的安装位置来确定。无论何种形式，目的都是在开模后确保滑块脱离斜导柱后不会任意移动，以便闭模时斜导柱能准确地进入滑块斜孔内，保证抽芯机构的正常动作。常用的有挡块定位装置和钢球定位装置。

5. 锁紧块的固定形式

在塑料的注射充填过程中，滑块型芯端面受到塑料很大的推力。为了使抽芯机构有一个稳定的工作状态，必须在模具闭模后锁住滑块，以承受塑料给予滑块型芯端面的推力。

（四）弯导柱（弯销）抽芯机构的组成

弯导柱抽芯机构与斜导柱抽芯机构的工作原理及结构基本相同，在这里就不再重复了。其不同点在于结构上由矩形断面的弯导柱代替了斜导柱。它的优点是能在同一个开模距离中获得比斜导柱更大的抽拔距。

1. 弯导柱抽芯机构的特点

（1）弯导柱的矩形截面能承受较大的抽拔力。

（2）通过弯导柱角度的变化来改变抽芯速度和抽芯力。

（3）可以通过弯导柱来实现制件内侧成型的抽芯。

（4）如定模型腔的包紧力大于动模包紧力时，可以实现延时抽芯。

（5）一般情况下，弯导柱不脱离滑块，也就可以省略滑块定位装置。但如果滑块脱离了弯导柱，则需设置滑块定位装置。

（6）弯导柱的制造困难，材料浪费严重，且加工成本较高。

2. 弯导柱外形结构与固定形式

抽芯机构工作时的稳定性将直接影响到模具的使用寿命和制件质量好坏，所以，弯导柱不仅要具有一定的刚度，还需要有可靠的固定形式来承受较大的弯曲力。常用的弯导柱截面大多为方形和矩形。

3. 弯导柱抽芯机构的工作原理

无延时弯导柱抽芯机构与斜导柱抽芯机构的工作原理相同。但对于定模型芯的包紧力较大的制件，应采用延时弯导柱结构使制件在开模之初留在动模上，再由推出机构将制件顶出。

4. 滑块的结构

弯导柱滑块的结构也有整体式和组合式，与斜导柱滑块结构基本相同。不同之处是，弯导柱与滑块有斜面导向和滚轮导向两种接触形。

三、推出机构（又称脱模机构）

在注塑成型的每一次循环中，必须将制件从模具型腔中推出后取出，这个推出制件的

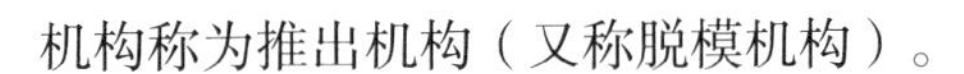

机构称为推出机构（又称脱模机构）。

（一）推出机构的组成部分及分类

1. 推出机构的组成

推出机构的组成如表 3-6 所示。

表 3-6　推出机构的组成

序号	名称	描述
1	推出元件	推出制件，使之脱出型腔后取出，包括推杆、拉料杆、推管、卸料板等
2	复位元件	能有效地控制推出机构在合模时回到准确的位置，如复位杆等
3	限位元件	确保在压射力的作用下，工作零件不改变位置，能起到止退的作用，如锁紧块、限位钉、挡圈等
4	导向元件	能正确引导推出机构往复运动，如导柱、导套等
5	结构元件	能使各元件装配成一体并起固定的作用，如推杆固定板、推杆板等

2. 推出机构的分类

推出机构的分类如表 3-7 所示。

表 3-7　推出机构的分类

序号	分类	形式	特点
1	按传动形式分	机动推出	开模时，动模部分向后移动到一定位置时，由注塑机上的顶出装置将推出机构推出，同时，制件也被推出型腔
		液压缸推出	注塑机上设有专用的顶出液压缸，当开模到一定距离后，活塞动作将推出机构推出，制件脱离型腔后取出
		手动推出	当模具开模后，用人工操纵推出机构，使制件脱离型腔
2	按结构形式分	直线推出、旋转推出和摆动推出等	—
3	按推出元件分	推杆推出、推管推出、推件板推出、斜滑块推出等	—

（二）合理选择制件的推出部位

为了保证塑件的质量，避免因推出部位选择不当，造成制件变形、开裂，应合理地选择推出部位。如盖类制件侧面包紧力最大，推出部位应设置在靠近侧面的地方。

当制件各处包紧力相同时，推杆应均等设置，使制件脱出型腔时受力均匀，以免制件变形。对于有凸肋的制件，推出部位应设置在凸肋上。

推杆不宜设在制件最薄处，以免制件变形或损坏。当结构需要设在薄壁处时，可增大推出面积来改善制件受力状况。

（三）推杆推出机构

1. 推杆推出机构的组成

推杆是推出机构中最简单最常见的一种形式。推出机构动作简单，安全可靠，不易发生故障。由于推杆属标准件，损坏后更换较方便，故应用最广泛。

2. 推杆的结构及固定形式

（1）推杆的结构。

推杆直径不宜过细，应有足够的刚度承受推出力，当结构限制推出面积较小时，为了避免细长杆变形，可设计成阶梯形推杆。推杆截面形状主要有圆形、方形、矩形等，其中圆形推杆的制造和维修都很方便，因此应用最广泛。

（2）推杆的固定形式。

推杆是由推杆固定板和推杆底板固定并将推出力传到其上的。因此，推杆不能有轴向窜动，以免影响制件表面质量。

（四）推管推出机构

推管推出机构是推出圆筒形制件的一种特殊结构形式，其运动方式、工作原理与推杆推出机构基本相同。由于制件几何形状呈圆筒形，在其成型部分必然要设置型芯，所以要求型芯为固定形式，推管随推出机构运动，推管与型芯的配合为间隙配合。

任务三　压铸模常见的结构形式

一、抽芯机构

在现实生活中有许多类似于抽芯机构的物品。譬如，要打开一个盖子（相当于铸件）时，必须先拧下侧面的螺钉才能拿出盖子。这个过程就相当于抽芯。

在模具结构中，顶出铸件前，使阻碍铸件脱模的侧向成型部分，先脱离铸件及型腔成型区的机构称为抽芯机构。

（一）抽芯机构的组成

抽芯机构的设置主要是完成侧向成型在开模或开模过程中必须在顶出铸件前脱离铸件及型腔成型区。

抽芯机构由五个部分组成，如表 3–8 所示。

表 3-8　抽芯机构的组成部分

组成部分	作用与功能
成型元件	形成压铸件的侧孔、凹凸表面或曲面的零件，如型芯、型块等
运动元件	连接并带动型芯或型块在模框滑槽内运动的零件，如滑块、斜滑块等
传动元件	带动运动元件作抽芯和插芯动作的零件，如斜导柱、弯形导柱、齿条、液压抽芯等
锁紧元件	在合模后压紧运动元件，防止压铸时受到反压力而产生位移的零件，如锁紧块、楔紧锥等
限位元件	限制运动元件在开模后正确定位，以保证合模时运动元件的滑动的零件，如挡块等

（二）抽芯机构的形式

实际生产常采用斜导柱（斜销）、齿轮齿条及斜滑块等机械抽芯机构和液压抽芯机构，如表 3-9 所示。

表 3-9　常用的抽芯机构形式

机构形式		机构特点
机械抽芯机构	斜导柱（斜销）抽芯机构、弯形导柱（弯销）抽芯机构、齿轮齿条抽芯机构、斜滑块抽芯机构	利用压铸机的开模力和动模、定模之间的相对运动，通过抽芯机构改变运动方向，将侧向型芯抽出。其特点是机构复杂，抽芯力大，精度较高，生产效率高，易实现自动化操作，因此被广泛应用
液压抽芯机构	液压抽芯机构	在模具上设置专用液压缸，通过活塞的往复运动实现抽芯与复位。其特点是传动平稳，抽芯力大，抽芯距长，用于大中型模具或抽芯角度较特殊的场合
其他抽芯机构（很少采用）	手动抽芯机构	利用人工在开模前或在制件脱模后使用手工工具抽出侧面活动型芯。其特点是结构简单，制造容易，但劳动强度较大，生产效率低。常用于小批量或试样生产
	活动镶块模外抽芯机构	适用于比较复杂的成型部分，无法设置机械抽芯或液压抽芯机构和生产批量较小的场合。其特点是可简化模具结构，降低成本，但需备有一定数量的活动镶块，供轮换使用，工人劳动强度大

（三）斜导柱（斜销）抽芯机构的组成

1. 延时抽芯机构

许多模具在设计时，由于受到技术要求的限制，定模型芯较多和型腔脱模斜度较小，铸件对定模型芯的包紧力较大或对于动模、定模型芯包紧力相等的时候，为了保证开模时铸件留在动模上并脱离定模，就要用延时抽芯机构来实现。常用的延时方式有滑块斜孔为长腰孔和斜导柱工作段小于固定端两种。

2. 斜导柱的外形结构

由于抽芯机构要克服铸件收缩时对型芯的包紧力和本身运动时的各种阻力，所以，斜导柱除了要有足够的刚度外，还要有合理的外形结构，常用的外形结构如表 3-10 所示。

表 3-10 斜导柱外形结构

台阶式斜导柱	台阶式延时斜导柱	台阶式 120° 斜导柱	弹簧圈台阶式斜导柱
固定端直径等于工作段直径，滑块与模板的斜孔可一次加工完成	工作段直径小于固定端直径，主要用于延时抽芯	固定端台阶采用 120° 圆锥形，适用于 10° ～ 25° 斜导柱（斜销）	固定端台阶采用弹簧圈，简单实用，适用于抽芯力较小的场合

（四）弯导柱（弯销）抽芯机构的组成

弯导柱抽芯机构与斜导柱抽芯机构的工作原理及结构基本相同。

1. 弯导柱抽芯机构的结构与特点

（1）弯导柱的矩形截面能承受较大的弯曲应力。

（2）可根据需要把弯导柱设计成各段不同的斜度，以随时改变抽芯速度和抽芯力或实现延时抽芯。

（3）当抽芯力较大或弯导柱较长时，可以在弯导柱末端加装支撑块，以增加弯导柱的强度。

（4）当开模取出铸件后，滑块不会脱离弯导柱，所以可以省略滑块定位装置。在滑块脱离了弯导柱的情况下，则需设置定位装置。

（5）弯导柱的制造困难、费时、成本高。

2. 弯导柱外形结构及固定形式

为了保证弯导柱在工作时的稳定性，应使弯导柱具有一定的刚度。抽芯距越长，所受的弯曲力也越大。弯导柱的截面大多为方形和矩形。

3. 弯导柱抽芯机构的工作原理

弯导柱抽芯机构对于定模型芯的包紧力较大时，在开模之初，可采用延时方式使铸件留在动模上，而且可采用较小的斜度以获得较大的抽芯力，然后用较大的斜度来实现快速抽芯。

二、推出机构

压铸模合模压铸后，在模具型腔内形成压铸件，开模后，必须将铸件从模具型腔中脱出，用来完成这一工序的机构称为推出机构。

主要作用：用于卸除铸件对型芯的包紧力，并将铸件脱出模具。

推出机构的好坏将直接影响铸件的质量，也是压铸模结构中的一个重要部分。

（一）推出机构的组成部分及分类

1. 推出机构的组成部分

推出机构的组成部分如表 3-11 所示。

表 3-11　推出机构的组成部分

序号	名称	描述
1	推出元件	推出铸件，使之脱模，包括推杆、推管、卸料板、成型顶块等
2	复位元件	能有效控制推出机构在合模时回到准确的位置，如复位杆、预复位装置等
3	限位元件	确保在压射力的作用下工作零件不改变位置，能起到止退的作用，如限位钉、挡圈等
4	导向元件	正确引导推出机构运动，如推杆板导柱、导套等
5	结构元件	能使各元件装配成一体并起固定的作用，如推杆固定板、推杆板、其他连接件、辅助零件等

2. 推出机构的分类

推出机构的基本传动形式有机动推出、液压缸推出和手动推出三种。按结构形式和动作方向分为直线推出、旋转推出和摆动推出；按机构形式分为推杆推出、推管推出、推件板推出、斜滑块推出和齿轮传动推出等。

（二）推出部位的选择

合理选择推出元件在铸件上的推出部位，能保证铸件的质量，如选择不当会造成铸件推出时变形、推裂，影响铸件基准面的精度和铸件表面质量，并使铸件难以取出，还会造成模具制造复杂，影响模具的使用寿命。

合理选择推出部位，能保证铸件质量，简化模具结构。从图 3-6 中我们可以了解推出部位的选择原则。

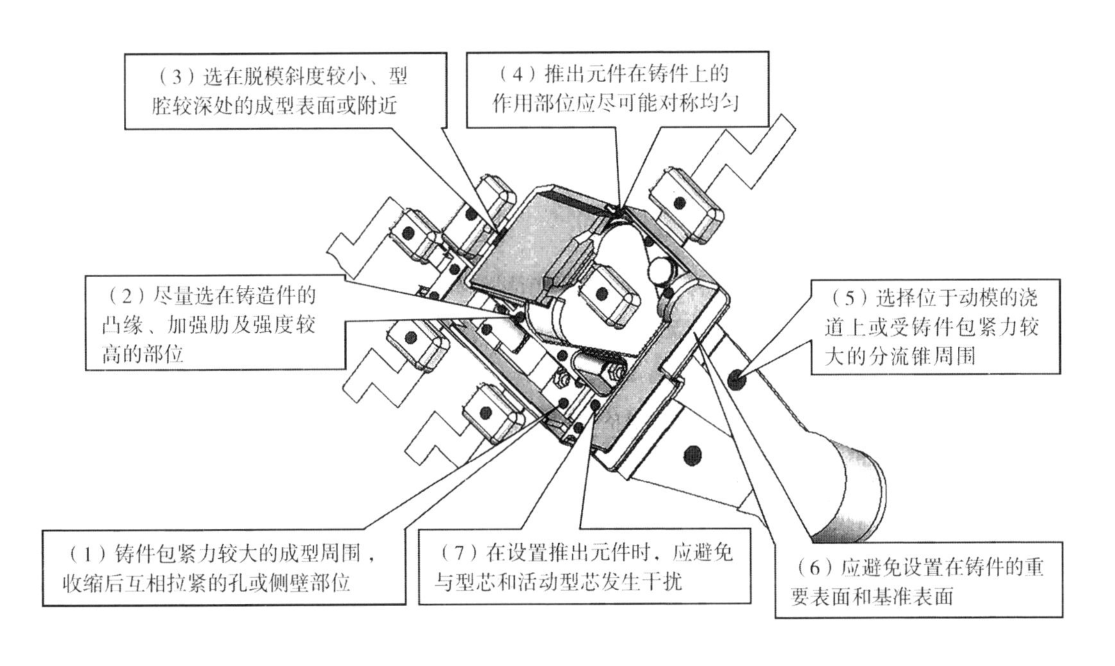

图 3-6　推出部位的选择原则

（三）推杆推出机构

1．推杆推出机构的结构和特点

推杆推出机构大多采用圆形推杆。它形状简单，加工方便，推出机构动作简单，安全可靠，不易发生故障，故使用最广泛。

推杆推出机构的主要特点：

（1）推出元件形状较简单，制造维修方便。

（2）可根据铸件对模具包紧力的大小来选择推杆的直径和数量，使推出力均衡。

（3）动作简单精确，不易发生故障，安全可靠。

（4）推杆兼复位元件的作用，可简化模具结构。

（5）设置在深腔部位的推杆，起排气作用。

（6）推杆的端面可以用来对铸件进行标记打印。

2．推杆的结构及固定形式

（1）推杆的结构。

铸件在推出时作用部位不同，推杆推出端的形状也不同，一般有平面形、圆锥形、四面形、凸面形、凹面形等形状，平面形和圆锥形是推杆推出端的基本形式。

推杆推出端的截面形状受铸件被推部位的形状条件限制，主要有圆形、方形、矩形、半圆形、扁形等，其中圆形推杆的制造和维修都很方便，因此应用最广泛。

（2）推杆的固定形式。

推杆的固定方法必须合理，确保加工精度，使推杆定位准确，并将推板的推出力传到推出端推出铸件。复位时，推杆不得有轴向窜动，以免影响铸件表面质量。

1．冲裁模常见的凹模刃口形式有哪些？

2．注塑模合模导向机构的作用是什么？

3．注塑模弯导柱抽芯机构的特点有哪些？

4．注塑模抽芯机构的设置主要任务是什么？其抽芯机构由哪些部分组成？

项目四 模具的一般机械加工

导 读

模具制造技术包括一系列的加工方法，其中模具的一般机械加工是一个很重要和基本的种类，那么模具机械加工有何特点？有哪些要求？适用的范围是什么？通过本项目的学习，我们就能解决这些问题。

学习目标

1. 掌握模具机械加工的常用方法、分类和特点，以及划线工具的使用方法；
2. 了解卧式车床的组成、运动和用途，主要附件的大致结构和用途；
3. 能按图样要求进行端面、外圆、阶台、沟槽等基本加工操作；
4. 掌握零件的装夹及找正方法；
5. 了解仿形加工的控制方式及工作原理。

任务一　模具的普通车削加工

一、车削加工概述

机械加工方法广泛用于制造模具零件，机械加工主要用于加工导套、导柱、具有回转表面的凸模（型芯）、凹模（型腔）以及具有回转表面的其他模具零件。模具零件的机械加工方法有普通精度零件用通用机床加工，如车削（图 4–1）、铣削（图 4–2）、刨削（图 4–3）、钻削（图 4–4）、磨削（图 4–5）等。

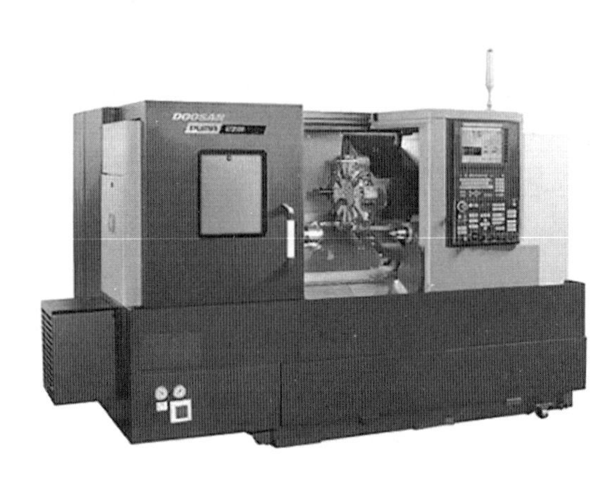

图 4–1　车削

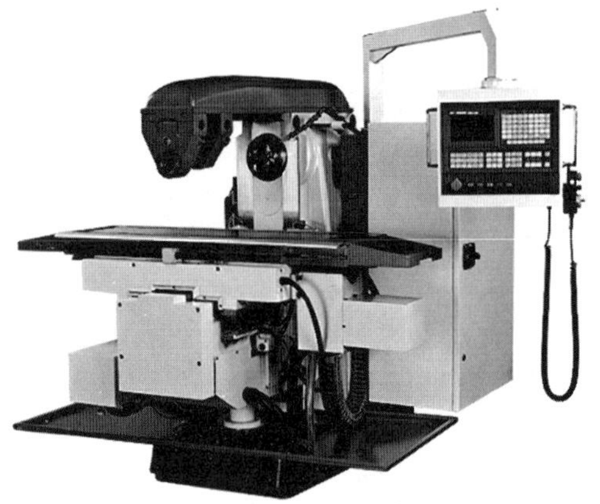

图 4–2　铣削

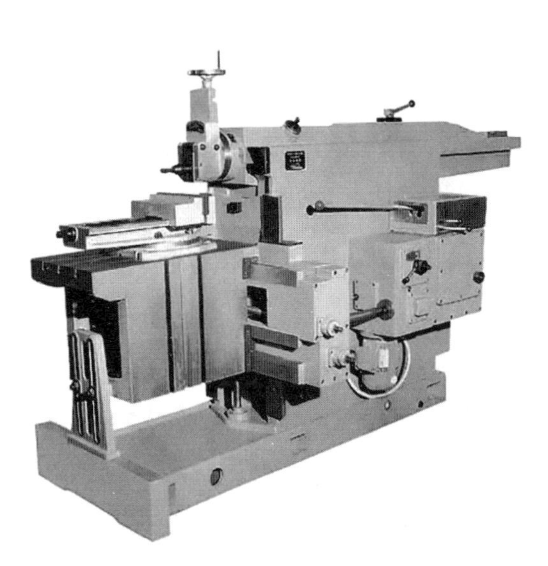

图 4–3　刨削

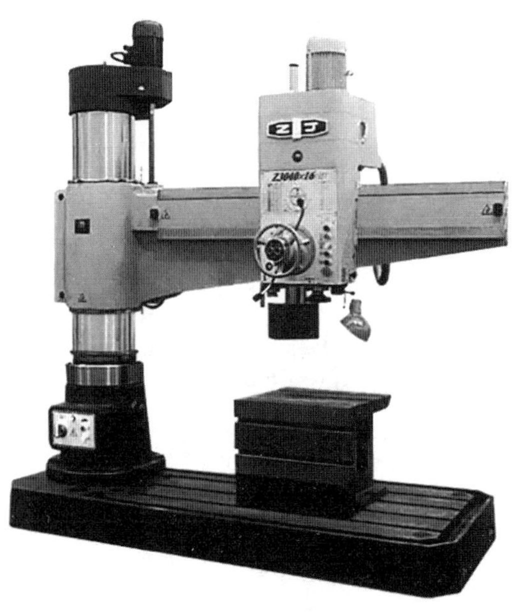

图 4–4　钻削

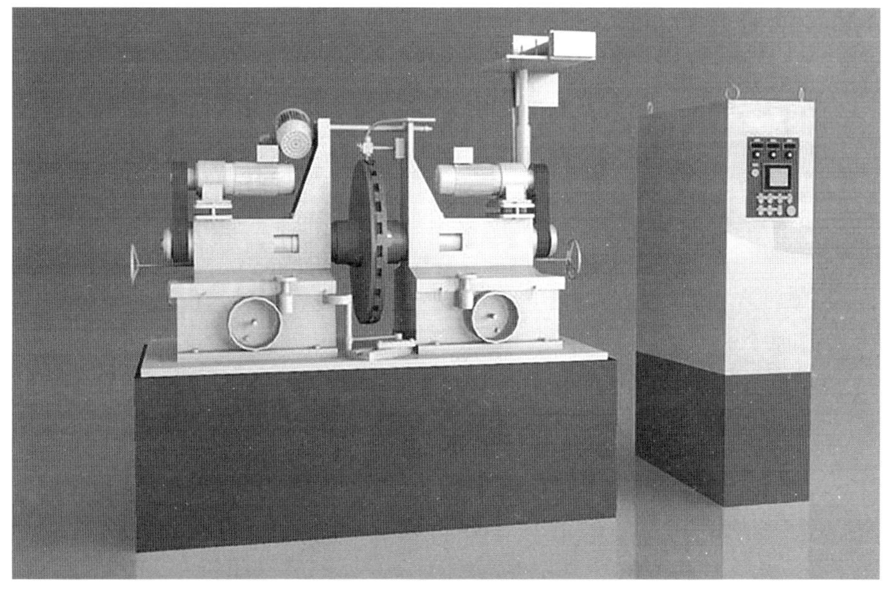

图 4–5　磨削

模具常用加工方法能达到的加工精度、表面粗糙度和所需的加工余量如表 4–1 所示。常规机械加工方法及适用范围如表 4–2 所示。

表 4–1　模具常用加工方法的加工余量、加工精度、表面粗糙度

制造方法		本道工序加工余量（单面）/mm	加工精度 /mm	表面粗糙度 *Ra*/μm
刨削	半精刨	0.8 ～ 1.5	IT10 ～ 12	6.3 ～ 12.5
	精刨	0.2 ～ 0.5	IT8 ～ 9	3.2 ～ 6.3
	划线铣	1 ～ 3	1.6	1.6 ～ 6.3
铣削	靠模铣	1 ～ 3	0.04	1.6 ～ 6.3
	粗铣	1.0 ～ 2.5	IT10 ～ 11	3.2 ～ 12.5
	精铣	0.5	IT7 ～ 9	1.6 ～ 3.2
	仿形雕刻	1.0 ～ 3.0	0.1	1.6 ～ 3.2
车削	靠模车	0.6 ～ 1.0	0.24	1.6 ～ 3.2
	成型车	0.6 ～ 1.0	0.1	1.6 ～ 3.2
	粗车	1	IT11 ～ 12	6.3 ～ 12.5
	半精车	0.6	IT8 ～ 10	1.6 ～ 6.3
	精车	0.4	IT6 ～ 7	0.8 ～ 1.6
	精细车、金刚车	0.15	IT5 ～ 6	0.1 ～ 0.8
钻		—	IT11 ～ 14	6.3 ～ 12.5
扩	粗扩	1 ～ 2	IT12	6.3 ～ 12.5
	细扩	0.1 ～ 0.5	IT9 ～ 10	1.6 ～ 6.3

续表

制造方法		本道工序加工余量（单面）/mm	加工精度 /mm	表面粗糙度 Ra/μm
铰	粗铰	0.10 ～ 0.15	IT9	3.2 ～ 6.3
	精铰	0.05 ～ 0.10	IT7 ～ 8	0.8
	细铰	0.02 ～ 0.05	IT6 ～ 7	0.2 ～ 0.4
锪	无导向锪	—	IT11 ～ 12	3.2 ～ 12.5
	有导向锪	—	IT9 ～ 11	1.6 ～ 3.2
镗削	粗镗	1	IT11 ～ 12	6.3 ～ 12.5
	半精镗	0.5	IT8 ～ 10	1.6 ～ 6.3
	高速镗	0.05 ～ 0.10	IT8	0.4 ～ 0.8
	精镗	0.1 ～ 0.2	IT6 ～ 7	0.8 ～ 1.6
	精细镗、金刚镗	0.05 ～ 0.10	IT6	0.2 ～ 0.8
	坐标镗	0.1 ～ 0.3	0.01	0.2 ～ 0.8
磨削	粗磨	0.25 ～ 0.50	IT7 ～ 8	3.2 ～ 6.3
	半精磨	0.1 ～ 0.2	IT7	0.8 ～ 1.6
	精磨	0.05 ～ 0.10	IT6 ～ 7	0.2 ～ 0.8
	细磨、超精磨	0.005 ～ 0.05	IT5 ～ 6	0.025 ～ 0.100
	仿形磨	0.1 ～ 0.3	0.01	0.2 ～ 0.8
	成型磨	0.1 ～ 0.3	0.01	0.2 ～ 0.8
珩磨		0.005 ～ 0.030	IT6	0.05 ～ 0.40
钳工划线		—	0.25 ～ 0.50	
钳工研磨		0.002 ～ 0.015	IT5 ～ 6	0.025 ～ 0.050
钳工抛光	粗抛	0.05 ～ 0.15	—	0.2 ～ 0.8
	细抛、镜面抛	0.005 ～ 0.010	—	0.001 ～ 0.100
电火花成型加工		—	0.05 ～ 0.10	1.25 ～ 2.50
电火花线切割		—	0.005 ～ 0.010	1.25 ～ 2.50
电解成型加工		—	± 0.05 ～ 0.20	0.8 ～ 3.2
电解抛光		0.1 ～ 0.15	—	0.025 ～ 0.800
电解磨削		0.1 ～ 0.15	IT6 ～ 7	0.025 ～ 0.800
照相腐蚀		0.1 ～ 0.4	—	0.1 ～ 0.8
超声抛光		0.02 ～ 0.1	—	0.01 ～ 0.10
磨料流动抛光		0.02 ～ 0.1	—	0.01 ～ 0.10
冷挤压		—	IT7 ～ 8	0.08 ～ 0.32

表 4-2　常规机械加工方法及适用范围

分类	加工方法	机床	使用工具（刀具）	适用范围
切削加工	车削加工	车床	车刀	加工内外圆柱、锥面、端面、内槽、螺纹、成型表面以及滚花、钻孔、铰孔和镗孔等
	铣削加工	铣床	立铣刀、端面铣刀 球头铣刀	铣削模具各种零件
	刨削加工	仿形铣床	球头铣刀	进行仿形加工
		龙门刨床 牛头刨床	刨刀	对模具坯料进行六面加工
	钻孔加工	钻床	钻头、铰刀	加工模具零件的各种孔
	磨削加工	平面磨床	砂轮	磨削模板各平面
		成型磨床 数控磨床		磨削各种形状模具零件的表面
		坐标磨床		磨削精密模具孔
		内、外圆磨床		磨削圆柱形零件的内、外表面
		万能磨床		可实施锥度磨削
	抛光加工	手持抛光机	砂轮	去除铣削痕迹
		抛光机 或手工抛光	锉刀、砂纸、油石 抛光剂	对模具零件进行抛光

二、机械加工中划线的作用与方法

划线是指在毛坯或工件上，用划线工具划出待加工部位的轮廓线或作为基准的点和线。划线工作不仅在毛坯表面进行，也通常在已加工过的毛坯表面进行，如在加工后的平面上划出钻孔的加工线等。划线分平面划线和立体划线两种。

（一）平面划线

只需在工件一个表面上划线后即能明确表示加工界线的划线称为平面划线。如在板料、调料表面划线，在法兰盘表面上划钻孔加工线等都属于平面划线。平面划线分为几何划线法和样板划线法。几何划线法是指根据图纸的要求，直接在毛坯或工件上利用几何作图的基本方法划出加工线的方法。几何划线法和平面几何作图法一样，其基本线条包括垂直线、平行线、等分圆周线、角度线、圆弧与直线或圆弧与圆弧连接等。样板划线法是利用线切割机床或样板铣床加工出样板，并以某一基准为依据，在模块上按样板划出加工界线。

（二）立体划线

需要在工件上几个互成不同角度（通常是互相垂直，反映工件 3 个方向的表面）的表面上划线，才能明确表示加工界线的划线称为立体划线。如划出矩形块各表面的加工线以及支架、箱体等表面的加工线都属于立体线。

（三）模具零件的划线方法

根据模具零件加工要求的不同，划线的精度要求及使用的划线工具也不相同。模具零件划线方法可分如下几种。

1. 普通划线法

利用常规划线工具，以基本线条或典型曲线的划线进行划线，划线精度可达 0.1 ～ 0.2 mm。

2. 样板划线法

利用线切割机床或样板铣床加工出样板，并以某一基准为依据，在坯料上按样板划出加工界线。常用于多型腔及复杂形状模具零件的划线。

3. 精密划线法

利用工具铣床、样板铣床及坐标镗床等设备进行划线。划线精度可达微米级，精密划线的加工线可直接作为加工测量的基准。

（四）划线工具

钢直尺是一种简单的尺寸量具。最小刻线距离为 0.5 mm，长度规格有 150 mm、300 mm、500 mm，1 000 mm 4 种。

（五）划线基准的选择

1. 基准

合理地选择划线基准是做好划线工作的关键。只有划线基准选择得好，才能提高划线的质量和效率。所谓划线基准，是指在划线时工件上用来确定工件的各部分尺寸、几何形状及工件上各要素的相对位置的某些点、线、面。

2. 划线基准的选择

在选择划线基准时，应先分析图样，找出设计基准，使划线基准和设计基准尽量一致。划线基准一般可选择以下 3 种类型。

（1）以两个互相垂直的平面（或线）为基准。

如图 4–1（a）所示，从零件上互相垂直的两个方向的尺寸可以看出，每一个方向的许多尺寸都是依照它们的外平面来确定的。因此，这两个平面就分别是每一个方向的划线基准。

（2）以两条轴线为基准。

如图 4–2（b）所示，该件上两个方向的尺寸与其两孔的轴线具有对称性，并且其他尺寸也从轴线起始标注。此时，这两条轴线就分别是这两个方向的划线基准。

（3）以一个平面和一条中心线为基准。

如图 4–2（c）所示，该工件上高度方向的尺寸是以底面为依据的，此底面就是高度方向的划线基准。而宽度方向的尺寸对称于中心线，因此，中心线就是宽度方向的划线基准。平面划线时一般要选择两个划线基准，而立体划线时一般要选择 3 个划线基准。

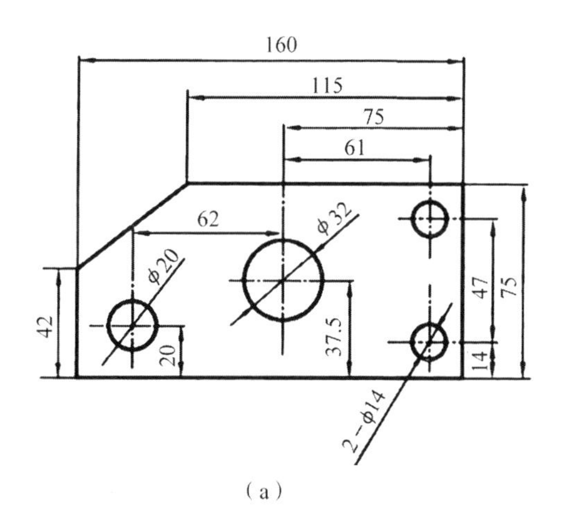

（a）

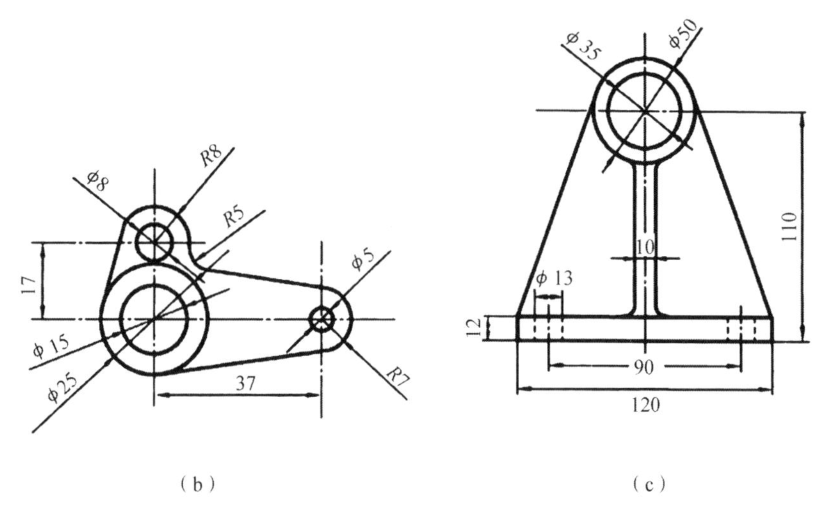

（b）　　　（c）

图 4–2　划线基准的选择

（a）互相垂直的线；（b）轴线；（c）以面和中心线

三、车削加工技术

金属切削机床是用切削的方法把金属毛坯加工成机器零件的一种机器，它是制造机器的机器，人们习惯上称为机床。机床按照加工方式的不同又分为车床、刨床、铣床、磨床等。车削加工是最常用的加工方法，约占机床加工总量的 50% 以上。车削加工的原理是工件作旋转运动，车刀在水平面内移动，从工件上去除多余的材料，从而获得所需的加工表面。工件的旋转运动称为主运动。车刀在水平内的移动称为进给运动。

四、工件的安装

工件安装时，应使加工表面的回转轴线和车床主轴的轴线重合，确保加工后的表面有正确的位置，同时把工件夹紧。在车床上（图 4–3）常用的附件有三爪卡盘、四爪卡盘、顶尖、中心架、跟刀架、心轴、花盘及压板等。3 个卡爪可以反装，称为反爪。反爪可以装夹较大直径的工件。三爪卡盘的定心精度不高，一般为 0.05 ～ 0.15 mm，但装夹方便。适应于安装截面为圆形或正六边形的短轴类或盘类工件。

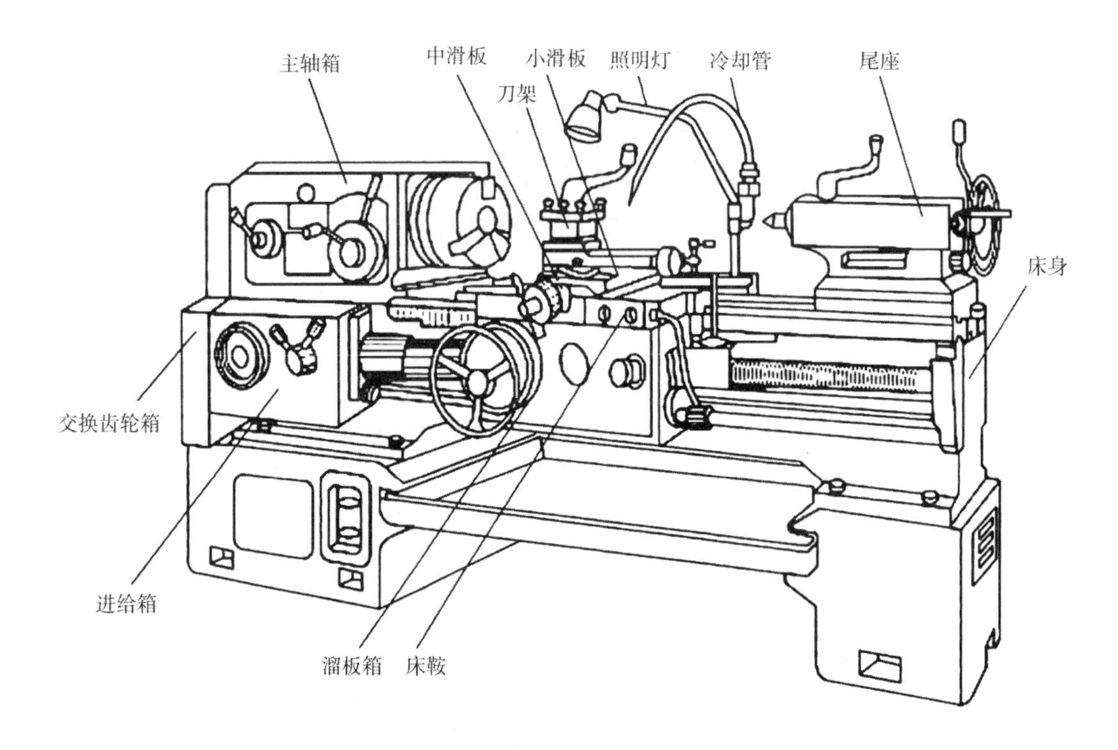

图 4–3　普通车床结构图

任务二　轴类零件车削工艺分析

轴类零件是机械结构中用于传递运动和动力的重要零件之一，加工质量直接影响机械的使用性能和运动精度。车削是轴类零件外圆加工的主要方法。

一、车床的种类

车床按照用途和功能不同，可分为许多类型，如卧式车床、立式车床、落地车床和转塔车床等，如图 4–4 所示。这里主要介绍最常用的 CA6140 车床。

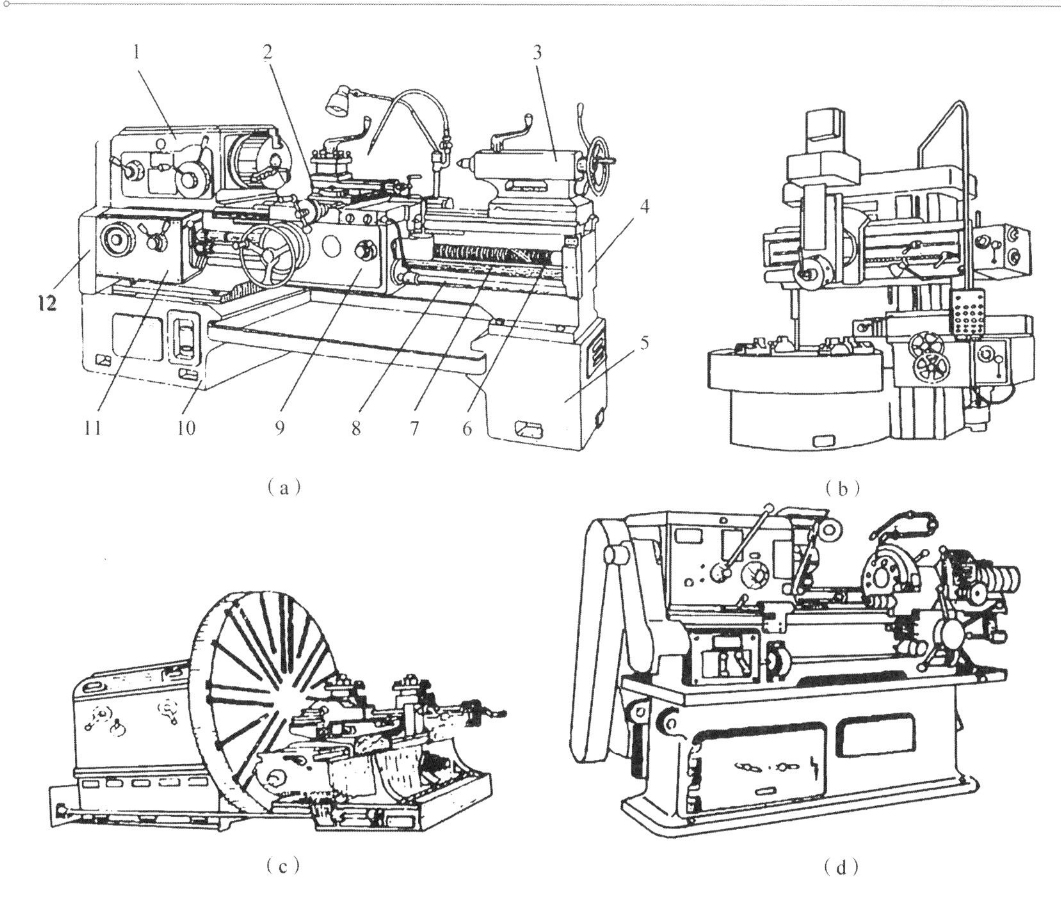

1—主轴箱；2—刀架；3—尾座；4—床身；5，10—床脚；6—丝杠；7—光杆；8—操纵杆；
9—溜板箱；11—进给箱；12—交换齿轮箱

图 4-4　车床类型

（a）卧式车床；（b）立式车床；（c）落地车床；（d）转塔车床

（一）车床的功能与型号

车床适用于加工各种轴类、套筒类和盘类零件上的回转表面，如内外圆柱面、圆锥面及成型回转表面、车削端面、钻孔、扩孔、铰孔、滚花等工作。

（二）CA6140 车床的组成与技术性能

CA6140 车床主要组成部件如下。

1. 主轴箱

支承并传动主轴，使主轴带动工件按照规定的转速旋转，实现主运动。

2. 床鞍与刀架

装夹车刀，并使车刀纵向、横向或斜向运动。

3. 尾架

用后顶尖支承工件，并可在其上安装钻头等孔加工工具，以进行孔加工。

4. 床身

车床的基本支承件，在其上安装车床的主要部件，保持它们的相对位置。

5. 溜板箱

把进给箱传来的运动传递给刀架，使刀架实现纵向进给、横向进给、快速移动或车螺纹。其上有各种操作手柄和操作按钮，方便工人操作。

6. 进给箱

改变被誉为加工螺纹时的螺距或机动进给的进给量。

二、阶梯轴的车削工艺分析

按工艺完成如图 4–5 所示的阶梯轴加工。

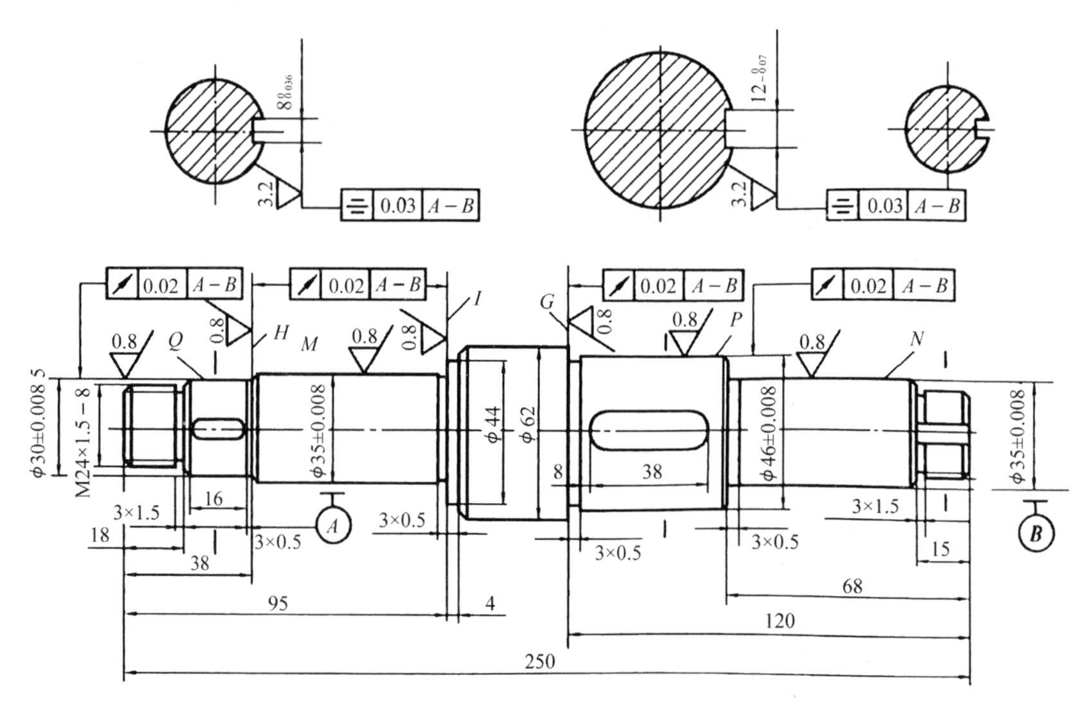

图 4–5　阶梯轴

技术要求：调质处理 HBS217 ～ 255；名称：传动轴；材料 45；生产类型：小批。

（一）工作条件

设备：CA6140 型卧式车床；刀具：45° 车刀、90° 车刀、切断刀、车槽刀、中心钻；量具：钢直尺、游标卡尺、千分尺；材料：45 钢；辅具：切削液、钻夹头。

（二）技能训练内容

工件图样，车工训练图册；由于零件有同轴度要求，用三爪自定心卡盘一次装夹加工出 **ϕ**38，**ϕ**36 外圆。

（三）参考步骤

夹毛坯外圆找正，粗车端面、ϕ38 外圆，留精加工余量；精车 ϕ38，ϕ36 外圆至尺寸，倒角车圆锥面至尺寸；掉头垫铜皮夹持 ϕ36 外圆并找正，粗、精车 ϕ32、ϕ24 外圆；车槽、倒角。

（四）拟定加工工艺

从结构上看，是一个典型的阶梯轴，工件材料为 45，生产纲领为小批或中批生产，调质处理 220 ～ 350 HBS。

分析阶梯轴的结构和技术要求，该轴为普通的实心阶梯轴，轴类零件一般只有一个主要视图，主要标注相应的尺寸和技术要求，而其他要素如退刀槽、键槽等尺寸和技术要求则标注在相应的剖视图。传动轴的轴颈 *M* 和 *N* 处是装轴承的，各项精度要求均较高，其尺寸为 ϕ35（±0.008），且是其他表面的基准，因此是主要表面。配合轴颈 *Q* 和 *P* 处是安装传动零件的，与基准轴颈的径向圆跳动公差为 0.02（实际上是与 *M*、*N* 的同轴度），公差等级为 IT6，轴肩 *H*、*G* 和 *I* 端面为轴向定位面，其要求较高，与基准轴颈的圆跳动公差为 0.02，是较重要的表面，同时还有键槽、螺纹等结构要素。

明确毛坯状况，一般阶梯轴类零件材料常选用 45 钢；对于中等精度而转速较高的轴可用 40Cr；对于高速、重载荷等条件下工作的轴可选用 20Cr、20CrMnTi 等低碳合金钢进行渗碳淬火，或用 38CrMoAIA 氮化钢进行氮化处理。

拟定工艺路线，确定加工方案，轴类在进行外圆加工时，会因切除大量金属后引起残余应力重新分布而变形。应将粗精加工分开，先粗加工，再进行半精加工和精加工，主要表面精加工放在最后进行。划分加工阶段，该轴加工划分为 3 个加工阶段，即粗车（粗车外圆、钻中心孔）、半精车（半精车各处外圆、台肩和修研中心孔等），粗精磨 *Q*、*M*、*P*、*N* 段外圆。各加工阶段大致以热处理为界。

选择定位基准，轴类零件各表面的设计基准一般是轴的中心线，其加工的定位基准，最常用的是两中心孔。

热处理工序安排，该轴需进行调质处理。在粗加工后，半精加工前进行。如采用锻件毛坯，必须首先安排退火或正火处理。该轴毛坯为热轧钢，不必进行正火处理。

加工工序安排，应遵循加工顺序安排的一般原则，如先粗后精、先主后次等。该轴的加工路线为：毛坯及其热处理→预加工→车削外圆→铣键槽→热处理→磨削。

铣加工：止动垫圈槽加工到图纸规定尺寸，键槽铣到比图纸尺寸多 0.25 mm 作为磨销的余量。螺纹精加工到图纸规定尺寸 M24×1.5-6g，外圆车到图纸规定尺寸。

选择设备工装，外圆加工设备：普通车床 CA6140。磨削加工设备：万能外圆磨床

M1432A。铣削加工设备：铣床 X52。

任务三　模具零件的铣削加工

铣削加工是在铣床上使用旋转多刃刀具，对工件进行切削加工的方法。铣削可加工平面、台阶面、沟槽、成型面等，多刃切削效率高。铣刀旋转为主运动，工件或铣刀的移动为进给运动。铣削加工精度较高，可达 IT18 左右，表面粗糙度 *Ra* 为 0.8 ～ 1.6 μm。在模具零件的铣削加工中，应用最广的是立式铣床和万能工具铣床，铣床分为立式和卧式铣床，立式结构表面外形、非回转曲面型腔、规则型面的加工；卧式铣床加工模具外形表面；龙门铣床：大型零件表面的加工；工具铣床：螺旋、圆弧、齿条、齿轮、花键等类零件的加工；仿形铣床：复杂成型表面。

一、铣削加工

模具零件的立铣加工主要有以下几种。

（一）平面或斜面的铣削

在立式铣床上采用端铣刀铣削平面，一般用平口钳、压板等装夹工件，其特点是切屑厚度变化小，同时进行切削的刀齿较多，切削过程比较平稳，铣刀端面的副切削刃具有刮削作用，工件的表面粗糙度较低。对于宽度较大的平面，宜采用高速端面铣削。把工件倾斜所需角度：此方法是安装工件时，将斜面转到水平位置，然后按铣斜面的方法来加工斜面。把铣刀倾斜所需角度，这种方法是在立式铣床或装有万能立铣头的卧式铣床进行。使用端铣刀或立铣刀，刀轴转过相应角度。加工时工作台须带动工件作横向进给。用角度铣刀铣斜面，可在卧式铣床上用与工件角度相符的角度铣刀直接铣斜面，较小的斜面可用合适的角度铣刀加工。当加工零件批量较大时，则常采用专用夹具铣斜面。使用倾斜垫铁铣斜面，在零件设计基准的下面垫一块倾斜的垫铁，则铣出的平面就与设计基准面成倾斜位置。利用分度头铣斜面，在一些圆柱形和特殊形状的零件上加工斜面时，利用分度头将工件转成所需位置而铣出斜面。

在立式铣床上铣削斜面，通常有 3 种方法：按划线转动工件铣斜面、用夹具转动工件铣斜面、转动立铣头铣斜面。

（二）圆弧面的铣削

在立式铣床上加工圆弧面，通常是利用圆形工作台，它是立铣加工中的常用附件，其结构组成如图 4-6 所示。利用它进行各种圆弧面的加工。首先将圆形工作台安装在立式铣床工作台上，再将工件安装在圆形工作台上。

（三）复杂型腔或型面的铣削

对于不规则的型腔或型面，可采用坐标法加工，即根据被加工点的位置，控制工作台的纵横（X，Y）向移动以及主轴头的升降（Z）进行立铣加工。在模具设计与制造中，有大量的不规则型腔或型面。对于凸凹模的不规则型腔或型面的铣削，可采用坐标法进行。其方法是：首先选定基准，根据被铣削的型腔或型面的特征选定坐标的基准点。基准点（即坐标原点）的选定应根据型面或型腔的主要设计基准来确定。其次建立坐标系，以坐标基准点为原点，根据工作台的运动方向建立坐标系或极坐标。再次，计算型腔或型面的横向和纵向坐标尺寸。最后用铣刀逐点铣削。如果为空间曲面则需要控制 X、Y、Z 这 3 个坐标方向的移动。

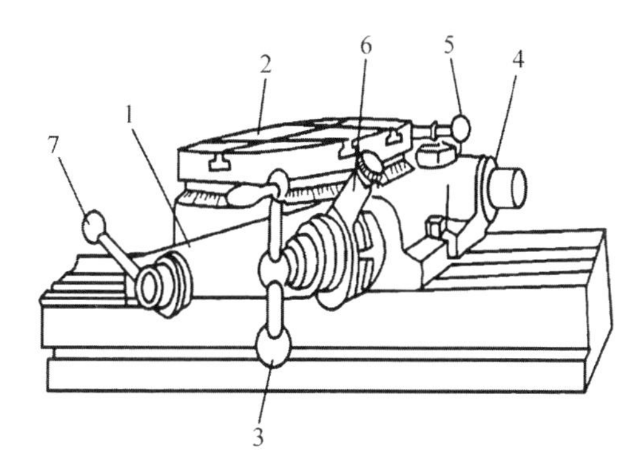

1—底座；2—圆台；3，5，7—手柄；4—接头；6—扳动杆

图 4-6 圆形工作台

（四）坐标孔的铣削

对于单件孔系工件，如图 4-7 所示，由于孔系孔距精度较高，可在立铣上利用其工作台的纵向与横向移动，加工工件上的坐标孔。但对普通立铣床因工作台移动的丝杠与螺母之间存在间隙，故孔距的加工精度不是很高。当孔距精度要求高时，可用坐标铣床加工。

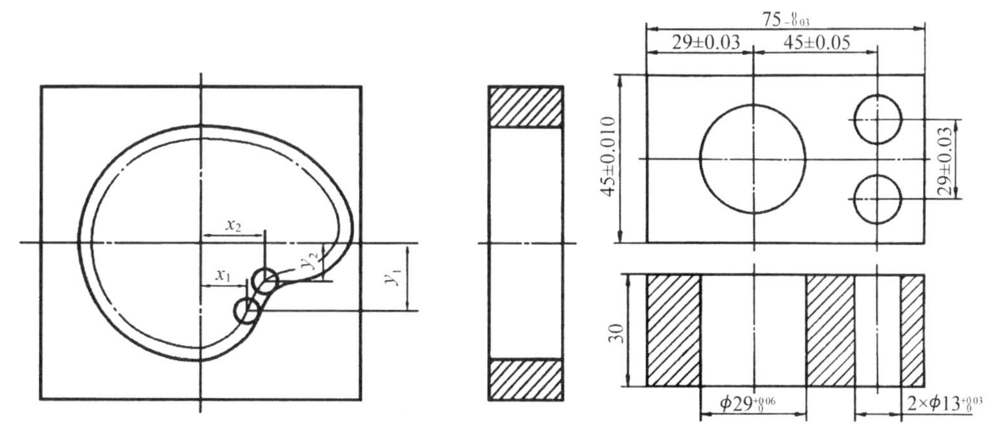

图 4-7 不规则型腔的立铣削

（五）普通铣床加工型腔

立铣和万能工具铣床适合于加工平面结构的型腔。加工型腔时，由于刀具加长，必须

考虑由于切削力波动导致刀具倾斜变化造成的误差。

为加工出某些特殊的形状部位，在无适合的标准铣刀可选用时，可采用适合于不同用途的单刃指铣刀。

为提高铣削效率，对某些铣削余量较大的型腔，铣削前可在型腔轮廓线的内部连续钻孔，孔的深度和型腔的深度接近。

二、铣削方式

（一）周铣

用铣刀的圆周刀齿进行切削的铣削方式称为周铣。周铣又分为顺铣和逆铣。铣削时，铣刀切出工件时的切削速度方向与工件的进给运动方向相同称为顺铣。顺削时，铣刀刀齿的切削厚度从最大逐渐递减至零，没有逆铣时刀齿的滑行现象，加工硬化程度大为减轻，已加工表面质量也较高，刀具耐用度高。

（二）端铣

对称铣：铣削过程中，面铣刀轴线始终位于铣削弧长的对称中心位置，且顺铣部分等于逆铣部分；不对称铣：当面铣刀轴线偏置于铣削弧长对称中心的一侧时。

三、铣削加工工件常用装夹方法

在机床上加工工件时，必须用夹具装好夹牢工件。将工件装好，就是在加工前确定工件在工艺系统中的正确位置，即定位。将工件夹牢，就是对工件施加作用力，使之在加工过程中始终保持在原先确定的位置上，即夹紧。从定位到夹紧的全过程，称为装夹。分固定侧与活动侧，固定侧与底面作为定位面，活动侧用于夹紧。

任务四　模具零件的刨削加工

刨床是指用刨刀加工工件表面的机床，主要用于加工各种平面、沟槽及曲面等，刨削主要用于模具零件外形的加工。中小型零件广泛采用牛头刨床加工；而大型零件则需用龙门刨床。刨削加工的精度可达 IT10，表面粗糙度 *Ra* 为 1.6 μm。牛头刨床主要用于平面与斜面的加工。机床主要类型有牛头刨床、插床和龙门刨床。

一、刨削的工艺特点

（1）主要用于各种平面、纵向成型平面以及沟槽等表面的加工。

（2）由于刨刀属于单刃切削刀具，需要经过多次行程才能完成加工。

（3）表面的加工精度可达到 IT10 级，表面粗糙度 *Ra* 为 1.6 μm。

二、刨床的应用范围

由于刨削的特点，刨削主要用在单件、小批生产中，在维修车间和模具车间应用较多。刨削主要用来加工平面，也广泛用于加工直槽，如直角槽、燕尾槽和 T 形槽等，还可用来加工齿条、齿轮、花键和母线为直线的成型面等。牛头刨床的最大刨削长度一般不超过 1 000 mm，因此，只适于加工中小型工件，龙门刨床主要用来加工大型工件，或同时加工多个中、小型工件。龙门刨床刚度较好，且有 2 ～ 4 个刀架可同时工作，因此加工精度和生产率均比牛头刨床高。

三、刨削加工的特点

（1）刨床的结构简单，便于调整，可加工垂直、水平的平面，还可加工“T”形槽、“V”形槽、燕尾槽等。刨刀制造和刃磨较容易。

（2）刨削加工生产率较低。

（3）生产成本较低。

（4）加工制件的精度不高，加工质量中等，IT7 ～ IT8，表面粗糙度 *Ra* 为 1.6 ～ 6.3 μm，但在龙门刨床上用宽刀细刨，表面粗糙度 *Ra* 为 0.4 ～ 0.8 μm。

四、平面的刨削

对于较小的工件，常用平口钳装夹；对于大而薄的工件，一般是直接安装在刨床工作台上，用压板压紧；对于较薄的工件，在刨削时还常采用撑板压紧，如图 4–8 所示。其优点是便于进刀和出刀，可避免工件变形，夹紧可靠。撑板如图 4–9 所示。铣削时靠模销沿着靠模外形运动，不作轴向运动，铣刀也只沿工件的轮廓铣削，不作轴向运动，如图 4–10（a）所示。可用于加工复杂轮廓形状，但需深度不变的型腔。

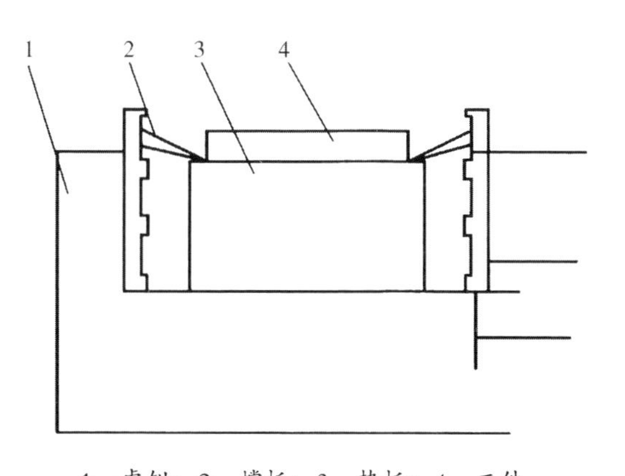

1—虎钳；2—撑板；3—垫板；4—工件

图 4–8　用撑板装夹

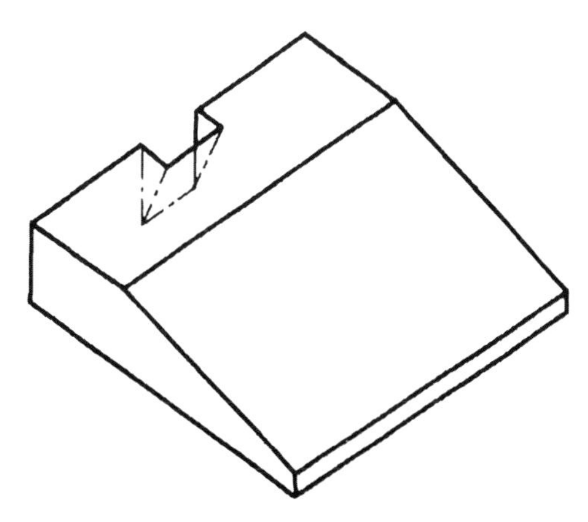

图 4–9　撑板

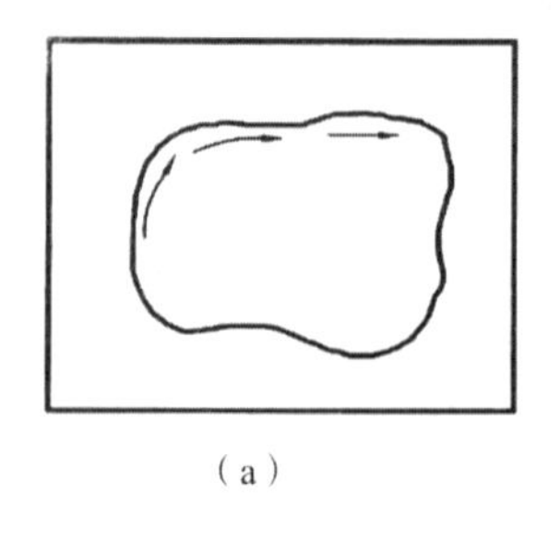
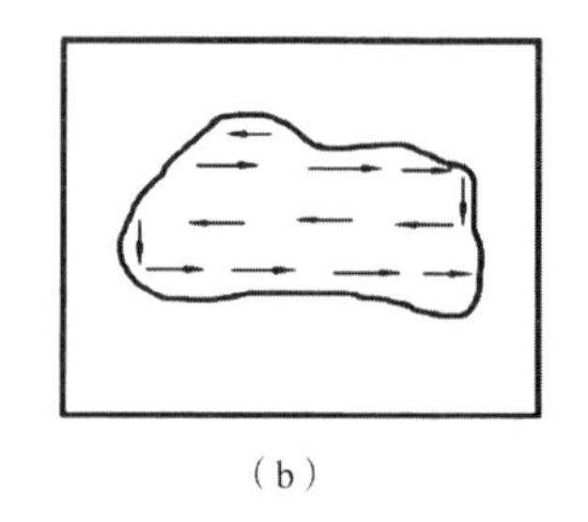
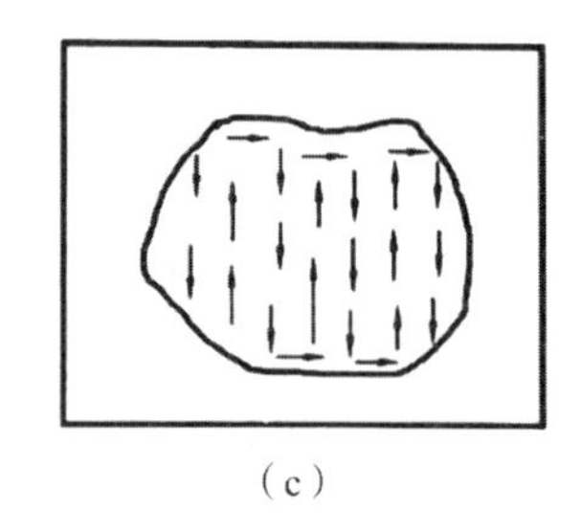

（a） （b） （c）

图 4–10　仿形加工方式

（a）平面轮廓仿形；（b）立体轮廓水平分行仿形；（c）立体轮廓垂直分行仿形

立体轮廓水平分行仿形如图 4–10（b）所示，工作台水平移动，铣刀进行切削，切削到型腔端头时主轴箱在垂直方向作一进给运动，然后工作台再作反向水平进给，如此反复直至加工出所需的型腔表面。立体轮廓垂直分行仿形，如图 4–10（c）所示，切削时主轴作连续的垂直进给，到型腔端头时工作台在水平方向作依次横向进给，然后主轴再作反向进给。斜面刨削时，可在工件底部垫入斜垫块使之倾斜。斜垫块是预先制成的一批不同角度的垫块，使用时还可用两块以上不同角度的斜块组成斜垫块组。刨削加工的精度可达 IT8 ～ IT9，表面粗糙度 *Ra* 为 1.6 ～ 6.3 μm。刨削斜面还可以倾斜刀架，使滑枕移动方向与被加工斜面方向一致。

五、斜面的加工

刨削斜面时，可在工件底部垫入斜垫块使之倾斜，并用撑板夹紧工件。斜垫块是预先制成的一批不同角度的垫块，并可用两块以上组成其他不同角度的斜垫块。对于工件的内斜面，采用倾斜刀架的方法进行刨削，如图 4–11 所示为“V”形槽的刨削加工过程。

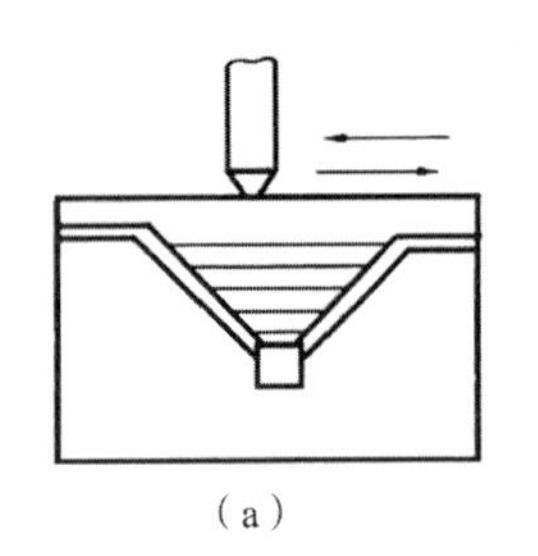
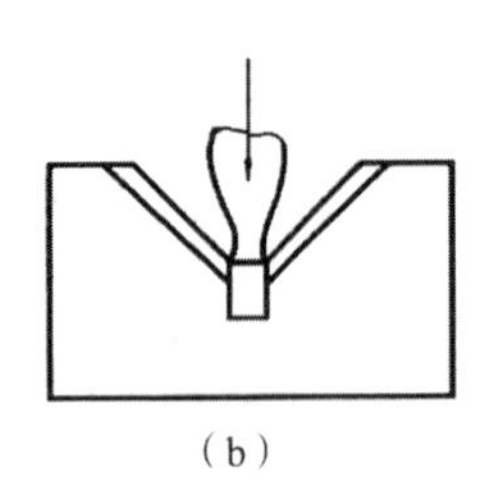
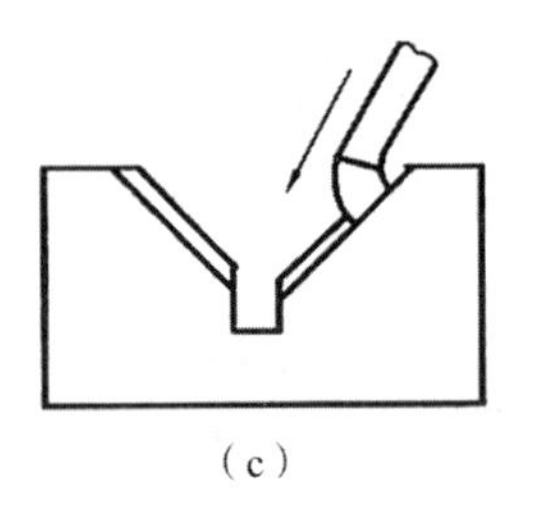
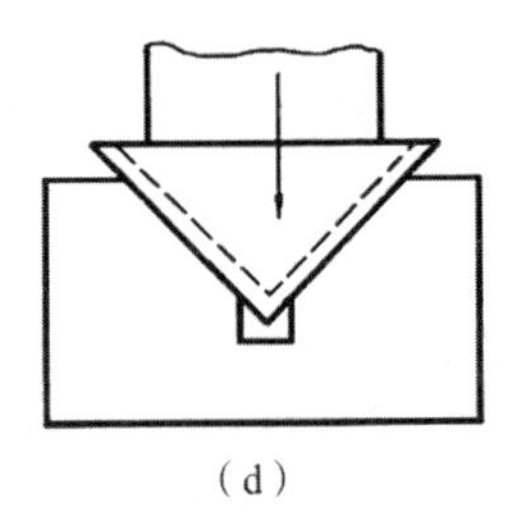

（a） （b） （c） （d）

图 4–11　“V”形槽

（a）粗刨；（b）切槽；（c）刨斜面；（d）用样板刀精刨

六、曲面刨削加工

刨削的主运动的直线往复运动，进给运动为间歇直线运动。刨削能达到的尺寸精度为 IT8 ～ IT9，表面粗糙度 *Ra* 为 1.6 ～ 3.2 μm。刨削曲面时，刀具没有一定的位置，它随曲

面的形状作相应的变化，用合成动作加工出各类曲面。曲面刨削有以下几种方法。

1. 按划线刨削法

这种方法最常用，特别适合单件生产，其加工简单，但要求具有一定的操作技术。用该方法加工曲面表面粗糙，刨后应修光表面。

2. 成型刀具刨削法

这种方法用于曲面弧形相同的成型刨刀刨削曲面。加工后其表面粗糙度 *Ra* 为 3.2 ～ 6.3 μm，用于一定批量的生产。缺点是只能刨削小面积曲面。当曲面的面积较大时要分段刨削，生产效率低，且精度不高。

3. 机械装置刨削法

这种方法能得到较好的精度，加工质量稳定，适用于大批量生产。在仿形铣床上加工型腔的效率高，其粗加工效率为电火花加工的 40 ～ 50 倍，尺寸精度可达 0.05 mm，表面粗糙度 *Ra* 为 3.2 ～ 6.3 μm。

刨床有牛头刨床和龙门刨床两类。牛头刨床的滑枕带动刀具作往复直线运动，工件在工作台上间歇直线进给。适合加工中小型零件。而龙门刨床的刨刀在横梁上作间歇运动，工作台往复直线运动为主运动，用于加工导轨、床身等大型零件。

七、拉削

拉削是刨削的进一步发展，利用多齿的拉刀逐齿依次从工件上切下很薄的金属层，使表面达到较高的精度。加工时，若刀具所受的力不是拉力而是推力，则称为推削；所用刀具称为推刀。拉削所用的机床称为拉床，拉床主要有卧式拉床和立式拉床两种。

与其他加工相比，拉削加工主要具有以下特点。

1. 生产率高

拉削加工的切削速度一般并不高，但由于拉刀是多齿刀具，同时参加工作的刀齿数较多，同时参与切削的切削刃较长，并且在拉刀的一次工作行程中能够完成粗 – 半精 – 精加工，大大缩短了基本工艺时间和辅助时间。

2. 加工精度高、表面粗糙度较小

拉刀具有校准部分，其作用是校准尺寸，修光表面，并可作为精切齿的后备刀齿。拉削的切削速度较低（小于 18 m/min），切削过程比较平稳，并可避免积屑瘤的产生。拉孔的精度为 IT7 ～ IT8，表面粗糙度 *Ra* 为 0.4 ～ 0.8 μm。

3. 拉床结构和操作比较简单

拉削只有一个主运动，即拉刀的直线运动。进给运动是靠拉刀的后一个刀齿高出前一个刀齿来实现的，相邻刀齿的高出量称为齿升量。

4. 拉刀价格昂贵

由于拉刀的结构和形状复杂，精度和表面质量要求较高，故制造成本很高。但拉削时切削速度较低，刀具磨损较慢，拉刀的寿命长。

5. 加工范围较广

内拉削可以加工各种形状的通孔，如圆孔、方孔、多边形孔、花键孔和内齿轮等，还可以加工多种形状的沟槽。

由于拉削加工具有以上特点，所以主要适用于成批和大量生产，尤其适于在大量生产中加工比较大的复合型面。在单件、小批生产中，对于某些精度要求较高、形状特殊的成型表面，用其他方法加工很困难时，也有采用拉削加工。

任务五　模具零件的磨削加工

凡是在磨床上利用砂轮等磨料、磨具对工件进行切削，使其在形状、精度和表面质量等方面能满足预定要求的加工方法均称为磨削加工。为了达到模具的尺寸精度和表面粗糙度等要求，许多模具零件必须经过磨削加工。

磨削加工是用磨具以较高的线速度对工件表面进行加工的方法。具有以下特点：在磨削过程中，由于磨削速度很高，会产生大量切削热，磨削温度可达 1 000℃以上；磨削不仅能加工一般的金属材料，如钢、铸铁及有色金属合金，而且还可以加工硬度很高，用金属刀具很难加工，甚至根本不能加工的材料，如淬火钢、硬质合金等；磨削加工尺寸公差等级可达 IT5 ~ IT6，表面粗糙度 *Ra* 为 0.1 ~ 0.8 μm；磨削加工的背吃刀量较小，故要求零件在磨削之前先进行半精加工；应用范围广，常用于加工各种工件的内外圆柱面、圆锥面和平面，以及螺纹、齿轮和花键等特殊、复杂的成型表面。

为了达到模具的尺寸精度和表面粗糙度等要求，大多数模具零件必须经过磨削加工。例如，模板的工作表面，型腔、型芯，导柱的外圆，导套的内外圆表面以及模具零件之间的接触面等。在模具制造中，形状简单（如平面、内圆和外圆）的零件可使用一般磨削加工，而形状复杂的零件则需使用各种精密磨床进行成型磨削。

一、磨削加工的分类

磨床是指用磨具（砂轮、砂带、磨石、研磨料等）或是磨料（可分为天然和人工制造两种）加工工件各种表面的机床。磨床广泛应用于工件的精加工中，随着对零件工作表面精度要求的不断提高，磨床在金属切削机床中所占的比例越来越大。磨削加工是零件淬火

后的主要加工方法之一，精度高、表面质量好。磨削加工的基本方法有内孔磨削、外圆磨削、锥孔磨削、平面磨削、侧磨。内孔磨削：利用砂轮高速回转、行星运动和轴向直线往复运动，即可进行内孔磨削。在内圆磨床上磨孔的尺寸精度可达 IT6 ～ IT7 级，表面粗糙度 *Ra* 为 0.2 ～ 0.8 μm。外圆磨削：外圆磨床主要用于各种零件的外圆加工，如圆形凸模、导柱和导套、顶杆等零件的外圆磨削。外圆磨削的尺寸精度可达 IT5 ～ IT6，表面粗糙度 *Ra* 为 0.2 ～ 0.8 μm。外圆磨削同样是利用砂轮的高速回转、行星运动和轴向往复运动实现。

平面磨床以砂轮高速旋转为主运动，以砂轮架的间歇运动和工件随工作台的往复运动作为进给运动来完成工件的磨削加工。它主要进行工件水平面、垂直、斜面的磨削加工，也可以通过对砂轮进行成型修整来完成型状较简单的曲面等成型面的磨削。平面磨削时，砂轮仅自转而不作行星运动，工作台直线进给。平面磨床的加工精度可达 IT5 ～ IT6，表面粗糙度 *Ra* 为 0.2 ～ 0.4 μm。平面磨削的特点：磨削时发热量少，冷却和排屑条件好，加工精度达 IT6，表面粗糙度 *Ra* 为 0.2 ～ 0.8 μm。

（一）薄板的磨削工艺

模具用薄板较多，经热处理后的板坯的上、下两面将不平行，甚至是翘曲或呈弓形。若以其下面装在磁力台上，则板坯将可能被磁力吸平。当磨削完上平面后，取下工件，又将恢复磨削前状态。为改进磨削条件，常在端磨时，将砂轮端面相对被加工面调整一个斜角 α=（2° ～ 4°）。这样，磨出的表面将产生凹面。因此，端磨是较大模板的主要磨削方法。

（二）薄片的磨削工艺

薄片板件则需进行精密平面磨削，保证两面平行。为了达到模具的尺寸精度和表面粗糙度等要求，有许多模具零件必须经过磨削加工。

1. 平面磨削

用平面磨床加工模具零件时，要求分型面与模具的上下面平行，同时，还应保证分型面与有关平面之间的垂直度。加工时，工件通常装夹在电磁吸盘上，用砂轮的周面对工件进行磨削，两平面的平行度小于 0.01∶100.00，加工精度可达 IT5 ～ IT6，表面粗糙度 *Ra* 为 0.2 ～ 0.4 μm。

平面磨床的加工原理，大多数的磨床是使用高速旋转的砂轮进行磨削加工的，少数的是使用油石、砂带等其他磨具和游离磨料进行加工，如珩磨机、超精加工机床、砂带磨床、研磨机和抛光机等。

2. 内圆磨削

在内圆磨床上磨孔的尺寸精度可达 IT6 ～ IT7 级，表面粗糙度 Ra 为 0.2 ～ 0.8 μm。若采用高精度磨削工艺，尺寸精度可控制在 0.005 mm 之内，表面粗糙度 Ra 为 0.025 ～ 0.1 μm。在内圆磨床上加工内孔和内锥孔的磨削工艺要点如表 4–3 所示。

表 4–3 内圆磨削工艺要点

工艺内容及简图		工艺要点
砂轮	砂轮直径一般取 0.5 ～ 0.9 倍的工件孔径。工件孔径小时取较大值，反之，取较小值；砂轮宽度一般取 0.8 倍孔深：砂轮硬度和粒度磨削非淬硬钢，选用棕刚玉 ZR_2 ～ Z_2，46# ～ 60# 磨削淬硬钢，选用棕刚玉、白刚玉、单晶刚玉，ZR_1 ～ ZR_2，46# ～ 80#	要求表面粗糙度 Ra 为 0.8 ～ 1.6 μm 时，推荐采用 46# 砂轮，要求 Ra 为 0.4 μm 时，采用 46# ～ 80# 砂轮；磨削热导率低的渗碳淬火钢时，采用硬度较低的砂轮
内圆磨削用量	砂轮圆周速度一般为 20 ～ 25 m/s；工件圆周速度一般为 20 ～ 25 m/min，要求表面粗糙度小时取较低值，粗磨时取较高值；磨削深度即工作台往复一次的横向进给量，粗磨淬火钢时取 0.005 ～ 0.020 mm，精磨淬火钢时取 0.002 ～ 0.010 mm；纵向进给速度，粗磨时取 1.5 ～ 2.5 m/min，精磨时取 0.5 ～ 1.5 m/min	内孔精磨时的光磨行程次数应多一些，可使由刚性差的砂轮接长轴所引起的弹性变形逐渐消除，提高孔的加工精度和减少表面粗糙度
工件装夹方法	三爪自定心卡盘一般用于装夹较短的套筒类工件，如凹模套、凹模等；四爪单动卡盘适宜于装夹矩形凹模孔和动、定模板型孔；用卡盘和中心架装夹工件，适宜于较长轴孔的磨削加工；以工件端面定位，在法兰盘上用压板装夹工件，适用于磨削大型模板上的型孔、导柱、导套孔等	找正方法按先端面后内孔的原则；对于薄壁工件，夹紧力不宜过大，必要时可采用弹性圈在卡盘上装夹工件
通孔磨削	采用纵向磨削法，砂轮超越工件孔口长度一般为 1/3 ～ 1/2 砂轮宽度	若砂轮超越工件孔口长度太小，孔容易产生中凹；若超越长度太大，孔口形成喇叭形
间断表面孔磨削	对非光滑内孔的磨削，如型孔的磨削，一般采用纵向磨削法。磨削时，应尽可能增大砂轮直径，减小砂轮宽度，并尽量增大砂轮接长轴刚度。若要求加工精度高和表面粗糙度小时，可在型腔凹槽中嵌入硬木等，变为连续内表面磨削	磨削时选用硬度较低的砂轮以及较小的磨削深度和纵向进给量

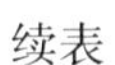

续表

工艺内容及简图		工艺要点
台阶孔磨削	磨削时通常先用纵磨法磨内孔表面，留余量 0.01 ～ 0.02 mm。磨好台阶端面后，再精磨内孔。图为凸凹模台阶孔的磨削方法	磨削台阶孔的砂轮应修成凹形，并要求清角，这对磨削不设退刀槽的台阶孔极为重要；对浅台阶孔或平底孔的磨削，在采用纵磨法时应选用宽度较小的砂轮，防止造成喇叭口；对浅台阶孔、平底面和孔口端面的磨削，也可采用横向切入磨削法，要求接长轴有良好的刚性
小直径深孔磨削	对长径比≥ 8 ～ 10 的小直径深孔磨削，一般采用 CrWMn 或 W18Cr4V 材料制成接长轴，并经淬硬，以提高接长轴刚性。磨削时选用金刚石砂轮和较小的纵向进给量，并在磨削前用标准样棒将头架轴线与工作台纵行程方向的平行度校正好	严格控制深孔的磨削余量；在磨削过程中，砂轮应在孔中间部位多几次纵磨行程，以消除砂轮让刀而产生的孔中凸缺陷
内锥面磨削	转动头架磨内锥面，适于磨较大锥度的内锥孔；转动工作台磨内锥面，适于磨削锥度不大的内锥孔	磨削内锥孔时，一般要经数次调整才能获得准确的锥度，试磨时应从余量较大的一端开始

3. 外圆磨削

外圆磨床以砂轮高速旋转为主运动，进给运动的形式主要包括砂轮架的间歇进给运动、工件随磨头作低速旋转运动，以及随工作台的往复运动；用于导柱之类外圆柱面和外圆锥面，以及外成型面等外回转面。外圆磨床主要用于零件的外圆加工，如圆形凸模、导柱、导套、顶杆等零件的外圆磨削。外圆磨削的尺寸精度可达 IT5 ～ IT6，表面粗糙度 *Ra* 为 0.2 ～ 0.8 μm，若采用高光洁磨削工艺，表面粗糙度 *Ra* 可达 0.025 μm。在外圆磨床上加工外圆、台阶端面和外圆锥面的磨削工艺要点如表 4–4 所示。

表 4–4　外圆磨削工艺要点

工艺内容		工艺要点
砂轮	磨非淬硬钢：棕刚玉，46# ～ 60#，Z_1 ～ Z_2 磨淬硬钢：HRC ＞ 50 棕刚玉、白刚玉、单晶刚玉，46# ～ 60#，ZR_2 ～ Z_2	半精磨时（*Ra* 0.8 ～ 1.6 μm），建议采用粒度 36# ～ 46# 砂轮精磨时（*Ra* 0.2 ～ 0.4 μm），采用粒度 46# ～ 60# 砂轮

续表

	工艺内容	工艺要点
外圆磨削用量	砂轮圆周速度，陶瓷结合剂砂轮的磨削速度≤ 35 m/s，树脂结合剂砂轮的磨削速度＞50 m/s 工件圆周速度，一般取 13 ～ 20 m/min，磨淬硬钢≥ 26 m/min。磨削深度，粗磨时取 0.02 ～ 0.05 mm，精磨时取 0.005 ～ 0.015 mm，纵向进给量，粗磨时取 0.5 ～ 0.8 砂轮宽度，精磨时取 0.2 ～ 0.3 砂轮宽度	当被磨工件刚性差时，应将工件转速降低，以免产生振动，影响磨削质量；当要求工件表面粗糙度小和精度高时，在精磨后，在不进刀情况下再光磨几次
工件装夹方法	前后顶尖装夹，具有装夹方便、加工精度高的特点，适用于装夹长径比大的工件；用三爪自定心或四爪单动卡盘装夹，适用于装夹长径比小的工件，如凸模、顶块、型芯等；用卡盘和顶尖装夹较长的工件用反顶尖装夹，磨削细长小尺寸轴夹工件，如小型芯、小凸模等；配用芯轴装夹，磨削有内外圆同轴度要求的薄壁套类工件，如凹模镶件、凸凹模等	淬硬件的中心孔必须准确刮研，并使用硬质合金顶尖和适当的顶紧力；用卡盘装夹的工件，一般采用工艺夹头装夹，能在一次装夹中磨出各段台阶外圆，保证同轴度；由于模具制造的单件性，通常采用带工艺夹头的芯轴，并按工件孔径配磨，作一次性使用。芯轴定位面锥度一般取 1 : 7 000 ～ 1 : 5 000
一般外圆面磨削	纵向磨削法，工件与砂轮同向转动，工件相对砂轮作纵向运动。当一次纵行程后，砂轮横向进给一次磨削深度。磨削深度小，切削力小，容易保证加工精度，适于磨削长而细的工件	台阶轴如凸模的磨削，在精磨时要减少磨削深度，并多用光磨行程，有利于提高各段外圆面的同轴度；磨台阶轴时，可先用横磨法沿台阶切入，留 0.03 ～ 0.04 mm 余量，然后用纵磨法精磨
	横向磨削法（切入法），工件与砂轮同向转动，并作横向进给连续切除余量。磨削效率高，但磨削热大，容易烧伤工件，适于磨较短的外圆面和短台阶轴，如凸模、圆形芯等	为消除磨削重复痕迹，减少磨削表面粗糙度和提高精度，应在终磨前使工件作短距离手动纵向往复磨削
	阶段磨削法，是横向磨法与纵向磨法的综合应用，先用横向磨法去除大部分余量，留有 0.01 ～ 0.03 mm 作为纵磨余量，适于磨削余量大、刚度高的工件	在磨削余量大的情况下，可提高磨削效率
台阶端面磨削	轴上带退刀槽的台阶端面磨削先用纵磨法磨外圆面，再将工件靠向砂轮端面；轴上带圆角的台阶端面磨削先用横磨法磨外圆面，并留小于 0.05 mm 的余量，再纵向移动工件（工作台），磨削端面	磨退刀槽台阶端面的砂轮，端面应修成内凹形磨带圆角的台阶端面，则修成圆弧形；为保证台阶端面的磨削质量，在磨至无火花后，还需光磨一些时间
外圆锥面磨削	转动工作台磨外锥面受一般外圆磨床工作台的最大回转角的限制，只能磨削圆锥角小于 14° 的圆锥体。装夹方便，加工质量好；转动头架磨外圆锥面将工件直接装在头架卡盘上，找正后磨削，适于短面大锥度的工件转动砂轮架磨外锥面适于磨削长而大锥度的工件。磨削时工件用前后顶尖装夹，工件不作纵向运动，砂轮作横向连续进给运动。若圆锥母线大于砂轮宽度，则采用分段接磨	磨削外锥面时，通常采用以内锥面为基准，配磨外锥面的方法

4. 复合磨削

这种方法是把上述两种方法结合在一起（图 4–12），用来磨削具有多个相同型面（如齿条形和梳形等）的工件。

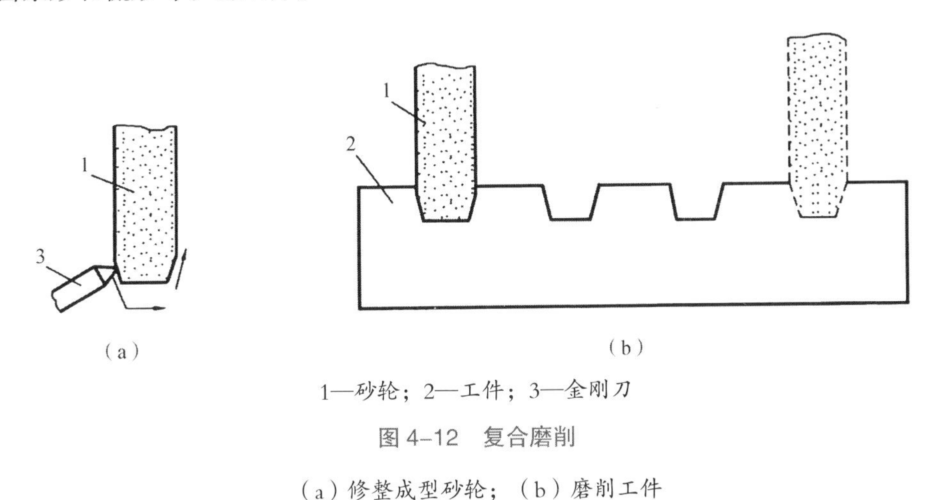

1—砂轮；2—工件；3—金刚刀

图 4–12　复合磨削

（a）修整成型砂轮；（b）磨削工件

任务六　插削加工

插削加工是以插刀的垂直往复直线运动为主运动，与工件的纵向、横向或旋转运动为进给运动相配合，切去工件上多余金属层的一种加工方法。用插床加工直壁外形及内孔的几种形式如表 4–5 所示。

表 4–5　用插床加工直壁外形及内孔的几种形式

形式	简图	说明
直壁外形加工	R （a）　（b）	图（a）外形较大，用插床加工外形基准面 图（b）外形较大，用插床加工外形，安装时使 R 中心与回转工作台中心重合，加工 R 圆弧面

续表

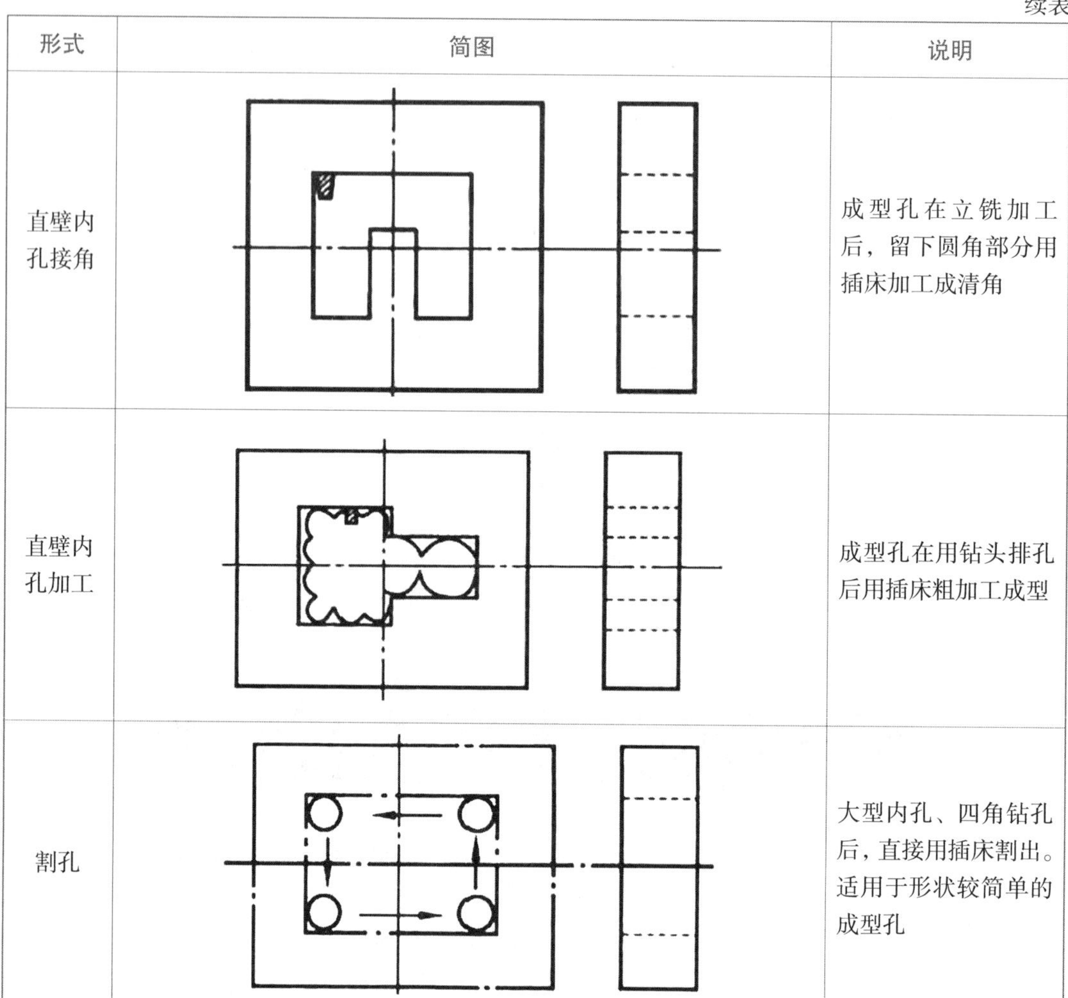

形式	简图	说明
直壁内孔接角		成型孔在立铣加工后，留下圆角部分用插床加工成清角
直壁内孔加工		成型孔在用钻头排孔后用插床粗加工成型
割孔		大型内孔、四角钻孔后，直接用插床割出。适用于形状较简单的成型孔

插床的结构与牛头刨床相似，不同之处在于插床的滑枕是沿垂直方向作往复运动的。在模具制造中，插床主要用于成型内孔的粗加工，有时也用于大工件的外形加工。插床加工的生产率和加工表面粗糙度都不高，加工精度可达 IT10，表面粗糙度 Ra 为 0.8 μm。插削在插床上进行，可以看成是“立式刨削”，主要用于加工单件小批生产中零件的某些内表面，如孔内键槽、方孔、多边孔、花键孔等，也可加工某些外表面。插削时插刀的垂直往复直线运动为主运动。

任务七　仿形加工

仿形加工以事先制成的靠模为依据，加工时触头对靠模表面施加一定的压力，并沿其表面向上移动，通过仿形机构，使刀具作同步仿形动作，从而在模具零件上加工出与靠模相同的型面。仿形加工是对各种模具型腔或型面进行机械加工的主要方法之一。常用的仿形加工有仿形车削、仿形刨削、仿形铣削和仿形磨削等。实现仿形加工的方法很多，根据触头传输信息的形式和机床进给传动控制方式的不同，可分为机械式、液压式、电控式、电液式和光电式等。

机械式仿形的触头与刀具之间刚性连接，或通过其他机构如缩放仪及杠杆等连接，以实现同步仿形加工。例如，图 4-13 为机械式仿形铣床的工作原理。仿形触头 5 始终与靠模 4 的工作表面接触，并作相对运动，通过中间装置 3 把运动信息传递给铣刀 1 对工件 2 进行加工。平面轮廓仿形时，需要两个方向的进给，其中，S_1 为主进给运动；S_2 随靠模的形状不断改变，称为随动进给。立体仿形时，需要 3 个方向的进给运动互相配合，其中，S_1，S_3 为主进给运动，S_2 为随动进给运动。

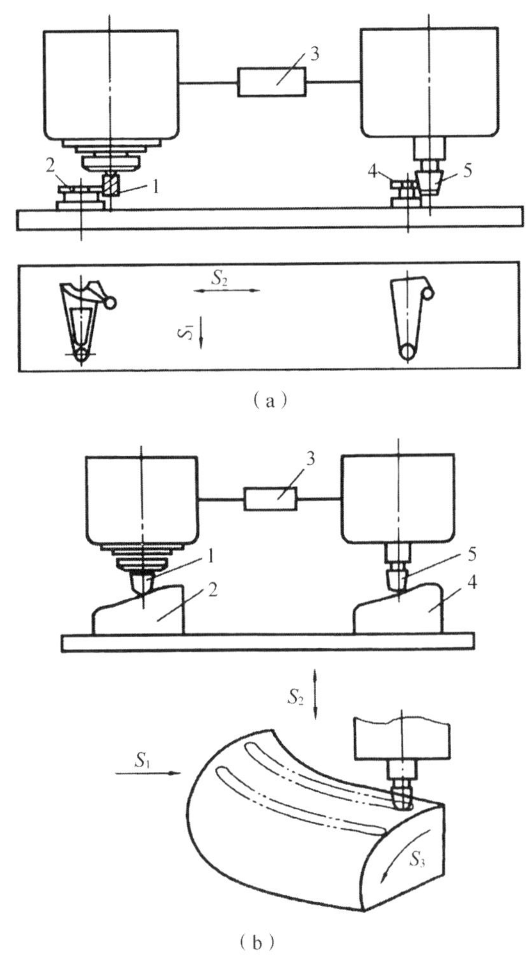

1—铣刀；2—工件；3—信息传递装置；4—靠模；5—仿形触头

图 4-13　机械式仿形工作原理

（a）平面轮廓仿形；（b）立体仿形

采用机械式仿形机床加工时，由于靠模与仿形触头之间的压力较大（为 10 ～ 50 N），工作面容易磨损，而且在加工过程中，仿形触头以及起刚性连接的中间装置需要传递很大的力，会引起一定的弹性变形，故其仿形加工精度较低，加工误差大于 0.1 mm。

仿形车削，主要用于形状复杂的旋转曲面，如凸轮、手柄、凸模、凹模型腔或型孔等的成型表面的加工。仿形车削加工设备主要有两类：一类是装有仿形装置的通用车床，另一类是专用仿形车床。仿形铣削，主要用于加工非旋转体的、复杂的成型表面零件，如凸轮、凸轮轴、螺旋桨叶片、锻模、冷冲模的成型或型腔表面等。仿形铣削可以在普通立式铣床上安装仿形装置来实现，也可以在仿形铣床上进行。仿形加工的优缺点：以样板、模型、靠模作为依据加工模具型面，跳过复杂曲面的数学建模问题，简化了复杂曲面的加工工艺；靠模、模型可用木材、石膏、树脂等易成型的材料制作，扩大了靠模的选取范围；仿型有误差，加工过程中产生的热收缩、刀补问题较难处理；加工效率高，为电火花的 40 ～ 50 倍（常作为电火花前的粗加工）实现仿形加工的方法有多种，根据靠模触头传递信息的形式和机床进给传动控制方式的不同，仿形机构的形式可以分为机械式、液压式、电控式、电液式和光电式等。工业上应用最多的是机械式仿形、液压式仿形和电控式仿形。

思考题

1. 模具上常见的孔、平面、外圆表面如何加工？模具机械加工的主要内容是什么？机械加工的常用方法有哪些？

2. 何为车削、铣削、刨削、磨削？各有何特点？在模具制造中能完成哪些加工内容？

3. 指出车削、铣削、刨削、磨削的主运动和进给运动。

4. 简述车削加工中，保证工件同轴度、垂直度要求的装夹方法及各自适用的场合？

5. 了解车削加工、铣削加工、刨削和插削加工、磨削加工用于模具加工的主要加工对象以及正常条件所能达到的技术要求？常用的仿形加工方法有哪些？仿形铣削要做哪些工艺准备？

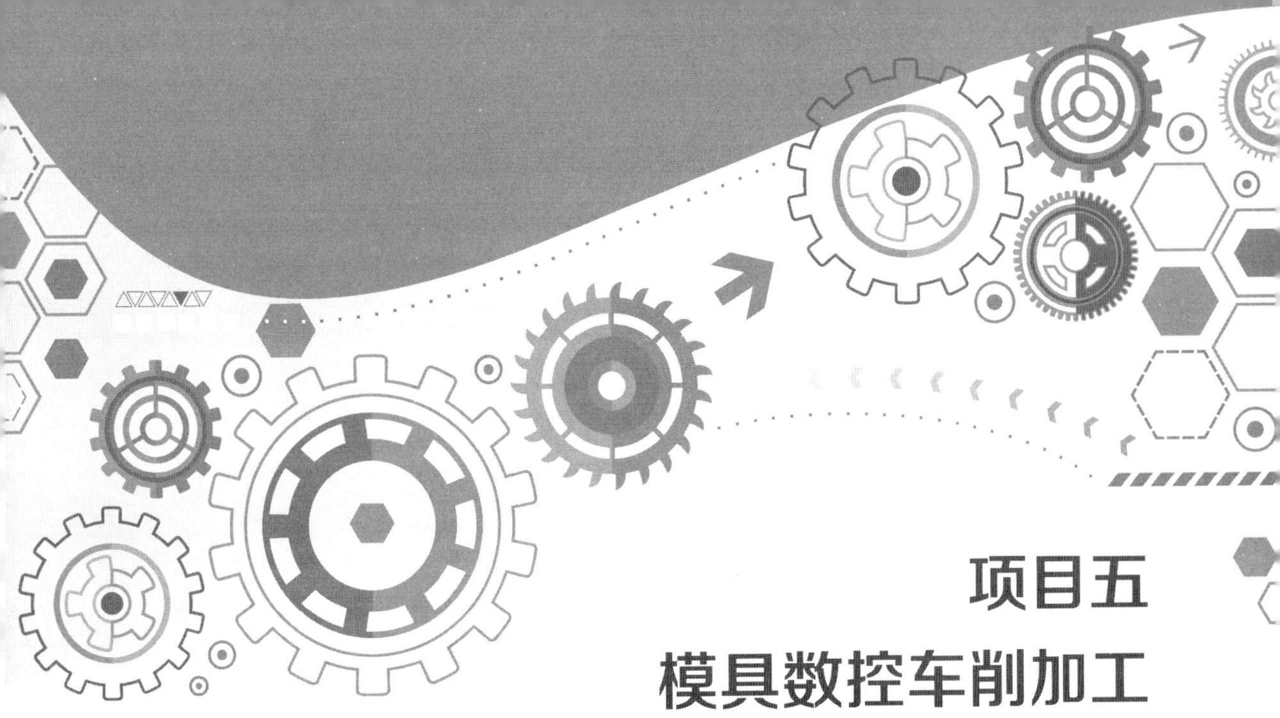

项目五
模具数控车削加工

导 读

数控车床是用电子计算机数字化信号控制的车床，在国内数量最多，应用最广。数控车床与普通车床相似，即由床身、主轴箱、刀架、进给系统、冷却系统和润滑系统等部分组成。但其进给系统与普通车床有本质的区别，传统的普通车床有进给箱和交换齿轮架，而数控车床直接利用伺服电机通过滚珠丝杠驱动溜板和刀架实现进给运动，因而其进给系统的结构可以大为简化。从生产批量上看，数控车床一般适合于多品种和中小批量的生产，但随着数控车床制造成本的降低，目前，不论是国外还是国内，使用数控机床进行大批量生产越来越普遍。本项目就模具数控车削加工技术作为教学主要内容。

学习目标

1. **了解数控车床的组成、运动控制方式、典型结构及用途；**
2. **了解数控车削加工的工艺特征；**

3. 了解数控车刀的特征及其用途；
4. 熟悉数控车床的指令系统和手工编程方法；
5. 掌握数控车床的基本操作。

任务一　数控车床的结构及加工特点

一、数控车床的结构

数控车床同其他数控机床一样由控制介质、数控系统（包含伺服电动机和反馈装置的伺服系统）、强电控制柜、车床本体和各类辅助装置组成。

（一）控制介质

控制介质又称信息载体，是人与数控车床之间联系的中间媒介物质，可以反映数控加工中的全部信息。

（二）数控系统

数控系统是数控车床实现自动加工的核心，是整个数控车床的灵魂所在。它主要由输入装置、监视器、主控制系统、可编程控制器、各类输入 / 输出接口等组成。主控制系统主要由 CPU、存储器、控制器等组成。数控系统的主要控制对象是位置、角度、速度等机械量，以及温度、压力、流量等物理量。它根据数控机床加工过程中各个动作要求进行协调，按各检测信号进行逻辑判别，从而控制车床各个部件有条不紊地按顺序工作。

（三）伺服系统

如前所述，伺服系统是数控系统和车床本体之间的电传动联系环节，主要由伺服电动机、驱动控制系统和位置检测与反馈装置等组成。伺服电动机是系统的执行元件，驱动控制系统则是伺服电动机的动力源。数控系统发出的指令信号与位置反馈信号比较后作为位移指令，再经过驱动系统的功率放大后，驱动电动机运转，通过机械传动装置带动工作台或刀架运动。

（四）强电控制柜

强电控制柜主要用来安装机床强电控制的各种电气元器件，除了提供数控、伺服等一类弱电控制系统的输入电源，以及各种短路、过载、欠压等电气保护外，主要在 PLC 的输出接口与机床各类辅助装置的电气执行元件之间起连接作用，控制机床辅助装置的各种交流电动机、液压系统电磁阀或电磁离合器等。此外，它也与机床操作台有关手动按钮连

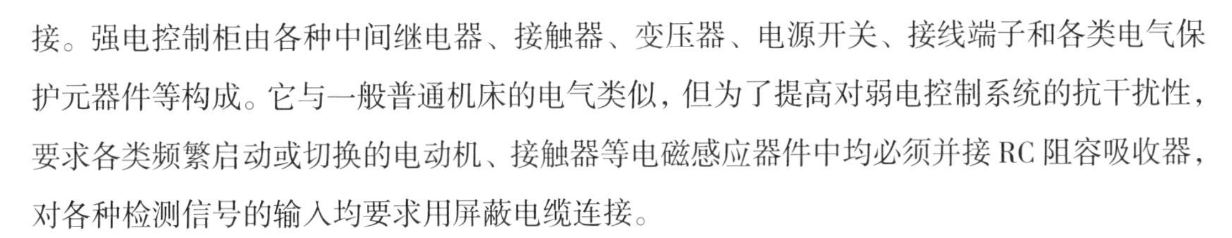

接。强电控制柜由各种中间继电器、接触器、变压器、电源开关、接线端子和各类电气保护元器件等构成。它与一般普通机床的电气类似，但为了提高对弱电控制系统的抗干扰性，要求各类频繁启动或切换的电动机、接触器等电磁感应器件中均必须并接 RC 阻容吸收器，对各种检测信号的输入均要求用屏蔽电缆连接。

（五）车床本体

数控车床的本体指其机械结构实体。它与传统的普通机床相比较，同样由主传动系统、进给传动机构、工作台、床身以及立柱等部分组成，但数控车床的整体布局、外观造型、传动机构、工具系统及操作机构等方面都发生了很大的变化。为了满足数控技术的要求和充分发挥数控车床的特点，归纳起来包括以下几个方面的变化：

（1）采用高性能主传动及主轴部件，具有传递功率大、刚度高、抗震性好及热变形小等优点。

（2）进给传动采用高效传动件，具有传动链短、结构简单、传动精度高等特点，一般采用滚珠丝杠副、直线滚动导轨副等。

（3）具有完善的刀具自动交换和管理系统。

（4）机床本身具有很高的动、静刚度。

（5）采用全封闭罩壳。由于数控车床是自动完成加工的，为了操作安全等，一般采用移动门结构的全封闭罩壳，对车床的加工部件进行全封闭。

图 5-1 为远东机械工业股份有限公司生产的数控车床。

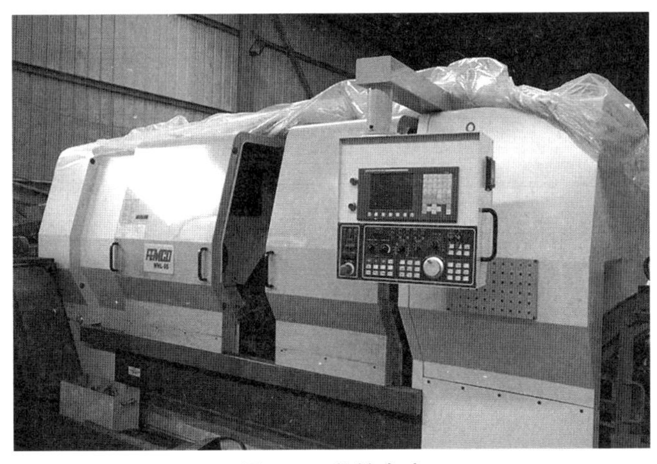

图 5-1　数控车床

（六）各类辅助装置

辅助装置主要包括自动换刀装置、自动交换工作台机构、工件夹紧放松机构、回转工作台、液压控制系统、润滑装置、切削液装置、排屑装置、过载和保护装置等。

二、数控车床的加工特点

数控车削是数控加工中用得最多的方法之一，在数控车床中，工件的旋转运动是主运动，车刀作进给运动。其主要加工对象是回转体类的零件，基本的车削加工内容有车外圆、车端面、切断和车槽、钻中心孔、钻孔、车中心孔、铰孔、镗孔、车螺纹、车锥面、车成型面、滚花和攻螺纹等。针对数控车床的加工特点，可以说，凡是在数控车床上能装夹的工件，都能在数控车床上加工，但数控车床最适合加工以下一些类型的零件。

（一）精度要求高的零件

数控车床刚性好，制造和对刀精度高，能方便和精确地进行人工补偿和自动补偿，所以能加工尺寸精度要求较高的零件。在有些场合可以以车代磨。此外，数控车削的刀具运动是通过高精度插补运算和伺服驱动来实现的，再加上机床的刚性好和制造精度高，所以它能加工对母线直线度、圆度、圆柱度等形状精度要求高的零件。对于圆弧以及其他曲线轮廓，加工出的形状与图纸上所要求的几何形状的接近程度比用仿形车床要高得多。由于数控车床工序集中、装夹次数少，因此对提高位置精度特别有效，不少位置精度要求高的零件，用普通车床加工时，因机床制造精度低，工件装夹次数多而达不到要求，只能在车削后用磨削或其他方法弥补。例如轴承内圈，原来采用三台液压半自动车床和一台液压仿形车床加工，需多次装夹，因而造成较大的壁厚差，常常达不到图纸要求，后改用数控车床加工，一次装夹即可完成滚道和内孔的车削，壁厚差大为减小，且加工质量稳定。

有些性能较高的数控车床具有恒线速度切削功能，加工出的零件表面粗糙度小而且均匀。在普通车床上加工就不能实现这一要求，如车削带有锥度的零件，由于普通车床转速恒定，在直径大的部位切削速度大，表面粗糙度小，反之直径小的部位表面粗糙度大，造成零件表面质量不均匀。使用数控车床的恒线速度切削功能就能很好地解决这一问题。对于表面粗糙度要求不同的零件，数控车床也能实现其加工，表面粗糙度值要求大的部位采用比较大的进给速度，表面粗糙度值要求小的部位则采用较小的进给速度。

（二）轮廓形状比较复杂的零件

数控车床具有直线插补和圆弧插补功能，部分数控车床甚至还具有某些非圆曲线插补功能，故数控车床能车削由任意平面曲线轮廓所组成的回转体类的零件，包括不能用数学方程描述的列表曲线类的零件。有些内型、内腔零件，用普通车床难以控制尺寸。

（三）带特殊螺纹的回转体零件

普通车床所能车削的螺纹相当有限，它只能车等导程的直、锥面公、英制螺纹，而且一台车床只能限定加工若干种导程。数控车床不但能车削任何等导程的直、锥面公、英制螺纹，而且还能车削增导程、减导程，以及要求等导程与变导程之间平滑过渡的螺纹。数控车床车螺纹时主轴转向不必像普通车床车螺纹时那样交替变换，它可以一刀接一刀不停地循环，直到完成螺纹加工，因此它加工螺纹的效率很高。数控车床可以配备精密螺纹切削功能，再加上一般采用硬质合金成型刀片，可以使用较高的转速，所以车削出来的螺纹精度高、表面粗糙度小。

（四）淬硬工件

在大型模具加工中，有不少尺寸大而形状复杂的零件，这些零件经热处理后的变形量较大，磨削加工有困难，此时可以用陶瓷车刀在数控车床上对淬硬工件进行车削加工，以车代磨，提高加工效率。

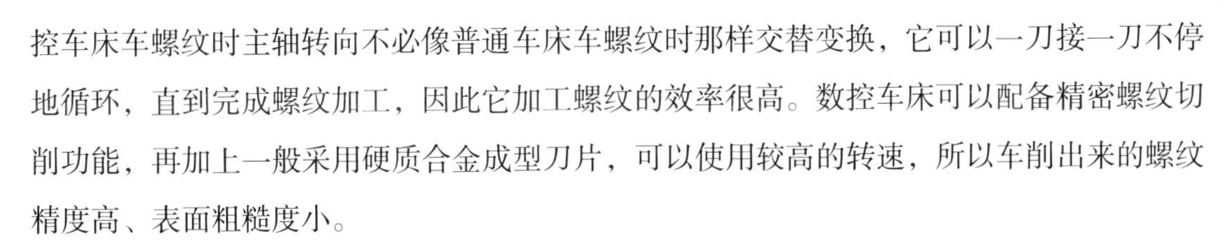

任务二　零件定位及安装

一、数控车床常用的夹具形式

在数控加工中，为了发挥数控车床的高速度、高精度、高效率等特点，数控车床常使用通用三爪自定心卡盘、四爪卡盘等夹具。如果大批量生产，则使用自动控制的液压、电动及气动夹具。除此之外，还有许多相应的实用夹具，它们主要有两类：用于轴类工件的夹具和用于盘类工件的夹具。

二、数控车床常用的定位方法

对于轴类零件，通常以零件自身的外圆柱面作为径向定位基准来定位；对于套类零件，则以内孔作为径向定位基准，轴向定位则以轴肩或端面作为定位基准。定位方法按定位元件不同有以下几种。

（一）圆柱芯轴定位

加工套类零件时，常用圆柱芯轴在工件的孔上定位，孔与芯轴常用H7/h6或H7/g6配合。

（二）小锥度芯轴定位

将圆柱芯轴改成锥度很小的锥体（C=1/5 000 ～ 1/1 000）时，就成了小锥度芯轴。工件在小锥度芯轴上定位，能消除径向间隙，提高芯轴的定心精度。定位时，工件楔紧在芯轴上，靠芯轴与工件间的摩擦力带动工件，不需要再夹紧，且定心精度高；缺点就是工件在轴向不能定位。这种方法用于定位孔精度较高的工件的精加工。

（三）圆锥芯轴定位

当内孔为锥孔时，可用与工件内孔同锥度的芯轴定位。为了便于卸下工件，可以在芯轴上配一个旋出工件的螺母，旋转该螺母时，可顶出工件。

（四）螺纹芯轴定位

当工件内孔是螺纹孔时，可用螺纹芯轴定位。除上述芯轴定位之外，还有花键芯轴、张力芯轴定位等。常用的芯轴如图 5-2 所示。

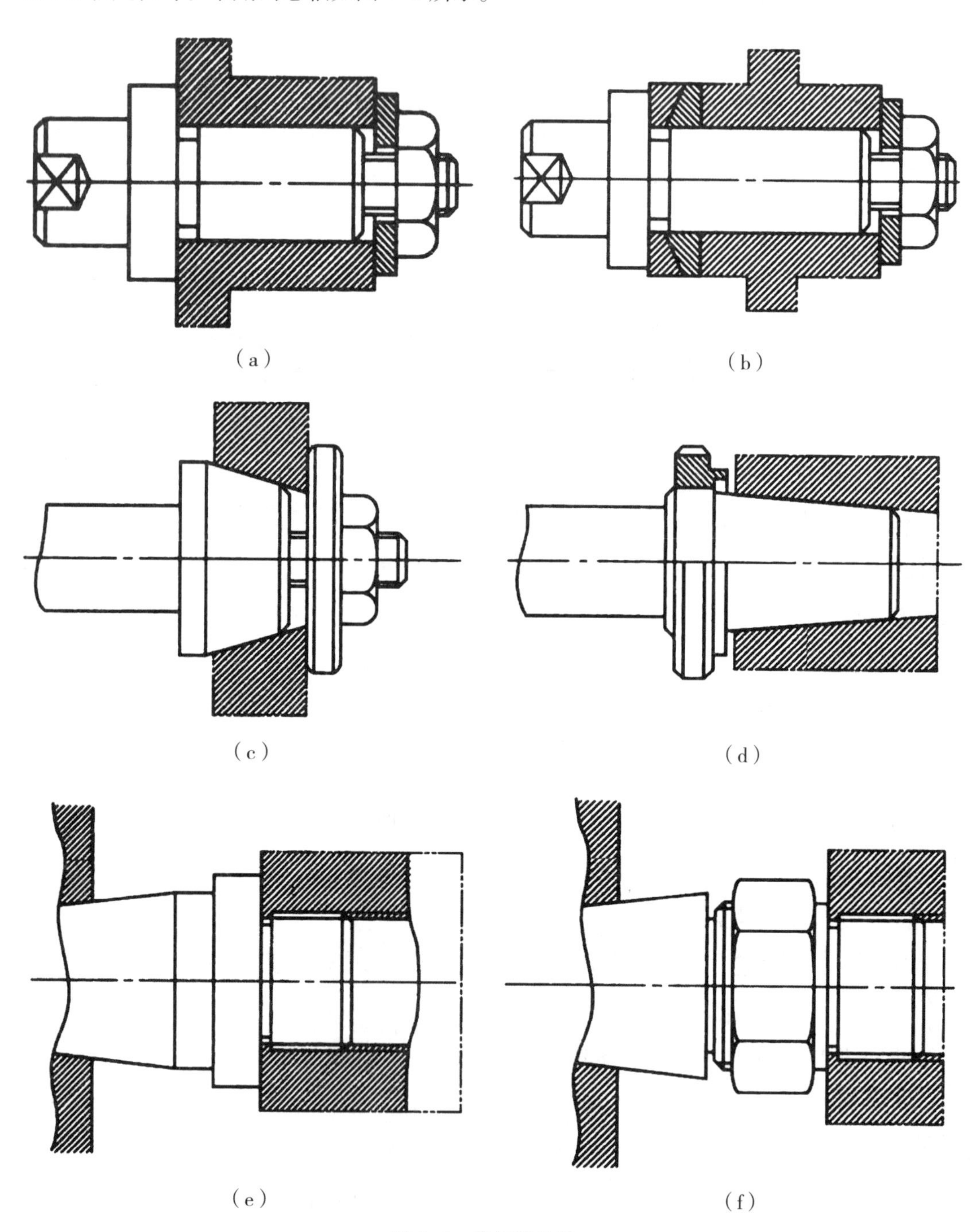

图 5-2　常用的芯轴

（a）减小平面的圆柱芯轴；（b）增加球面垫圈的芯轴；（c）普通圆锥芯轴；
（d）带螺母的圆锥芯轴；（e）简易螺纹芯轴；（f）带螺母的螺纹芯轴

任务三　数控车削加工工艺

一名合格的数控编程人员，同时也应该是一名合格的数控工艺分析人员。工艺制订得是否合理，关系到数控程序的编制、数控加工的效率和零件加工的精度。因此，在数控车削程序编制之前，应遵循一定的工艺原则并结合数控车床的特点认真而详细地制订好零件的数控车削加工工艺。

在数控车床上加工零件时，应按工序集中的原则划分工序，在一次装夹下尽可能完成大部分甚至全部表面的加工。零件定位时，根据结构形状不同，通常选择外圆或端面装夹，并力求使设计基准、工艺基准和编程基准统一。

数控车削加工工艺的主要内容有分析零件图纸、确定工件在车床上的装夹方式、各表面的加工顺序和刀具进给路线以及刀具、夹具和切削用量的选择等。

一、零件图纸工艺分析

分析零件图纸是工艺制订中的首要工作，一般有以下几个方面的内容。

（一）零件的结构工艺性分析

零件的结构工艺性分析主要是指零件的结构对加工方法的适应性，即零件的结构是否便于加工成型。在数控车床上加工零件时，应根据数控车削的特点，仔细审视零件结构的合理性。如图 5–3（a）所示的零件，由于三个槽的尺寸不一样，给加工带来一定的麻烦。一般用三把刀分别加工不同的槽，这样增加了换刀时间；另一种方法是用 3 mm 刀宽的切槽刀来加工，则加工另外两处槽要多次进、退刀，增加了程序段的长度。对于这样的结构，如没有特殊要求，可改为图 5–3（b）所示的结构，三个槽尺寸统一，只需要一把刀就能完成加工。这样既减少了刀具数量，又节省了换刀时间，少占了刀架刀位。

在分析零件结构工艺时，如发现问题，应及时向设计人员或有关部门反映，提出修改意见。

（二）零件轮廓几何要素分析

不管是手工编程，还是自动编程，都要对零件轮廓几何要素进行明确的定义。分析零件轮廓几何要素，就是分析给定图纸上零件几何要素的条件是否充分。由于零件设计人员在设计过程中考虑不周或被忽略，常常出现参数不全或不清楚，可能会在零件图纸上出现加工轮廓几何条件被遗漏的情况，有时还会出现一些矛盾的尺寸或过多的尺寸（即所谓的封闭尺寸链），如圆弧与直线、圆弧与圆弧是相切、相交或相离的。

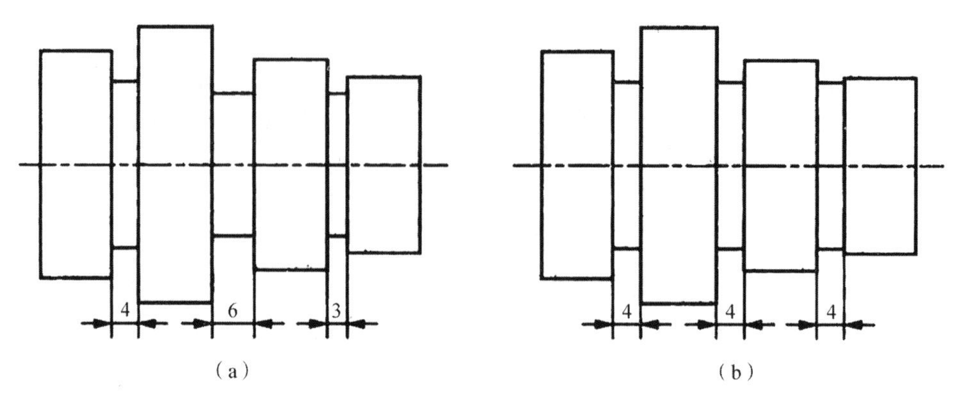

图 5-3　结构工艺性示例

（a）三个槽的尺寸不一样；（b）三个槽尺寸统一

如图 5-4 所示为一手柄，图中零件看起来几何尺寸比较完整，但仔细分析一下，就会发现其中的问题，首先手柄左端的圆柱部分，根据所给尺寸，没办法确定其直径值；其次，两圆弧 *R*25 及 *R*75 间的切点也没办法计算。为此，必须增加一些尺寸，才能使几何条件足够充分。究竟怎样增加尺寸，编程人员必须与设计人员商量，共同解决。

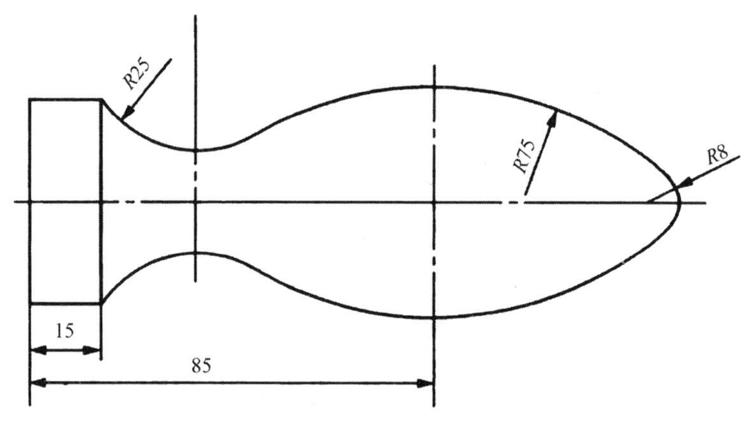

图 5-4　零件轮廓几何要素分析

（三）精度及技术要求分析

零件工艺性分析的一个重要内容就是对零件的精度及技术要求进行分析，只有在分析零件尺寸精度和表面粗糙度的基础上才能对加工方法、装夹方式、刀具及切削用量进行正确而合理的选择。

精度及技术要求分析的主要内容：一是分析精度及各项技术要求是否齐全、是否合理；二是分析本工序的数控车削加工精度能否达到图纸要求，若达不到而需采取其他措施弥补，则本工序应给后续工序留一定的加工余量；三是找出图纸上有位置精度要求的表面，这些表面应该在一次装夹时完成加工；四是对表面粗糙度要求较高的表面，应确定用恒线速度切削加工。

二、加工工序的确定

在数控机床上加工零件，工序一般比较集中，一次装夹应尽可能完成全部工序。与普通机床加工相比，加工工序划分有其自己的特点，常用的工序划分原则有以下两种。

（一）保证精度的原则

数控加工要求工序尽可能集中，常常粗、精加工在一次装夹下完成。但要注意热变形和切削力变形对工件的形状、位置精度、尺寸精度和表面粗糙度的影响。对轴类或盘类零件，应将各处先粗加工，留少量余量精加工，来保证表面质量要求。

（二）提高生产效率的原则

数控加工中，为了减少换刀次数，节省换刀时间，应将需用同一把刀加工的加工部位全部完成后，再换另一把刀来加工其他部位。同时应尽量减少空行程，用同一把刀加工工件的多个部位时，应以最短的路线到达各加工部位。

实际生产中，数控加工工序要根据具体零件的结构特点、技术要求等情况综合考虑。

三、加工顺序的确定

在选定加工方法、划分工序后，接下来就是合理安排工序的顺序。零件的加工工序通常包括切削加工工序、热处理工序和辅助工序，合理安排好切削加工、热处理和辅助工序的顺序，并解决好工序间的衔接问题，可以提高零件的加工质量、生产效率，降低加工成本。在数控车床上加工零件，应按工序集中的原则划分工序，安排零件车削加工顺序一般遵循下列原则。

（一）先粗后精

按照粗车→半精车→精车的顺序进行，逐步提高零件的加工精度。粗车将在较短的时间内将工件表面上的大部分加工余量切掉，这样既提高了金属切除率，又满足了精车余量均匀性要求。若粗车后所留余量的均匀性满足不了精加工的要求，则要安排半精车，以便使精加工的余量小而均匀。精车时，刀具沿着零件的轮廓一次走刀完成，以保证零件的加工精度。

（二）先近后远

这里所说的远与近，是按加工部位相对于换刀点的距离大小而言的。通常在粗加工时，离换刀点近的部位先加工，离换刀点远的部位后加工，以便缩短刀具移动距离，减少空行程时间，并且有利于保持坯件或半成品件的刚性，改善其切削条件。

（三）内外交叉

对既有内表面（内型、内腔）又有外表面的零件，安排加工顺序时，应先粗加工内、外表面，然后精加工内、外表面。

加工内、外表面时，通常先加工内型和内腔，然后加工外表面。原因是控制内表面的尺寸和形状较困难，刀具刚性相应较差，刀尖（刃）的耐用度易受切削热的影响而降低，以及在加工中清除切屑较困难等。

（四）刀具集中

刀具集中是指用一把刀加工完相应各部位，再换另一把刀加工相应的其他部位，以减少空行程和换刀时间。

（五）基面先行

用作精基准的表面应优先加工出来，原因是作为定位基准的表面越精确，装夹误差就越小。例如加工轴类零件时，总是先加工中心孔，再以中心孔为精基准加工外圆表面和端面。

四、进给路线的确定

进给路线是指刀具从起刀点开始运动，直至返回该点并结束加工程序所经过的路径，包括切削加工的路径及刀具引入、切出等非切削空行程。

（一）刀具引入、切出

在数控车床上进行加工时，尤其是精车时，要妥当考虑刀具的引入、切出路线，尽量使刀尖沿轮廓的切线方向引入、切出，以免因切削力突然变化而造成弹性变形，致使光滑连接轮廓上产生表面划伤、形状突变或滞留刀痕等问题。

（二）确定最短的空行程路线

确定最短的空行程路线，除了依靠大量的实践经验外，还应善于分析，必要时可辅以一些简单计算。在手工编制较复杂轮廓的加工程序时，编程者（特别是初学者）有时将每一刀加工完后的刀具通过执行“回零”（即返回换刀点）指令，使其返回到换刀点位置，然后再执行后续程序。这样会增加走刀路线的距离，从而大大降低生产效率。因此，在不换刀的前提下，执行退刀动作时，应不用“回零”指令。安排走刀路线时，应尽量缩短前一刀终点与后一刀起点间的距离，方可满足走刀路线为最短的要求。数控车床换刀点的位置以换刀时不碰到工件为原则。

（三）确定最短的切削进给路线

切削进给路线短，可有效提高生产效率，降低刀具的磨损量。在安排粗加工或半精加工的切削进给路线时，应同时兼顾到被加工零件的刚性及加工的工艺性等要求，不要顾此失彼。

对以上三种切削进给路线，经分析和判断后，可知矩形循环进给路线的走刀长度总和为最短，即在同等条件下，其切削所需时间（不含空行程）为最短，对刀具的磨损小。另外，矩形循环加工的程序段格式较简单，所以在制订加工方案时，建议采用“矩形”进给路线。

五、刀具的选择

刀具的选择是数控加工工艺中最重要的内容之一，它不仅影响数控机床的加工效率，而且直接影响数控加工的质量。与普通机床加工相比，数控机床加工过程中对刀具的要求更高。不仅要求精度高、强度大、刚度好、耐用度高，而且要求尺寸稳定、安装调整方便。

车刀是应用最广的一种车削刀具，也是学习、分析各类刀具的基础。车刀用于各种车床上，加工外圆、内孔、端面、螺纹、车槽等。车刀按结构可分为整体车刀、焊接车刀、机夹车刀、可转位车刀和成型车刀。其中可转位车刀的应用日益广泛，在车刀中所占比例逐渐增大。

所谓焊接车刀，就是在碳钢刀杆上按刀具几何角度的要求开出刀槽，用焊料将硬质合金刀片焊接在刀槽内，并按所选择的几何参数刃磨后使用的车刀。

机夹车刀是采用普通刀片，用机械夹固的方法将刀片夹持在刀杆上使用的车刀。此类刀具有如下特点：

（1）刀片不经过高温焊接，避免了因焊接而引起的刀片硬度下降、产生裂纹等缺陷，提高了刀具的耐用度。

（2）由于刀具耐用度提高，使用时间较长，换刀时间缩短，提高了生产效率。

（3）刀杆可重复使用，既节省了钢材又提高了刀片的利用率，刀片可由制造厂家回收再制，提高了经济效益，降低了刀具成本。

（4）刀片重磨后，尺寸会逐渐变小，为了恢复刀片的工作位置，往往在车刀结构上设有刀片的调整机构，以增加刀片的重磨次数。

（5）压紧刀片所用的压板端部，可以起断屑器作用。

可转位车刀是使用可转位刀片的机夹车刀。一条切削刃用钝后可迅速转位换成相邻的新切削刃，即可继续工作，直到刀片上所有切削刃均已用钝，刀片才报废回收。更换新刀片后，车刀又可继续工作。

与焊接车刀相比，可转位车刀具有下述优点：

（1）刀具寿命高。由于刀片避免了由焊接和刃磨高温引起的缺陷，刀具几何参数完全由刀片和刀杆槽保证，切削性能稳定，从而提高了刀具寿命。

（2）生产效率高。由于机床操作工人不再磨刀，因此可大大减少停机换刀等辅助时间。

（3）有利于推广新技术、新工艺。可转位车刀有利于推广使用涂层、陶瓷等新型刀具材料。

（4）有利于降低刀具成本。由于刀杆使用寿命长，因此大大减少了刀杆的消耗和库存量，简化了刀具的管理工作，降低了刀具成本。

可转位车刀刀片的夹紧特点与要求：

（1）定位精度高。刀片转位或更换新刀片后，刀尖位置的变化应在工件精度允许的范围内。

（2）刀片夹紧可靠。应保证刀片、刀垫、刀杆接触面紧密贴合，经得起冲击和振动，但夹紧力也不宜过大，应力分布应均匀，以免压碎刀片。

（3）排屑流畅。刀片前面最好无障碍，保证切屑排出流畅，并容易观察。

（4）使用方便。转换刀刃和更换新刀片方便、迅速。对小尺寸刀具结构要紧凑。在满足以上要求的同时，应尽可能使结构简单，制造和使用方便。

六、切削用量的选择

数控车削加工时，切削用量包括背吃刀量 a_p（即吃刀深度）、主轴转速 n 或切削速度 v（恒线速度切削时用）、进给速度 F 或进给量 f。选用这些参数时，应考虑机床给定的允许范围。

（一）切削用量的选用原则

切削用量选择得是否合理，对于能否充分发挥机床的潜力与刀具切削性能，实现优质、高产、低成本和安全操作具有很重要的作用。切削条件的三要素，即切削速度、进给量和切削深度，可直接引起刀具的损伤。伴随着切削速度的提高，刀尖温度会上升，会产生机械的、化学的、热的磨损。切削速度提高 20%，刀具寿命会减少 1/2。进给条件与刀具后面磨损关系在极小的范围内产生。但进给量大，切削温度上升，后面磨损大。它比切削速度对刀具的影响小。切削深度对刀具的影响虽然没有切削速度和进给量那么大，但在微小切削深度切削时，被切削材料产生硬化层，同样会影响刀具的寿命。

切削用量选用的原则如下。

1. 粗车时

首先考虑选择尽可能大的背吃刀量 a_p，其次选择较大的进给量 f，最后确定一个合理的切削速度 v，一般 v 较低。增大背吃刀量可使走刀次数减少，提高切削效率，增大进给

量有利于断屑。

2. 精车时

主要考虑的是加工精度和表面粗糙度要求，加工余量不会很大而且比较均匀，选择精车的切削用量时，应着重考虑如何保证加工质量，并在此基础上提高生产效率。因此，精车时应选用较小的背吃刀量（但不能太小）和进给量，并选用性能高的刀具材料和合理的几何参数，尽可能提高切削速度。

（二）切削用量的选用

1. 主轴转速或切削速度

主轴转速的选择应根据零件上被加工部位的直径、被加工零件和刀具的材料及加工性质等条件所允许的切削速度来确定。切削速度一般可查表或计算得到，当然也有很多情况下，根据编程人员的经验来选取。需要注意的是，车削螺纹时，车床的主轴转速将受到螺纹的螺距（或导程）大小、驱动电动机的升降频率特性及螺纹插补运算速度等多种因素影响，故对于不同的数控系统，推荐有不同的主轴转速选择范围。采用交流变频调速的数控车床低速时，输出力矩较小，因而切削速度不能太低。主轴转速与切削速度的关系如下：

$$n=\frac{1000v}{\pi d}$$

式中，n—— 主轴转速，r/min；

v—— 切削速度，m/min；

d—— 被加工部位的直径，mm。

在选用切削速度时，可参考表 5-1。

表 5-1　选用切削速度的参考表

零件材料	刀具材料	a_p			
		0.13 ~ 0.38	0.38 ~ 2.40	2.40 ~ 4.70	4.70 ~ 9.50
		f / (mm·r^{-1})			
		0.05 ~ 0.13	0.13 ~ 0.38	0.38 ~ 0.76	0.76 ~ 1.30
		v / (m·min^{-1})			
低碳钢	高速钢 硬质合金	215 ~ 365	70 ~ 90 165 ~ 215	45 ~ 60 120 ~ 165	20 ~ 40 90 ~ 120
中碳钢	高速钢 硬质合金	— 130 ~ 165	45 ~ 60 100 ~ 130	30 ~ 40 75 ~ 100	15 ~ 20 55 ~ 75
灰铸铁	高速钢 硬质合金	— 135 ~ 185	35 ~ 45 105 ~ 135	25 ~ 35 75 ~ 105	20 ~ 25 60 ~ 75

续表

零件材料	刀具材料	a_p			
		0.13 ~ 0.38	0.38 ~ 2.40	2.40 ~ 4.70	4.70 ~ 9.50
		f / ($mm \cdot r^{-1}$)			
		0.05 ~ 0.13	0.13 ~ 0.38	0.38 ~ 0.76	0.76 ~ 1.30
		v / ($m \cdot min^{-1}$)			
黄铜 青铜	高速钢 硬质合金	— 215 ~ 245	85 ~ 105 185 ~ 215	70 ~ 85 150 ~ 185	45 ~ 70 120 ~ 150
铝合金	高速钢 硬质合金	105 ~ 150 215 ~ 300	70 ~ 105 135 ~ 215	45 ~ 70 90 ~ 135	30 ~ 45 60 ~ 90

除了参考表 5–1 中数据外，还应考虑以下一些因素：

（1）工件材料强度、硬度较高时，应选用较低的切削速度；加工奥氏体不锈钢、钛合金和高温合金等难加工材料时，只能取较低的切削速度。

（2）刀具材料的切削性能越好，切削速度也选得越高，如硬质合金钢的切削速度比高速钢刀具的切削速度可高好几倍，涂层刀具的切削速度比未涂层刀具的切削速度要高，陶瓷、金刚石和 CBN 刀具可采用更高的切削速度。

（3）精加工时，选用的切削速度应尽量避开积屑瘤和鳞刺产生的区域；断续切削时，为了减少冲击和热应力，宜适当降低切削速度。在易发生振动的情况下，切削速度应避开自激振动的临界速度；加工大型工件、细长的和薄壁工件或带外皮的工件，应适当地降低切削速度。

2. 背吃刀量

切削加工一般分为粗加工、半精加工和精加工。粗加工（表面粗糙度 Ra 为 12.5 ~ 50.0 μm）时，在机床功率和刀具允许情况下，一次走刀应尽可能切除全部余量在中等功率机床上，背吃刀量可达 8 ~ 10 mm；半精加工（表面粗糙度 Ra 为 3.2 ~ 6.3 μm）时，背吃刀量取 0.5 ~ 2.0 mm；精加工（表面粗糙度 Ra 为 0.8 ~ 1.6 μm）时，背吃刀量取 0.05 ~ 0.40 mm。

3. 进给量 f 或进给速度 F

粗加工时，工件表面质量要求不高，但切削力很大，合理进给量的大小主要受机床进给机构强度、刀具强度与刚性、工件装夹刚度等因素的限制。精加工时，合理进给量的大小则主要受工件加工精度和表面粗糙度的限制。生产实际中多采用查表法确定进给量，可查阅相关手册。

任务四　数控车削常用的编程指令

一、数控车床的常用功能

（一）G 功能

数控车床常用的功能指令有 G 功能（准备功能）、M 功能（辅助功能）、F 功能（进给功能）、S 功能（主轴转速功能）、T 功能（刀具功能）。为使编制的程序具有通用性，ISO 组织和我国对某些指令做了统一的规定。表 5-2 为 JB 3208—83 标准规定的 FANUC 0i 系统常用 G 功能代码。

从表 5-2 中可以看出，该标准规定的 G 功能还有许多没有指定，也就是说，这一标准还有许多需要完善的地方。对于许多数控设备生产厂家来讲，除了标准规定的 G 功能外，还有很多 G 功能没有指定，这给编程者提供了很大的发挥空间。这样，编程人员在编程过程中就不得不熟悉多种数控系统的 G 功能。但是，只要掌握一种系统的 G 功能指令的用法，其他的也就容易掌握了。以 FANUC 0i 系统为主，介绍其指令的用法，该系统的 G 功能代码如表 5-2 所示。

表 5-2　FANUC 0i 系统常用 G 功能代码

G 代码			组	功能	G 代码			组	功能
A	B	C			A	B	C		
G00	G00	G00	01	* 快速点定位	G70	G70	G72	00	精加工循环
G01	G01	G01		直线插补	G71	G71	G73		外径 / 内径粗车复合循环
G02	G02	G02		顺时针圆弧插补	G72	G72	G74		端面粗车复合循环
G03	G03	G03		逆时针圆弧插补	G73	G73	G75		轮廓粗车复合循环
G04	G04	G04	00	暂停	G74	G74	G76	10	排屑钻端面孔（沟槽加工）
G10	G10	G10		可编程数据输入	G75	G75	G77		外径 / 内径钻孔循环
G11	G11	G11		可编程数据输入方式取消	G76	G76	G78		多头螺纹复合循环
G20	G20	G70	06	英制输入	G80	G80	G80		固定钻循环取消
G21	G21	G71		* 公制输入	G83	G83	G83		钻孔循环

续表

G 代码			组	功能	G 代码			组	功能
A	B	C			A	B	C		
G27	G27	G27	00	返回参考点检查	G84	G84	G84	10	攻丝循环
G28	G28	G28		返回参考点位置	G85	G85	G85		正面镗循环
G32	G33	G33	01	螺纹切削	G87	G87	G87		侧钻循环
G34	G34	G34		变螺距螺纹切削	G88	G88	G88		侧攻丝循环
G36	G36	G36	00	自动刀具补偿 X	G89	G89	G89		侧镗循环
G37	G37	G37		自动刀具补偿 Z	G90	G77	G20		外径 / 内径自动车削循环
G40	G40	G40	07	* 取消刀尖半径补偿	G92	G78	G21	01	螺纹自动车削循环
G41	G41	G41		刀尖半径左补偿	G94	G79	G24		端面自动车削循环
G42	G42	G42		刀尖半径右补偿	G95	G96	G96	02	恒线速度控制
G50	G92	G92	00	坐标系、主轴最大速度设定	G97	G97	G97		恒线速度取消
G52	G52	G52		局部坐标系设定	G98	G94	G94	05	每分钟进给
G53	G53	G53		机床坐标系设定	G99	G95	G95		* 每转进给
G54 ～ G59			14	选择工件坐标系 1 ～ 6	—	G90	G90	03	绝对值编程
G65	G65	G65	00	调用宏程序	—	91	G91		增量值编程

表 5–2 中的指令说明如下：

（1）表中的指令分为 A、B、C 三种类型，其中 A 类指令常用于数控车床，B、C 两类指令常用于数控铣床或加工中心，故这里介绍的是 A 类 G 功能。

（2）指令分为若干组别，其中 00 组为非模态指令，其他组别为模态指令。所谓模态指令，是指这些 G 代码不只在当前的程序段中起作用，而且在以后的程序段中一直起作用，直到有其他指令取代它为止。非模态指令则是指某个指令只是在出现这个指令的程序段内有效。

（3）同一组的指令能互相取代，后出现的指令取代前面的指令。因此，同一组的指令，如果出现在同一程序段中，最后出现的那一个才是有效指令。一般来讲，同一组的指令出现在同一程序段中是没有必要的。例如："G01 G00 X120 F100；" 表示刀具将快速定位到 *X* 坐标为 120 的位置，而不是以 100 mm/min 速度走直线到 *X* 坐标为 120 的位置。

（4）表中带 "*" 号的功能是指数控车床开机上电或按了 RESET 键后，即处于这样的功能状态。这些预设的功能状态，是由系统内部的参数设定的，一般都设定成表 5–2 的状态。

（二）M 功能

M 功能也称辅助功能，主要是命令数控车床的一些辅助设备实现相应的动作，数控车床常用的 M 功能如下。

1. M00——程序停止

数控程序中，当程序运行过程中执行到 M00 指令时，整个程序停止运行，主轴停止，切削液关闭。若要使程序继续执行，只需要按一下数控机床操作面板上的循环（CYCLE START）启动键即可。这一指令一般用于程序调试、首件试切削时检查工件加工质量及精度等需要让主轴暂停的场合，也可用于经济型数控车床转换主轴转速时的暂停。

2. M01——条件程序停止

M01 指令和 M00 指令类似，所不同的是：M01 指令使程序停止执行是有条件的，它必须和数控车床操作面板上的选择性停止键（OPT STOP）一起使用。若按下该键，指示灯亮，则执行到 M01 时，功能与 M00 相同；若不按该键，指示灯熄灭，则执行到 M01 时，程序也不会停止，而是继续往下执行。

3. M02——程序结束

该指令往往用于一个程序的最后一个程序段，表示程序结束。该指令自动将主轴停止、切削液关闭，程序指针（可以认为是光标）停留在程序的末尾，不会自动回到程序的开头。

4. M03——主轴正转

程序执行至 M03 指令，主轴正方向旋转（由尾座向主轴看时，逆时针方向旋转）。一般转塔式刀座，大多采用刀顶面朝下安装车刀，故用该指令。

5. M04——主轴反转

程序执行至 M04 指令，主轴反方向旋转（由尾座向主轴看时，顺时针方向旋转）。

6. M05——主轴停止

程序执行至 M05 指令，主轴停止，M05 指令一般用于以下一些情况：

①程序结束前（常可省略，因为 M02 和 M30 指令都包含 M05）。

②数控车床主轴换挡时，若数控车床主轴有高速挡和低速挡，则在换挡之前，必须使用 M05 指令，使主轴停止，以免损坏换挡机构。

③主轴正、反转之间的转换，也必须使用 M05 指令，使主轴停止后，再用转向指令进行转向，以免伺服电动机受损。

7. M08——冷却液开

程序执行至 M08 指令时，启动冷却泵，但必须配合执行操作面板上的 CLNT AUTO 键，使它的指示灯处于“ON”（灯亮）的状态，否则无效。

8. M09——冷却液关

M09 指令用于将冷却液关闭，当程序运行至该指令时，冷却泵关闭，停止喷冷却液这一指令常可省略，因为 M02、M30 指令都具有停止冷却泵的功能。

9. M3——程序结束并返回程序头

M30 指令功能与 M02 指令功能一样，也是用于整个程序结束。它与 M02 指令的区别是：M30 指令使程序结束后，程序指针自动回到程序的开头，以方便下一程序的执行，其他方面的功能与 M02 指令功能一样。

10. M98——调用子程序

程序运行至 M98 指令时，将跳转到该指令所指定的子程序中执行。

指令格式：M98 P______L______；

其中，P 为指定子程序的程序号；L 为调用子程序的次数，如果只有一次，则可省略。

11. M99——子程序结束返回 / 重复执行

M99 指令用于子程序结束，也就是子程序的最后一个程序段。当子程序运行至 M99 指令时，系统计算子程序的执行次数。如果没有达到主程序编程指定的次数，则程序指针回到子程序的开头继续执行子程序；如果达到主程序编程指定的次数，则返回主程序中 M98 指令的下一程序段继续执行。

M99 也可用于主程序的最后一个程序段，此时程序执行指针会跳转到主程序的第一个程序段继续执行，不会停止，也就是说程序会一直执行下去，除非按下 RESET 键，程序才会中断执行。

使用 M 功能指令时，一个程序段中只允许出现一个 M 指令，若出现两个，则后出现的那一个有效，前面的 M 功能指令被忽略。

例如：“G97 S2000 M03 M08；”程序段在执行时，冷却液会打开，但主轴不会正转。

（三）F、S、T 功能

1. F 功能

F 功能也称进给功能，一般 F 后面的数据直接指定进给速度，但是速度的单位有两种：一种是单位时间内刀具移动的距离；另一种是工件每旋转一圈，刀具移动的距离。

具体是何种单位，由 G98 和 G99 指令决定，前者指定 F 的单位为 mm/min，后者指定 F 的单位为 mm/r，两者都是模态指令，可以相互取代，如果某一程序没有指定 G98 或 G99 中的任何指令，则系统会默认一个，具体默认的是哪一个指令，由数控系统的参数决定，常用单位为 mm/min。

2. S 功能

S 功能也称主轴转速功能，它主要用于指定主轴转速。

指令格式：S______；

其中，S 后的数字即为主轴转速，单位为 r/min。例如：“M03 S1200；”表示程序命令机床，使其主轴以 1 200 r/min 的转速转动。

在具有恒线速度功能的机床上，S 功能指令还有如下作用：

（1）最高转速限制。

指令格式：G50 S______；

其中，S 后面的数字表示的是最高限制转速，单位为 r/min。

例如：“G50 S3000；”表示最高限制转速为 3 000 r/min。该指令能防止因主轴转速过高、离心力太大而产生危险及影响机床寿命。

（2）恒线速度控制。

格式：G96 S______；

其中，S 后面的数字表示的是恒定的线速度，单位为 m/min。

例如：“G96 S150；”表示切削点线速度控制在 150 m/min（图 5–5）。

为保持 A、B、C 各点的线速度在 150 m/min，则各点在加工时的主轴转速分别为

A : v =1 000 × 150（ π × 40）=1 194 r/min

B : v =1 000 × 150（ π × 50）=955 r/min

C : v =1 000 × 150（ π × 70）=682 r/min

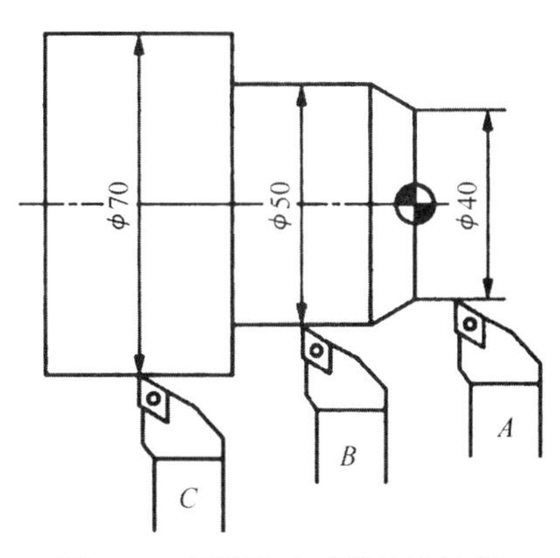

图 5–5　恒线速度时的转速计算

（3）恒线速度控制取消。

指令格式：G97 S______；

其中，S 后面的数字表示恒线速度控制取消后的主轴转速，如 S 未指定，将保留 G96 的最终值。

例如："G97 S3000；"表示恒线速度控制取消后主轴转速为 3 000 r/min。

3. T 功能

T 功能也称刀具功能，在数控车床上加工时，需尽可能采用工序集中的方法安排工艺。因此，往往在一次装夹下需要完成粗车、精车、车螺纹、切槽等多道工序。这时，需要给加工中用到的每一把刀分配一个刀具号（由刀具在刀座上的位置决定），通过程序来指

定所需要的刀具，机床就选择相应的刀具。

格式：T × × × ×

T 后面接四位数字，前两位数字为刀具号，后两位数字为补偿号。如果前两位数字为 00，表示不换刀；后两位数字为 00，表示取消刀具补偿。

例如：

T0414，表示换成 4 号刀，14 号补偿；

T0005，表示不换刀，采用 5 号补偿；

T0100，表示换成 1 号刀，取消刀具补偿。

二、常用指令及编程

（一）G50——工件坐标系设定指令

在编程前，一般首先确定工件原点，在 FANUC 0i 数控车床系统中，设定工件坐标系常用的指令是 G50。从理论上来讲，车削工件的工件原点可以设定在任何位置，但为了编程计算方便，编程原点常设定在工件的右端面或左端面与工件中心线的交点处。

指令格式：G50 X______Z______；

其中，X、Z 为当前刀尖（即刀位点）起始点相对于工件原点的 *X* 轴方向和 *Z* 轴方向的坐标，X 值常用直径值来表示。如图 5-6 所示，假设刀尖点相对于工件原点的 *X* 轴方向尺寸和 *Z* 轴方向尺寸分别为 30（直径值）和 50，则此时工件坐标系设定指令为 G50 X30 Z50。

执行上述程序段后，数控系统会将这两个值存储在它的位置寄存器中，并且显示在显示器上，这样就相当于在数控系统中建立了一个以工件原点为坐标原点的工件坐标系，也称为编程坐标系。

显然，如果当前刀具位置不同，所设定的工件坐标系也不同，即工件原点也不同。因此，数控机床操作人员在程序运行前，必须通过调整机床，将当前刀具移到确定的位置，这一过程就是对刀。对刀要求不一定十分精确，如果有误差，可通过调整刀具补偿值来达到精度要求。

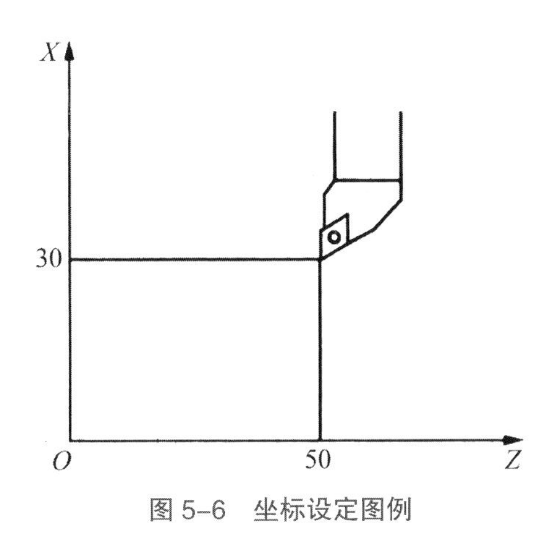

图 5-6　坐标设定图例

（二）G90、G91——绝对值编程与增量值编程指令

绝对值编程是指程序中每一点的坐标都从工件坐标系的坐标原点开始计算，而增量坐标值是指后一点的坐标相对于前一点来计算，即后一点的绝对坐标值减去前一点的绝对坐标值得到的增量。相应地，用绝对坐标值或增量坐标值进行编程的方法分别称为绝对值编程或增量值编程。

数控车床的绝对值编程与增量值编程指令通常有两种形式。

1. 用 G90 和 G91 指定绝对值编程与增量值编程

这两个指令在 FANUC 系统 B、C 两类指令中用到，A 类指令中的 G90 另有用途。其指令格式为 G90/G91。其中，G90 指定绝对值编程，G91 指定增量值编程。

2. 用尺寸字地址符指定绝对值编程与增量值编程

用这种方法指定绝对值编程与增量值编程时比较方便，如果尺寸字地址符为 X、Z，则其后的坐标为绝对坐标，如果尺寸字地址符为 U、W，则其后的坐标为增量坐标。

如图 5-7 所示，刀具从 *A* 点走到 *B* 点，编程如下。

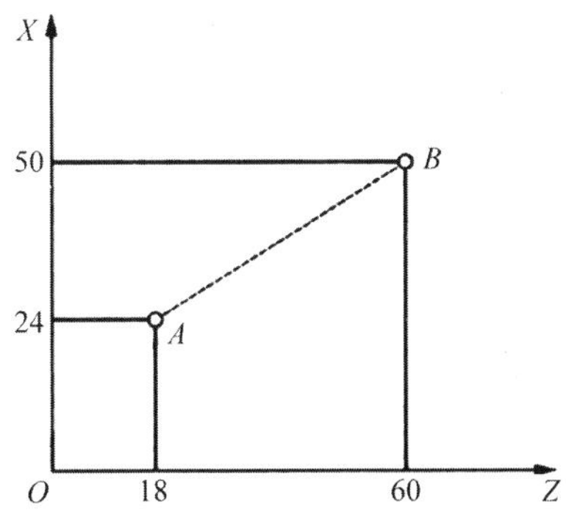

图 5-7　绝对值编程或增量值编程

绝对值编程：

G00 X50 Z60；

或 G90 G00 X50 Z60；

增量值编程：

G00 U26 W42；

或 G91 G00 U26 W42；

如果采用尺寸字地址符指定绝对值编程与增量值编程方式，还可以将绝对值编程与增量值编程两种方式混合起来，称为混合编程。采用混合编程如下：

G00 X50 W42；

或 G00 U26 Z60；

（三）G00——快速点定位指令

指令格式：G00 X（U）______Z（W）______；

其中，X（U）、Z（W）为移动终点，即目标点的坐标；X、Z 为绝对坐标；U、W 为增量坐标。

功能：指令刀具以机床给定的较快速度从当前位置移动到 X（U）、Z（W）指定的位置。

说明：

（1）G00 指令命令刀具移动时，以点位控制方式快速移动到目标点，其速度由数控系统的参数给定，往往比加工时的速度快得多。

（2）G00 只是命令刀具快速移动，并无轨迹要求，在移动时，多数情况下运动轨迹为一条折线，刀具在 *X*、*Z* 轴两个方向上以同样的速度同时移动，距离较短的那个轴先走完，然后再走剩下的一段。如图 5-8 所示，刀具使用 G00 命令从 A 点走到 B 点，真正的走刀轨迹为 A—C—B 折线，使用这一指令时一定要注意这一点，否则刀具和工件及夹具容易发生碰撞。

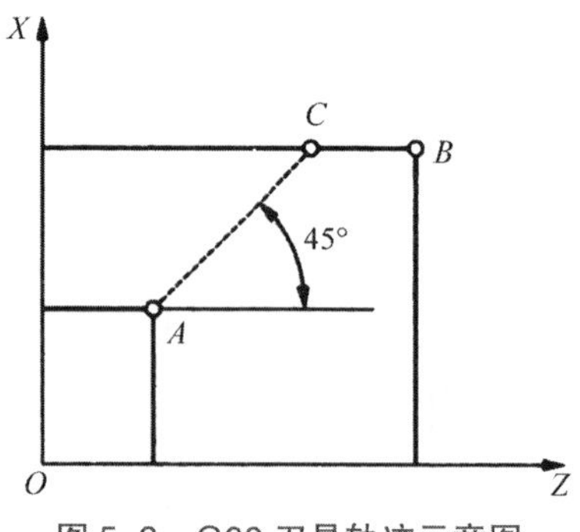

图 5-8　G00 刀具轨迹示意图

（3）G00 指令不能用于加工工件，只能用于将刀具从离工件较远的位置移到离工件较近的位置或从工件上移开。将刀具移近工件时，一般不能直接移到工件上，以免撞坏刀具，而是移到离工件表面 1 ～ 2 mm 的位置，以便下一步加工。

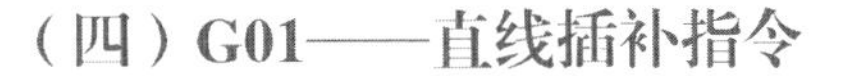

（四）G01——直线插补指令

指令格式：G01 X（U）______Z（W）______F______；

式中，X（U）、Z（W）为加工目标点的坐标，X、Z 为绝对坐标，U、W 为增量坐标；F 为加工时的进给速度或进给量。

功能：指令刀具以程序给定的速度从当前位置沿直线加工到目标位置，X、Z 为绝对坐标，U、W 为增量坐标，以后不再说明。

说明：

（1）G01 指令用于零件轮廓形状为直线时的加工，加工速度、背吃刀量等切削参数由编程人员根据加工工艺给定。

（2）给定加工速度 F 的单位有两种，如前所述。利用前面学习到的几个指令，进行一些简单形状的零件加工。

例：如图 5-9 所示的工件，不要求分粗、精加工，给定的原材料为 $\phi 62\times 80$，45# 钢，要求采用两把刀完成切削外圆与切断的工作，试编制其加工程序。

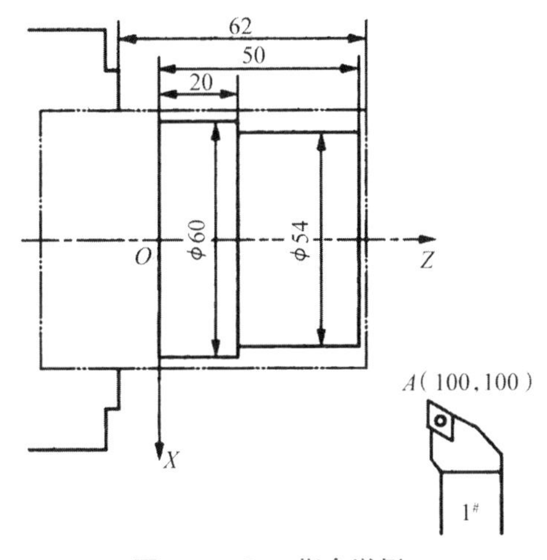

图 5-9　G01 指令举例

解给定的工件形状比较单一，加工余量也不大，但编程过程与复杂零件几乎是一样的。

（1）工艺分析。

零件形状不复杂，原材料长度也足够，直接将工件装夹在卡盘上即可，这里假设工件伸出卡盘的长度为 62 mm。

加工过程如下：

①车端面，用 1 号刀。

②车 $\phi 62$ 外圆，为便于切断，车削长度取 55 mm，此时余量为 $\phi 62-\phi 60=\phi 2$ mm，

单边只有 1 mm，因此一刀即可车削完成。

③车 ϕ54，余量为 ϕ60−ϕ54=ϕ6 mm，单边 3 mm，在不考虑精度的情况下可一刀车削完成，以上两步外圆车削也用 1 号刀。

④切断，用 2 号刀。

（2）程序。

基准刀为 1 号刀，起始位置在 A（100，100）处，坐标设置即工件的左端面。

00000

N10 G50 X100 Z100；（设定工件坐标系）

N20 M03 S650 T0101；（启动主轴，选 1 号刀，1 号补偿）

N30 G00 X64 Z50；（进刀至离外圆柱面 2 mm 处）

N40 G01 X0 F50；（车削端面）

N50 G00 X60；（退刀）

N60 G01 Z−5 F100；（车削 ϕ60 外圆柱面）

N70 G00 X62 Z52；（退刀）

N80 X54；（进刀至离端面 2 mm 处）

N90 G01 Z20；（车削 ϕ54 外圆柱面）

N100 G00 X100 Z100 M05；（退刀，停主轴）

N110 TO202；（换 2 号刀）

N120 M03 S200；（启动主轴）

N130 G00 X62Z−3；（进刀）

N140 G01 X0 F50；（切断）

N150 G00 X100 Z100；（退刀）

N160 T0100；（换回 1 号刀，取消刀具补偿）

N170 M30；（程序结束并返回程序头）

从以上程序可以看出，零件加工中的每一刀基本上都分三步进行，即进刀、加工、退刀。实际上不管多复杂的程序，加工过程都是这样进行的，只不过复杂程序的加工往往需要多个程序段才能完成。

G01 指令除了加工外圆之外，还可以进行切槽、倒角、加工锥度、车削内孔零件等，下面分别予以介绍。

①切槽。

如图 5−10 所示，此例中的零件比上例中的零件多一道 3 mm 宽的槽，则只需要在切

断之前，在程序段 N120 与 N130 之间安排如下的程序，即可完成切槽加工。

N122 G00 X62 Z20；（进刀）

N124 G01 X50 F50；（切槽）

N126 G04 P200；（暂停）

N128 G00 X62；（退刀）

②倒角。

如图 5-11 所示，车削一倒角，刀具从 *A*—*B*—*C* 进行加工，*B* 点距离端面 2 mm，*C* 点距离外圆柱面 1 mm（单边），则 *B*（26，32），*C*（36，27）。这一段程序如下：

N130 G00 X26 Z32；（*A* 至 *B*）

N132 G01 X36 Z27；（*B* 至 *C*）

N134 G00 X50 Z50；（*C* 至 *A*）

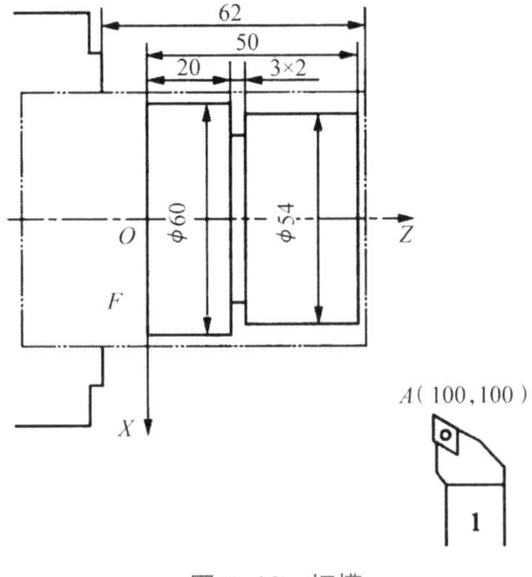

图 5-10　切槽

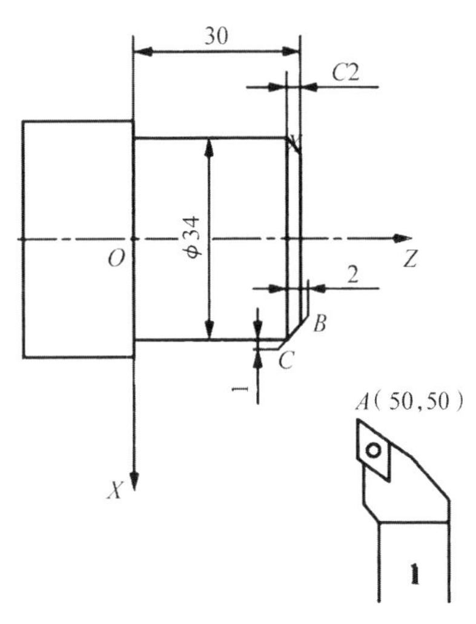

图 5-11　加工倒角示意图

（3）锥度车削

锥度车削需进行一定量的计算，过程并不复杂，只需用初等几何知识即可算出。如图 5-12 所示的锥度零件，需要加工，计算过程如下：

锥度端直径为 40 mm，小端直径为 20 mm，两者之差为 20 mm，单边为 10 mm。分两次车削完成，每次单边 5 mm。起始切削位置 *B*、*E* 距离端面 2 mm，车削结束位置距离外圆柱面 1 mm。根据三角形关系，可计算出 *DB*=6.5 mm，*BE*=5.5 mm，*DC*=13 mm，*CF*=11 mm。进一步计算出各点坐标为 *B*（29，22）、*C*（42，9）、*D*（42，22）、*E*（18，22）、*F*（42，-2），这里 X 均为直径量。程序如下：

N10 G00 X29 Z22；（*A* 至 *B*）

N20 G01 X42 Z9 F200；（*B* 至 *C*）

N30 G00 Z22；（*C* 至 *D*）

N40 X18；（*D* 至 *E*）

N50 G01 X42 Z-2；（*E* 至 *F*）

N60 G00 X50 Z50；（*F* 至 *A*）

（4）内孔车削。

如图 5-13 所示工件，给定材料外径 $\phi 36$，内径 $\phi 20$，编写车削内孔 $\phi 24$ 的程序。

选用镗孔刀进行车削，由于余量只有 4 mm，故一刀车削完成，零件编程坐标系如图 5-13 所示，程序如下：

N10 G00 X24 Z2；

N20 G01 Z-19；

N30 G00 X20 Z3；

N40 X50 Z50；

与车削外圆柱面不同的是，车削完内孔退刀时，由于刀具还处于孔的内部，不能直接退刀到加工的起始位置，必须先将刀具从孔的内部退出来后，再退回到起始位置。

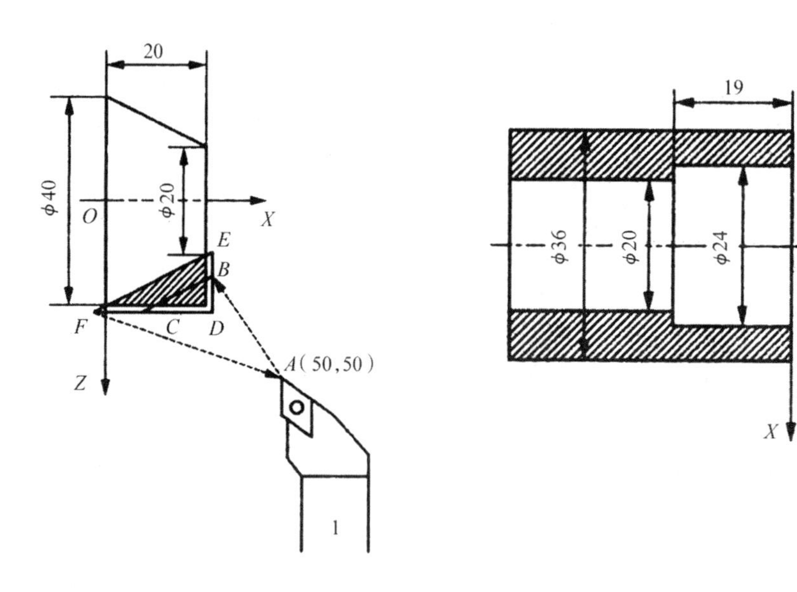

图 5-12　锥度车削　　　　图 5-13　内孔车削

（五）G02/G03——圆弧插补指令

指令格式：G02/G03 X（U）______Z（W）______I______K______F______；

或 G02/G03 X（U）______Z（W）______R______F______；

其中，X（U）、Z（W）为圆弧终点的坐标值，增量值编程时，坐标为圆弧终点相对圆弧起点的坐标增量；I、K 为圆心相对于圆弧起点的坐标增量；I 为 *X* 轴方向的增量；K

为 Z 轴方向的增量；R 为圆弧半径；F 为进给速度或进给量。

说明：

G02 为顺时针方向的圆弧插补，G03 为逆时针方向的圆弧插补。一般数控车床的圆弧，都是 XOZ 坐标面内的圆弧。判断是顺时针方向的圆弧插补还是逆时针方向的圆弧插补，应从与该坐标平面构成笛卡尔坐标系的 Y 轴的正方向沿负方向看，如果圆弧起点到终点为顺时针方向，这样的圆弧加工时用 G02 指令，反之，如果圆弧起点到终点为逆时针方向，则用 G03 指令。

（六）G04——暂停指令

指令格式：G04 X______（U______或 P______）；

其中，X（U 或 P）为暂停时间。

说明：

（1）在数控车床上，暂停指令 G04 一般有两种作用。一是加工凹槽时，为避免在槽的底部留下切削痕迹，用该指令使切槽刀在槽底部停留一定的时间；二是当前一指令处于恒切削速度控制，而后一指令需要转为恒转速控制且是加工螺纹指令时，往往在中间加一段暂停指令，使主轴转速稳定后加工螺纹。

（2）暂停指令可以有三种表示时间的方法，即在地址 X、U 或 P 后面接表示暂停时间的值。这些地址有以下区别。

① U 地址只用于数控车床，其他两个地址既可用于数控车床，也可用于其他数控机床。

②暂停时间的单位可以是 s 或 ms，一般 P 后面只可用整数时间，单位是 ms，X 后面的数既可用整数，也可带小数点，视具体的数控系统而定。当数值为整数时，其单位为 ms，如果数值带有小数点，则单位为 s，地址 U 和 X 一样，只不过它只用于数控车床。

③ X、U、P 三个地址，只要是跟在 G04 后面，都不会发生轴的运动，因为 G04 确定了它们的含义只能是表示时间。

如以下指令表示的暂停时间都是 2 s 或 2 000 ms。

G04 X2.0；

G04 X2000；

G04 P2000；

G04 U2.0；

（3）暂停时间的长短，一般很少超过一秒钟，以加工凹槽为例，车刀在槽底部停留的最短时间为主轴旋转一周所用的时间，设此时主轴转速为 500 r/min，则暂停最短时间为 T=60/500=0.12（s）。实际编程时，暂停时间只要比这一时间大即可，通常机床制造厂家会推荐比较合适的时间来完成这样的加工。

（4）暂停时，数控车床的主轴不会停止运动，但刀具会停止运动。

（七）刀尖半径补偿指令

1. 刀尖半径补偿的含义

在数控加工过程中，为了提高刀尖的强度，降低加工表面的粗糙度，将刀尖制成圆弧过渡。如图 5–14 所示，刀尖半径通常有 0.2 mm、0.4 mm、0.6 mm、0.8 mm、1.0 mm 等。如果为圆弧形刀尖，在对刀时就会成一个假想的刀尖，如图中的 O 点。在编程过程中，实际上是按假想刀尖的轨迹来走刀的。即在刀具运动过程中，实际上是图中的 O 点在沿着工件轮廓运动。这样的刀尖运动，在车削外圆、端面、内孔时，不会影响其尺寸，但是，如果加工锥面、圆弧面时就会产生少切或过切，如图 5–15 所示。

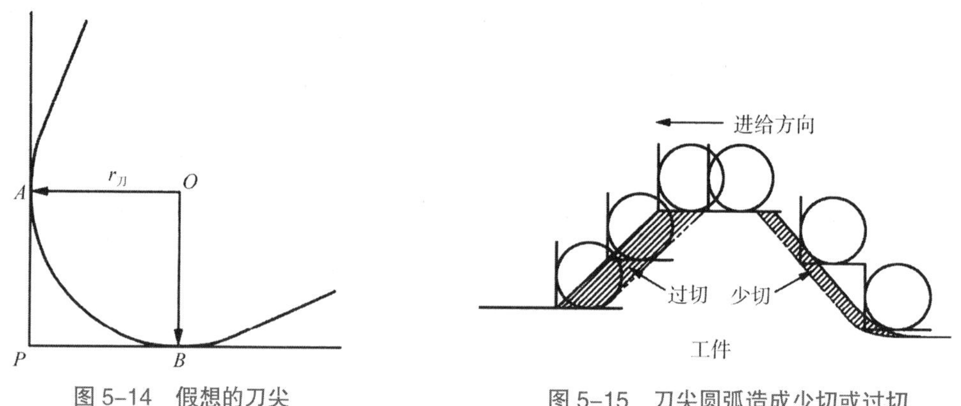

图 5–14　假想的刀尖

图 5–15　刀尖圆弧造成少切或过切

为了避免少切或过切，在数控车床的数控系统中引入半径补偿。所谓半径补偿是指事先将刀尖半径值输入到数控系统，在编程时指明所需要的半径补偿方式。数控系统在刀具运动过程中，根据操作人员输入的半径值及加工过程中所需要的补偿，进行刀具运动轨迹的修正，使之加工出所需要的轮廓。

这样，数控编程人员在编程时，按轮廓形状进行编程，不需要计算刀尖圆弧对加工的影响，提高了编程效率，减小了编程出错的概率。

2. 刀尖半径补偿指令 G41、G42、G40

G41、G42、G40 为刀尖半径补偿指令，G41 为刀尖半径左补偿，G42 为刀尖半径右补偿，G40 为取消刀尖半径补偿。判断是用刀尖半径左补偿还是用刀尖半径右补偿的方法如下：将工件与刀尖置于数控机床坐标系平面内，观察者站在与坐标平面垂直的第三个坐标的正方向位置，顺着刀尖运动方向看，如果刀具处于工件左侧，则用刀尖半径左补偿，即

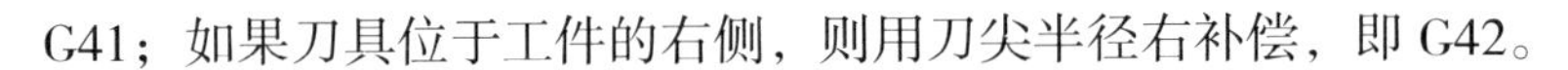
G41；如果刀具位于工件的右侧，则用刀尖半径右补偿，即 G42。

3. 刀尖半径补偿的建立与取消

刀尖半径补偿的过程分为三步：第一步是建立刀尖半径补偿，在加工开始的第一个程序段之前，一般用 G00、G01 指令进行补偿；第二步是刀尖补偿的进行，执行 G41 或 G42 指令后的程序，按照刀具中心轨迹与编程轨迹相距一个偏置量进行运动；第三步，本刀具加工结束后，用 G40 指令取消刀尖半径补偿。

使用刀尖半径补偿指令时必须注意：

（1）G41、G42 为模态指令。

（2）G41（或 G42）必须与 G40 成对使用，也就是说，当一个程序段用了 G41（或 G42）之后，在没有取消它之前，不能有其他的程序段再用 G41（或 G42）。

（3）建立或取消补偿的程序段，用 G01（或 G00）功能及对应坐标参数进行编程。

（4）G41（或 G42）与 G40 之间的程序段不得出现任何转移加工，如镜像、子程序加工等。

4. 车刀的形状和位置的确定

数控车床的车刀形状和位置多种多样，刀尖圆弧半径补偿时，还需要考虑刀尖位置。不同形状的刀具，刀尖位置也不同。因此，在数控车削加工时，如果进行刀尖半径补偿，必须将刀尖位置信息输入到计算机中。

5. 刀尖半径的输入

数控车床刀尖半径与刀具位置补偿放在同一个补偿号中，由数控车床的操作人员输入到数控系统中，这些补偿统称为刀具参数偏置量。同一把刀具的位置补偿和半径补偿应该存放在同一补偿号中，如图 5-16 所示。

图 5-16 中，NO. 对应的即为刀具补偿号，XAXIS、ZAXIS 即为刀具位置补偿值，RADIUS 为刀尖半径值，TIP 为刀具位置号。

OFFSET			O0004	M0050
NO.	XAXIS	ZAXIS	RADIUS	TIP
1	____	____	____	____
2	____	____	____	____
3	0.524	4.387	0.4	3
4	____	____	____	____
5	____	____	____	____
6	____	____	____	____
7	____	____	____	____

图 5-16　数控车床刀具偏置量参数设置

（八）与参考点有关的指令

所谓“参考点”是沿着坐标轴的一个固定点，其固定位置由 X 轴方向与 Z 轴方向的机械挡块及电动机零点（即机床原点）位置来确定，机械挡块一般设定在 X 轴、Z 轴正向最大位置。定位到参考点的过程称为返回参考点。由手动操作返回参考点的过程称为“手动返回参考点”。而根据规定的 G 代码自动返回零点的过程称为“自动返回参考点”。

当进行返回参考点的操作时，装在纵向和横向拖板上的行程开关碰到挡块后，向数控系统发出信号，由系统控制拖板停止运动，完成返回参考点的操作。

1. G27——返回参考点检查指令

指令格式：G27 X（U）______Z（W）______；

其中，X（U）、Z（W）为参考点在编程坐标系中的坐标；X、Z 为绝对坐标；U、W 为增量坐标。

数控机床通常是长时间连续工作的，为了提高加工的可靠性，保证零件的加工精度，可用 G27 指令来检查工件原点的正确性。该指令的用法如下：当执行完一次循环，在程序结束前，执行 G27 指令，则刀具将以快速定位移动方式自动返回机床的参考点。如果刀具能够到达参考点位置，则说明工件原点的位置是正确的，操作面板上的参考点返回指示灯会亮；若刀具不能到达参考点位置，则说明工件原点的位置不正确，且在某一轴上有误差时，该轴对应的指示灯不亮，且系统自动停止程序的运行，发出报警提示。

使用这一指令时，若先前使用 G41 或 G42 指令建立了刀尖半径补偿，则必须用 G40 取消后才能使用，否则会出现不正确的报警。

2. G28——自动返回参考点指令

指令格式：G28 X（U）______Z（W）______；

其中，X（U）、Z（W）为中间点的坐标位置。

说明：

这一指令与 G27 指令不同，不需要指定参考点的坐标，有时为了安全起见，指定一个刀具返回参考点时经过的中间位置坐标。G28 的功能是使刀具以快速定位移动的方式，经过指定的中间位置，返回参考点。

3. G29——从参考点返回指令

指令格式：G29 X______Z______；

其中，X、Z 为刀具返回目标点时的坐标。

说明：

G29 指令的功能是命令刀具经过中间点到达目标点指定的位置，这一指令所指的中间点是指 G28 指令中所规定的中间点。因此，在使用这一指令之前，必须保证前面已经用过 G28 指令，否则 G29 指令不知道中间点的位置，会发生错误。

（九）自动倒角、倒圆角指令

G01 指令除了用于加工直线，还可以进行自动倒角或倒圆角的加工，用这样的指令可以简化编程。

1. 45° 倒角

（1）由轴向切削向端面切削倒角，即由 Z 轴向 X 轴倒角。

指令格式：G01 Z（W）______I ± i F______；

其中，Z（W）为图 5–17（a）中 b 点的 Z 轴方向坐标，增量值则用 W；i 为 X 轴方向的倒角长度，其正负根据倒角是向 X 轴正方向还是负方向，如果向 X 轴正方向倒角，则取正值，反之取负值；F 为倒角时的进给速度或进给量。

（2）由端面切削向轴向切削倒角，即由 X 轴向 Z 轴倒角。

指令格式：G01X（U）______K ± k F______；

其中，X（U）为图 5–17（b）中 b 点的 X 轴方向坐标，增量值则用 U；k 为 Z 轴方向的倒角长度，其正负根据倒角是向 Z 轴正方向还是负方向，如果向 Z 轴正方向倒角，则取正值，反之取负值；F 为倒角时的进给速度或进给量。

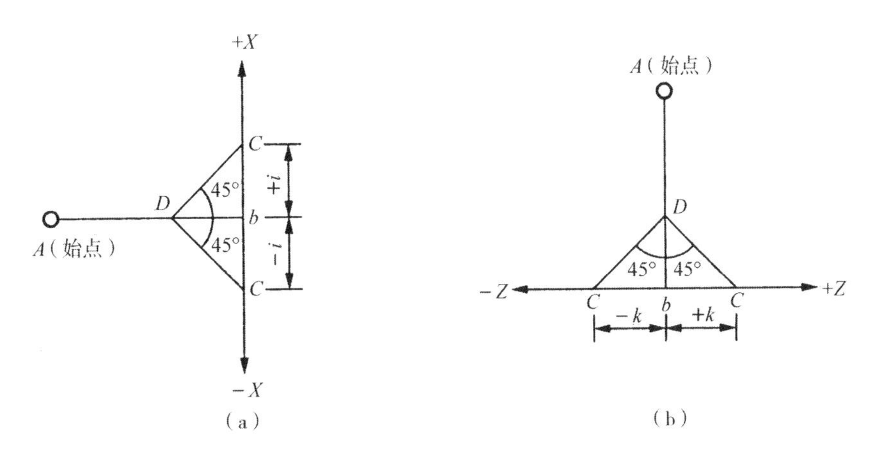

图 5–17　45° 倒角

（a）45° 倒角指令（1）；（b）45° 倒角指令（2）

2. 倒圆角

（1）由轴向切削向端面切削倒圆角，即由 Z 轴向 X 轴倒圆角。

指令格式：G01 Z（W）______R ± r F______；

其中，Z（W）为图 5–18（a）中 b 点的 Z 轴正方向坐标，增量值则用 W；r 为倒圆角时的半径值，其正负根据倒圆角是向 X 轴正方向还是负方向，如果向 X 轴正方向倒圆角，则取正值，反之取负值；F 为倒圆角时的进给速度或进给量。

（2）由端面切削向轴向切削倒圆角，即由 X 轴向 Z 轴倒圆角。

指令格式：G01 X（U）______R ± r F______；

其中，X（U）为图 5-18（b）中 b 点的 X 轴正方向坐标，增量值则用 U；r 为倒圆角时的半径值，其正负根据倒圆角是向 Z 轴正方向还是负方向，如果向 Z 轴正方向倒圆角，则取正值，反之取负值；F 为倒圆角时的进给速度或进给量。

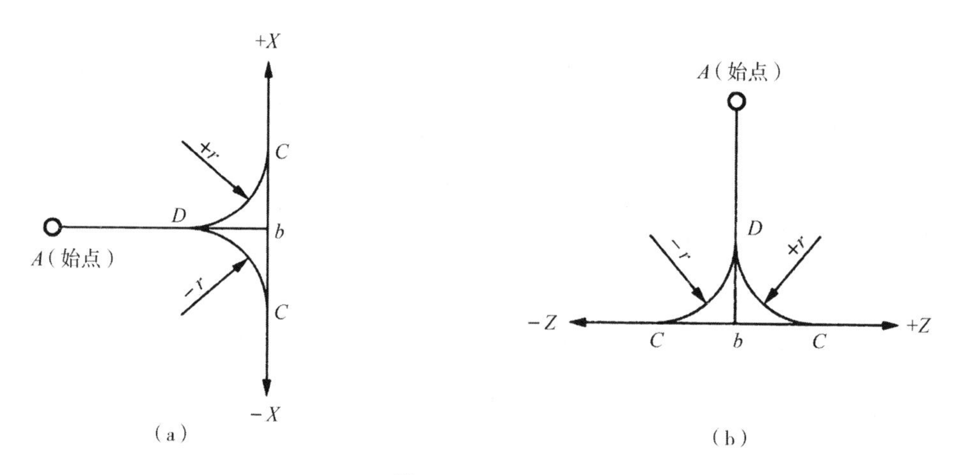

图 5-18 倒圆角

（a）45° 倒角图例 1；（b）45° 倒角图例 2

（十）G32——螺纹切削指令

1. 螺纹加工概述

螺纹加工是数控车床的基本功能之一，加工类型包括：内（外）圆柱螺纹和圆锥螺纹、单线螺纹和多线螺纹、恒螺距螺纹和变螺距螺纹。数控车床加工螺纹的指令主要有三种：单一螺纹加工指令、单循环螺纹加工指令、复合循环螺纹加工指令。因为螺纹加工时，刀具的走刀速度与主轴的转速要保持严格的关系，所以数控车床要实现螺纹加工，必须在主轴上安装测量系统。不同的数控系统，螺纹加工指令也不尽相同，在实际使用时应按机床的要求进行编程。

在数控车床上加工螺纹，有两种进刀方法：直进法和斜进法。以普通螺纹为例，如图 5-19 所示，直进法是从螺纹牙沟槽的中间部位进刀，每次切削时，螺纹车刀两侧的切削刃都受切削力，一般螺距小于 3 mm 时，可用直进法加工。用斜进法加工时，从螺纹牙沟槽的一侧进刀，除第一刀外，每次切削只有一侧的切削刃受切削力，有助于减轻负载，一般螺距大于 3 mm 时，可用斜进法进行加工。

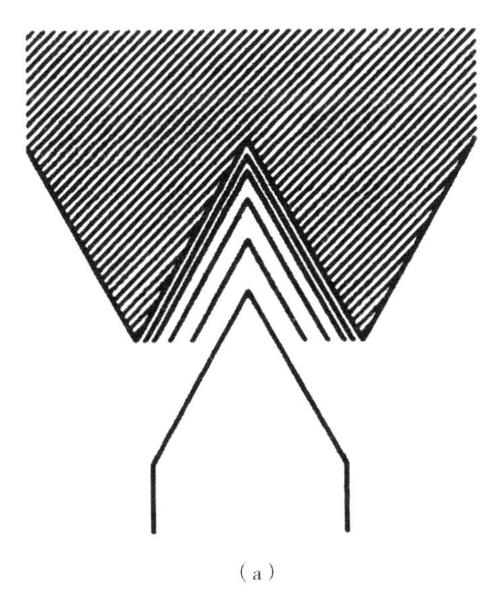
（a）

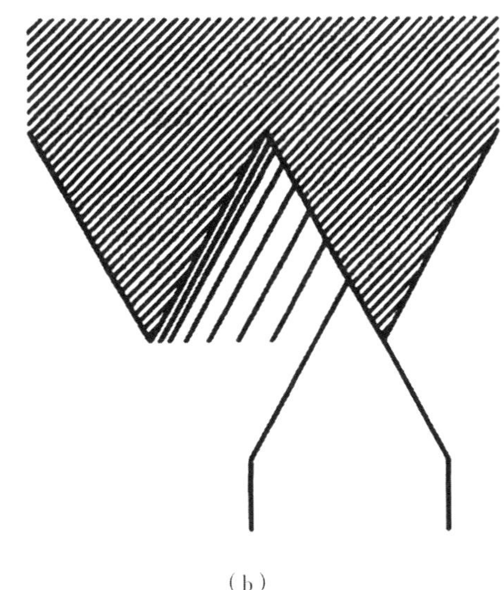
（b）

图 5-19　螺纹加工方法

（a）直进法；（b）斜进法

螺纹加工时，不可能一次就将螺纹牙沟槽加工成要求的形状，总是采取多次切削，在切削时应遵循“后一刀的切削深度不应超过前一刀的切削深度”的原则。也就是说，切削深度逐次减小目的是使每次切削面积接近相等。多线螺纹加工时，先加工好一条螺纹，然后再向进给移动一个螺距，加工第二条螺纹，直到全部加工完为止。

2. 螺纹加工过程中的相关计算

螺纹加工之前，需要对一些相关尺寸进行计算，以确保车削螺纹的程序段中的有关参考量。

车削螺纹时，车刀总的切削深度是螺纹的牙型高度，即螺纹牙顶到螺纹牙底间沿径向的距离。实际加工时，由于螺纹车刀刀尖半径的影响，实际切削深度有变化。外螺纹加工中，径向起点（编程大径）的确定决定于螺纹的大径。

3. 螺纹加工过程中的引入距离和超越距离

在数控车床上加工螺纹时，沿着螺距方向（Z 方向）的进给速度与主轴转速必须保证严格的比例关系，但是螺纹加工时，刀具起始时的速度为零，不能和主轴转速保证一定的比例关系。在这种情况下，当刚开始切入时，必须留一段切入距离，称为引入距离。同样的道理，当螺纹加工结束时，必须留一段切出距离。

4. 螺纹加工指令 G32

指令格式：G32 X（U）______Z（W）F______；

其中，X（U）、Z（W）为螺纹切削终点的坐标值；F 为螺纹导程，mm/r。

说明：

① G32 指令为单行程螺纹切削指令，即每使用一次，切削一刀。

②在加工过程中，要将引入距离 δ_1 和超越距离 δ_2 编入到螺纹切削中，如果螺纹切削收尾处没有退刀槽，一般按 45° 方向退出。

③ *X* 坐标省略或与前一程序段相同时为圆柱螺纹，否则为锥螺纹。

④螺纹切削时，一般使用恒转速度切削（G97 指令）方式，不使用恒线速度切削（G96 指令）方式，否则，随着切削点的直径减小（增大），转速会增大（减小），这样会使 F 指定的导程发生变化（因为 F 和转速会保证严格的比例关系），从而发生乱牙。

⑥螺纹切削时，为保证螺纹加工质量，一般采用多次切削方式。

三、循环指令及编程

前面所介绍的 G00、G01、G02、G03、G32 等指令，每个指令只是命令刀具完成一个加工动作。为了提高编程效率，缩短程序长度，减少程序所占内存，各类数控系统均采用循环指令，将多个动作集中用一条指令完成。下面介绍 FANUC 数控系统用于车床的循环指令。

（一）单循环指令

单循环指令完成四步动作，即“进刀—加工—退刀—返回”，刀具的循环起始位置也是循环的终点。

1. G90——内径 / 外径自动车削循环指令

指令格式：G90 X（U）______Z（W）______R______F______;

式中，X（U）、Z（W）为切削循环终点的坐标；R 为圆锥面切削起始点与终点的半径之差；F 为切削速度。

说明：

①内径/外径自动车削循环如图 5-20 所示，图中，*A* 点为循环起点同时也是循环的终点，*B* 点是切削终点。整个循环过程 1 为进刀，2 为切削，3 为退刀，4 为返回，第二步的切削速度为格式中 F 指定的速度，其他三步的速度则采用快速移动的速度。

②格式中的坐标值是图中 *B* 点的坐标值。

③ *R* 为锥面切削的起点与终点（即 *B* 点）的半径之差，如果切削普通的直圆柱，如图 5-20（a）所示，则省略 *R*，有些数控系统中，将半径 *R* 写成 *I*。

④如果被加工部位的总切削深度比较厚，可以多次使用这个指令进行加工。

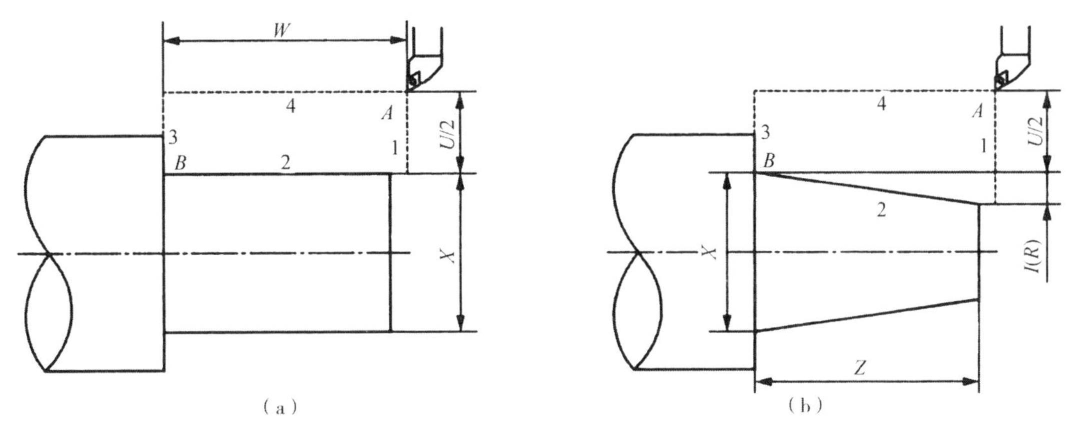

图 5-19 内径 / 外径自动车削循环

（a）切削普通的直圆柱，步骤 1；（b）切削普通的直圆柱，步骤 2

例：如图 5-21 所示的工件，试分别用 G90 指令编程加工圆柱和锥度，设刀具起始点位于（200，180）。

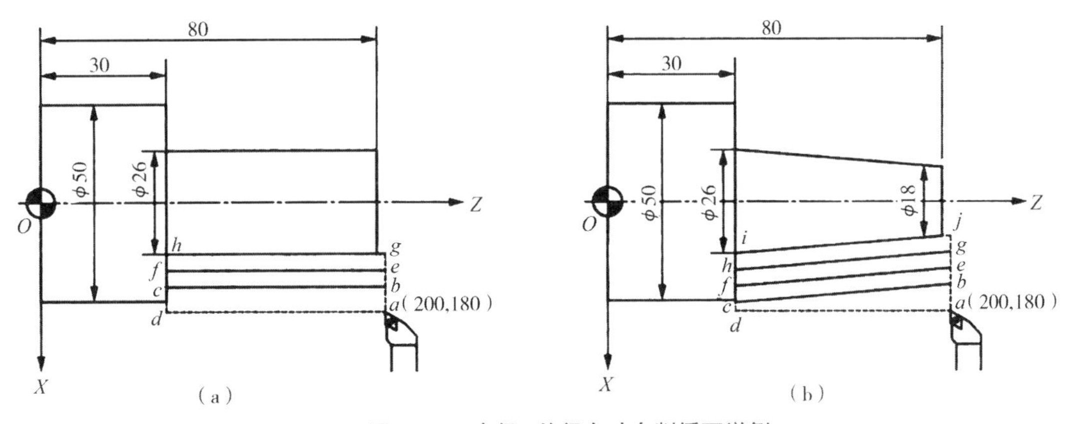

图 5-21 内径 / 外径自动车削循环举例

（a）圆柱加工；（b）锥度加工

解：圆柱加工；

总切削深度 =（50–26）/2=12（mm），分三次切削完成，每次 4 mm。

程序如下：

01008（程序名）

N10 G50 X200 Z180 TO100；（坐标系设定，选用 1 号刀）

N20 M03 S1500；（启动主轴）

N30 TO101；（建立刀具补偿）

N40 G00 X52 Z80；（进刀至循环起点）

N50 G90 X42 Z30 F200；（加工第一刀 $a \to b \to c \to d \to a$）

N60 X34；（加工第二刀 $a \to e \to f \to d \to a$）

N70 X26；（加工第三刀 $a \to g \to h \to d \to a$）

N80 G00 X200 Z180 T0000；（返回起始位置，取消刀具补偿）

N90 M30；（程序结束并返回程序头）

锥度加工：

零件存在锥度，总的切削深度为（50–18）/2=16（mm），分四刀加工，每刀切削深度为 4 mm，其中每一刀的切削深度逐渐减小。这样，切削终点分别在图中 c、f、h、i 处，其 X 坐标分别是 50、42、34、26。在计算 R 值时，考虑到循环起始位置距工件端面有一段距离（这里取 2 mm），所以不能以工件小端直径来计算，而是需要用初等数学知识进行计算，这里 R=（8/50）×（50+2）=8.32（mm），切削是从小端开始的，所以 R 在编程时应取负值。

程序如下：

03020

N10 G50 X200 Z180 T0100；（建立坐标系）

N20 M03 S1500；（启动主轴）

N30 T0101；（建立刀具补偿）

N40 G00 X52 Z82；（进刀至循环起点）

N50 G90 X50 Z30R–8.32 F200；（加工第一刀 $a \to b \to c \to d \to a$）

N60 X42；（加工第二刀 $a \to e \to f \to d \to a$）

N70 X34；（加工第三刀 $a \to g \to h \to d \to a$）

N80 X26；（加工第四刀 $a \to j \to i \to d \to a$）

N90 G00 X200 Z180 T0000；（返回起始位置，取消刀具补偿）

N100 M30；（程序结束并返回程序头）

2. G94——端面自动车削循环指令

指令格式：G94 X（U）______Z（W）______R______F______；

式中，X（U）、Z（W）为切削循环终点的坐标；R 为端面切削起始点与终点在 Z 轴方向的坐标增量；F 为切削速度。

说明：

① G94 指令与 G90 指令的不同之处在于，G94 是 Z 轴方向进刀，X 轴方向切削，循环过程如图 5–22 所示，经过“1 进刀—2 加工—3 退刀—4 返回”四个步骤完成一个循环，循环起点也是循环终点。

②格式中 X（U）、Z（W）坐标是指图中 B 点坐标。

③ R 值如图 5-22（b）所示，如果没有锥度，则 R 省略，有的系统中 R 写成 K。

④如果被加工部位的总切削深度比较厚，也必须分多刀加工。

⑤ G90 一般用于被加工部位的 Z 轴方向的量比 X 轴方向的量大的场合，而 G94 指令则相反。

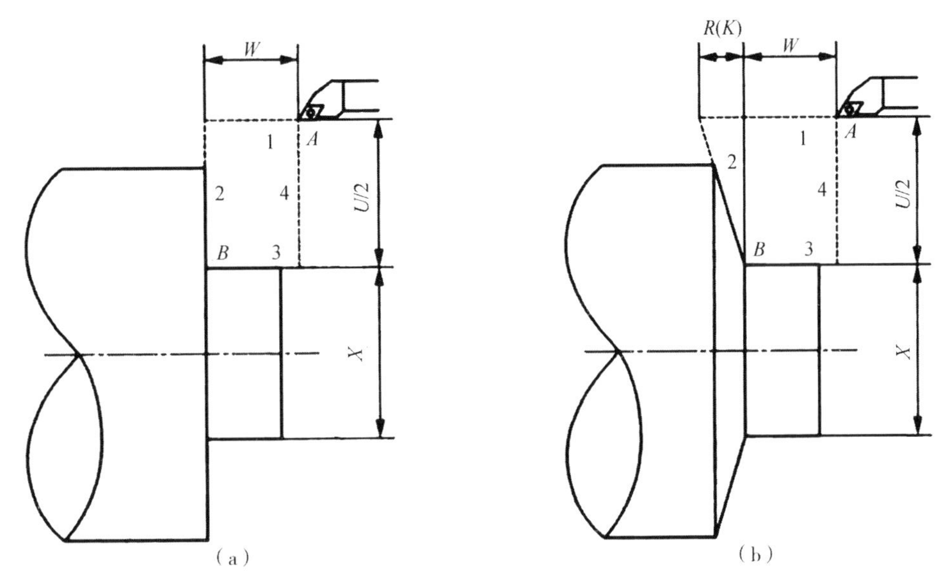

图 5-21　端面切削循环指令

（a）循环过程 1；（b）循环过程 2

例：如图 5-23 所示的零件，试用 G94 指令完成端面的加工。

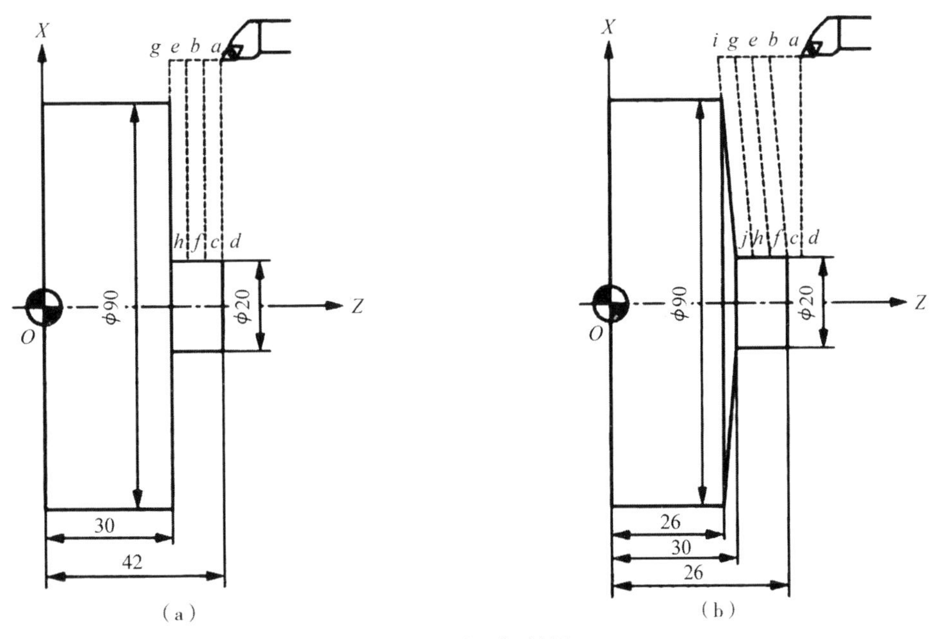

图 5-23　端面切削循环

（a）例图 1；（b）例图 2

对于图 5–23（a），要加工的量，*X* 轴方向为 35 mm（半径值），*Z* 轴方向为 12 mm，*X* 轴方向比较大，采用 G94 指令效率比较高，*Z* 轴方向的加工量为 12 mm，分三刀加工完毕，每刀 4 mm。

程序如下：

03032

N10 G50 X100 Z200 T0100；（设定坐标系，选用 1 号刀）

N20 M03 S1000；（启动主轴）

N30 T0101；（建立刀具补偿）

N40 G00 X94 Z42；（进刀）

N50 G94 X20 Z38 F200；（循环加工第一刀）

N60 Z34；（循环加工第二刀）

N70 Z30；（循环加工第三刀）

N80 G00 X100 Z200 T0000；（返回，取消刀具补偿）

N90 M30；（程序结束并返回程序头）

对于图 5–23（b），由于有锥度，*Z* 轴方向的切削量增大，分四刀切削，刀具离工件外圆面 2 mm，在计算锥度时要将这一距离考虑进去，得到 *R*（或 *K*）值为 –4.229。

03013

N10 G50 X100 Z200 T0100；（设定坐标系，选用 1 号刀）

N20 M03 S1000；（启动主轴）

N30 T0101；（建立刀具补偿）

N40 G00 X94 Z44；（进刀）

N50 G94 X20 Z42 R–4.229；（循环加工第一刀）

N60 Z38；（循环加工第二刀）

N70 Z34；（循环加工第三刀）

N80 Z30；（循环加工第四刀）

N90 G00 X100 Z200 T0000；（返回，取消刀具补偿）

N100 M30；（程序结束并返回程序头）

3. G92——螺纹自动车削循环指令

指令格式：G92 X（U）______Z（W）______I______F______；

式中，X（U）、Z（W）为螺纹切削终点的坐标值；I 为螺纹起始点与终点的半径差，如果为圆柱螺纹则省略此值，有的系统也用 R；F 为螺纹的导程，即加工时的每转进给量。

说明：

①用G92指令加工螺纹时，一个指令完成四步动作“1进刀—2加工—3退刀—4返回”，除加工外，其他三步的速度为快速进给的速度。

②用G92指令加工螺纹时的计算方法同G32指令。

③格式中的X（U）、Z（W）为图中B点坐标。

（二）复合循环指令

单一循环每一个指令命令刀具完成四个动作，虽然能够提高编程效率，但对于切削量比较大或轮廓形状比较复杂的零件，这样一些指令还是不能显著地减轻编程人员的负担。为此，许多数控系统都提供了更为复杂的复合循环。不同数控系统，其复合循环格式也不一样，但基本的加工思想是一样的，即根据一段程序来确定零件形状（称为精加形状程序），然后由数控系统进行计算，从而进行粗加工。这里介绍FANUC数控系统用于车床的复合循环。

FANUC数控系统的复合循环有两种编程格式，一种是用两个程序段完成粗加工，另一种是用一个程序段完成粗加工。具体用哪一种格式，取决于所采用的数控系统。

1. G7——内径/外径粗车复合循环

格式一：G71 U（△d）R（e）；

G71P（ns）Q（nf）U（△u）W（△w）F（f）S（s）T（t）；

格式二：G71P（ns）Q（nf）U（△u）W（△w）D（△d）F（f）S（s）T（t）；

其中，△d为粗车时每一刀切削时的背吃刀量，即*X*轴方向的进刀，以半径值表示，一定为正值；e为粗车时每一刀切削完成后在*X*轴方向的退刀量；ns为精加工形状程序的第一个程序段段号；nf为精加工形状程序的最后一个程序段段号；△u为粗车时，*X*轴方向的切除余量（半径值）；△w为粗车时，*Z*轴方向的切除余量；f为粗车时的进给速度或进给量；s为粗车时的主轴转速；t为粗车加工时调用的刀具。

说明：

①G71循环过程如图5-24所示，刀具起始点位于*A*，循环开始时由*A*至*B*为留精车余量，然后，从*B*点开始，进刀△*d*的深度至*C*，然后切削，碰到给定零件轮廓后，沿45°方向退出，当*X*轴方向的退刀量等于给定量*e*时，沿水平方向退出至*Z*轴方向坐标与*B*相等的位置，然后再进刀切削第二刀……如此循环，加工到最后一刀时刀具沿着留精车余量后的轮廓切削至终点，最后返回到起始点*A*。

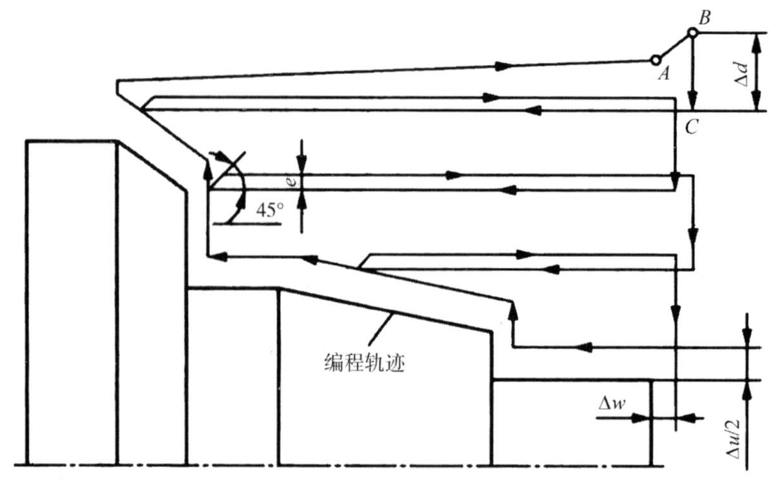

图 5-24　G71 内径 / 外径粗车复合循环

② G71 循环中，F 指定的速度是指切削的速度，其他过程如进刀、退刀、返回等的速度均为快速进给的速度。

③有的 FANUC 数控系统中，由 ns 指定的程序段只能编写成“G00X（U）______；”或“G01 X（U）______；”，不能有 Z 轴方向的移动，这样的循环称为Ⅰ类循环。而有的数控系统中没有这个限制，称为Ⅱ类循环。同样，对于零件轮廓，Ⅰ类循环要求零件轮廓形状只能逐渐递增（或递减），也就是说形状轮廓不能有凹坑，而Ⅱ类循环允许有一个坐标轴方向出现增减方向的改变。

④格式中的 S、T 功能如在 G71 指令所在的程序段中已经设定，则可省略。格式二中没有每次切削后的退刀量，此值由数控系统设定。

⑤ ns 与 nf 之间的程序段中设定的 F、S 功能在粗车时无效。

2. G72——端面粗车复合循环指令

格式一：G72 W（△ *d*）R（*e*）；

G72 P（ns）Q（nf）U（△ u）W（△ w）F（f）S（s）T（t）；

格式二：G72 P（ns）Q（nf）U（△ u）W（△ w）D（△ *d*）F（f）S（s）T（t）；

其中，△ *d* 为粗车时每一刀切削时的背吃刀量，即 *Z* 轴方向的进刀；*e* 为粗车时，每一刀切削完成后在 *Z* 轴方向的退刀量。其他参数与 G71 相同。

说明：

①与 G71 循环指令相似，G72 指令的循环过程如图 5-25 所示，不同的是，G72 指令的进刀是沿着 *Z* 轴方向进行的，刀具起始点位于 *A*，循环开始时，由 *A* 至 *B* 为留精车余量，然后，从 *B* 点开始，进刀△ *d* 的深度至 *C*，然后切削，碰到给定零件轮廓后，沿 45° 方向退出，当 *Z* 轴方向的退刀量等于给定量 *e* 时，沿竖直方向退出至 *X* 轴方向坐标与 *B* 相等

的位置，然后再进刀切削第二刀……如此循环，加工到最后一刀时刀具沿着留精车余量后的轮廓切削至终点，最后返回起始点 *A*。

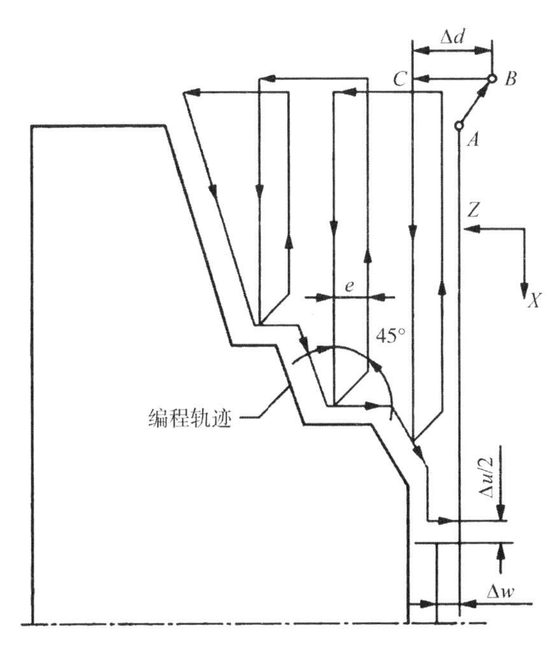

图 5-25　G72 端面粗车复合循环

②与 G71 相同，G72 循环中，F 指定的速度是指切削的速度，其他过程如进刀、退刀、返回等的速度均为快速进给的速度。

③ Ⅰ类循环中，由 ns 指定的程序段只能编写成："G00 Z（W）；"或"G01 Z（W）"，不能有 *X* 轴方向的移动，Ⅱ类循环没有这个限制。同样，对于零件轮廓，Ⅰ类循环要求零件轮廓形状只能逐渐递增（或递减），也就是说形状轮廓不能有凹坑，而Ⅱ类循环允许有一个坐标轴方向出现增减方向的改变。

④格式中的 S、T 功能如在 G71 指令所在的程序段中已经设定，则可省略。格式二中没有每次切削后的退刀量，此值由数控系统设定。

⑤ ns 与 nf 之间的程序段中设定的 F、S 功能在粗车时无效。

⑥当零件沿轴线方向的加工余量大于径向方向的加工余量时，用 G71 指令粗车效率比较高；反之，用 G72 指令粗车效率较高。当然，由于切削方向不同，两个指令所使用的刀具一般都不一样。

四、子程序

在数控编程过程中，通常会遇到零件的结构有相同部分，这样程序中也有重复程序段。

如果能把相同部分单独编写一个程序，在需要用的时候进行调用，就会使整个程序变得简洁。这种单独编写的程序称为子程序，调用子程序的程序称为主程序。

（一）子程序的功能

使用子程序可以减少不必要的重复，从而达到简化编程的目的，将子程序存储于数控系统内，主程序如果需要某一子程序，可以通过调用来完成。一个子程序还可以调用另一个子程序，称为子程序的嵌套，具体能嵌套多少级，不同的数控系统有不同的规定。

（二）子程序调用的格式

在主程序中，调用子程序的指令是一个程序段，其格式由具体的数控系统而定。

FANUC 系统子程序调用的格式如下：

M98P××××L××××；

说明：

M98 为子程序调用功能，地址 P、L 后面接四位数字，P 后面的数字表示子程序的程序号，L 后面的数字为重复调用次数，若调用次数为一次，则省略 L。

（三）子程序的结束与返回

子程序的结束与主程序不同，最后一个程序段用 M99 结束。子程序调用结束后，一般情况下，返回主程序调用程序段的下一程序段。

1. 简述数控车床的结构及加工特点。

2. 数控车床常用的定位方法有哪些？

3. 数控机床上加工零件与普通机床加工相比，加工工序划分特点及原则有哪些？

4. 加工如图 5–26 所示的 M30×2–6 g 普通圆柱螺纹，外径已经车削完成，设螺纹牙底半径 R=0.2 mm，车螺纹时的主轴转速 n=1 500 r/min，用 G32 指令编程。

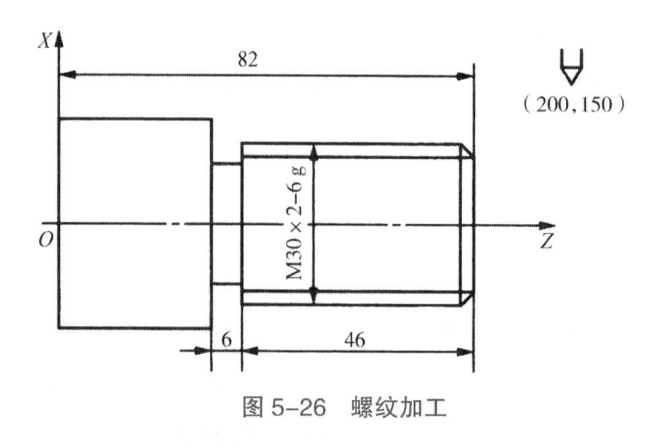

图 5–26　螺纹加工

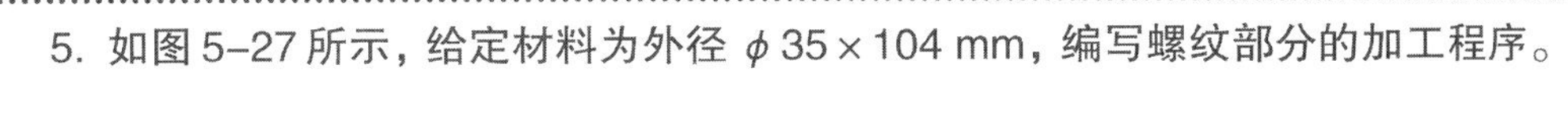

5. 如图 5–27 所示，给定材料为外径 ϕ 35 × 104 mm，编写螺纹部分的加工程序。

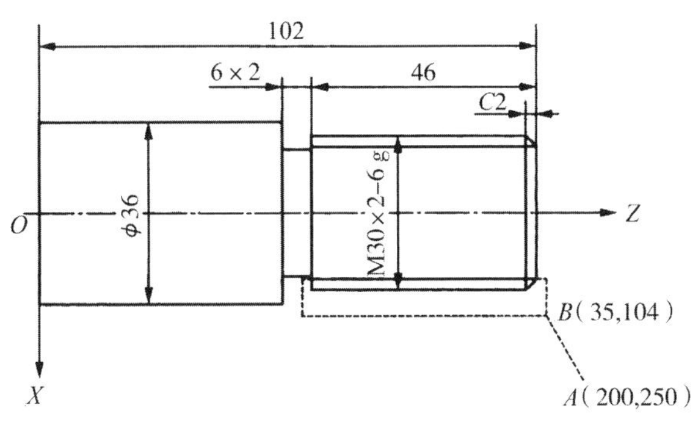

图 5–27　螺纹自动车削循环

项目六 模具数控铣削加工

导　读

数控铣床/加工中心是目前使用非常广泛的一类数控机床，了解这类机床的结构、性能特点、类型，是充分发挥机床潜能、高效使用机床的前提；而掌握机床的安全操作规程及日常维护方法，是确保机床正常运行的关键。模具零件大都用刀具切削成型，刀具在工件表面上连续切削要有主运动和进给运动。普通铣床是固定在主轴上的刀具随主轴作回转主运动，装夹在工作台上的工件由手工操作相对刀具作三维进给运动进行切削。通过本项目的学习训练，学习者可以对模具数控的铣削加工有一个新的认识。

学习目标

1. 了解数控铣床的基础知识；
2. 掌握数控铣床面板功能；
3. 学习数控铣床手动操作与试切削；
4. 掌握数控铣削程序的输入与编辑。

任务一　数控铣削加工机床结构及加工特点

一、结构分类

（一）数控铣床分类

数控铣床的加工，就是按普通机床切削模式用旋转伺服电动机通过传动精度较高的同步带直接驱动主轴作回转主运动，用旋转伺服电动机传动精度较高的滚珠丝杠螺母副，把旋转运动变成直线运动。数控铣床的装夹工作台就是用这两种传动机构传动，使刀具能在工件上作三维铣削。

数控铣床增加刀库架，加工中能按需要自行换刀，工件一次装夹后，可以对加工面进行铣、镗、钻、扩、铰以及攻螺纹等多工序连续加工，这种多功能铣床称为加工中心。

数控铣床和加工中心的主要区别在于，加工中心比数控铣床增加了一个容量较大的刀库和自动换刀装置，可以连续自动完成不同刀具的不同加工内容。

数控铣床通常以主轴与工作台相对位置来分类，可分为卧式数控铣床、立式数控铣床和万能数控铣床。按工件和主轴运动方式可分为三轴数控铣床、四轴数控铣床、五轴数控铣床。

1. 三轴数控铣床

图 6–1（a）是立式数控铣床，*XY* 平面为工件运动平面，刀具在 *Z* 轴方向上下运动，刀具相对工件能在 *X*、*Y*、*Z* 三个坐标轴方向上作进给运动，这样的数控铣床称为三轴数控铣床。图 6–1（b）为卧式数控铣床。

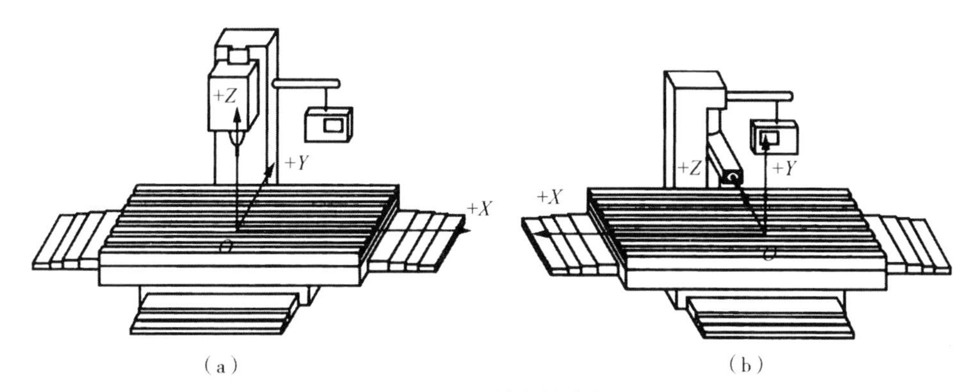

图 6–1　三轴数控铣床

（a）立式数控铣床；（b）卧式数控铣床

2. 四轴数控铣床

如果把工件装夹在如图 6-2（a）所示的 X、Z 轴方向工作台上还能绕 Y 轴回转，或者把工件装夹在如图 6-2（b）所示的 Y、Z 轴方向工作台上还能绕 X 轴回转，绕坐标轴旋转也作为一轴，这样的数控铣床就称为四轴数控铣床。

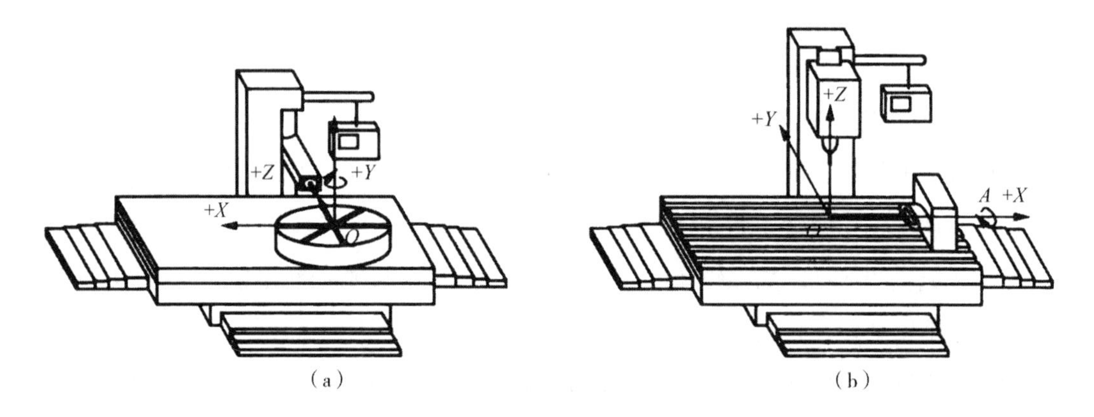

图 6-2 四轴数控铣床

（a）四轴数控铣床工作 1；（b）四轴数控铣床工作 2

3. 五轴数控铣床

如果在四轴基础上使如图 6-3 所示的主轴也能作回转运动，就称为五轴数控铣床。轴数越多，铣床加工能力越强，加工范围越广。

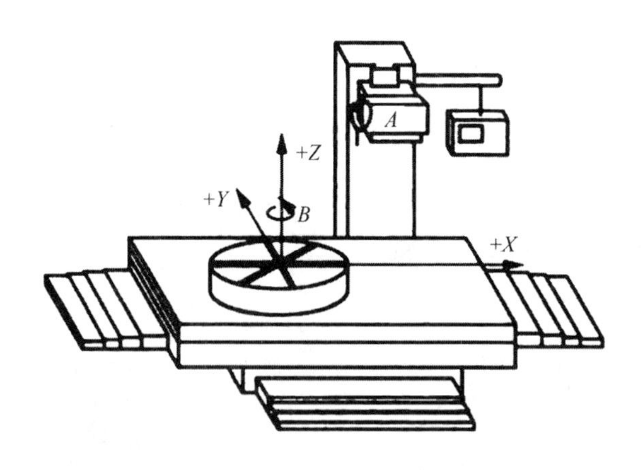

图 6-3 五轴数控铣床

数控铣床能实现多坐标轴联动，从而容易实现许多普通机床难以完成或无法加工的空间曲线或曲面，大大增加了机床的工艺范围。

在模具行业中，三种形式的机床都有广泛的应用，不同的模具结构采用不同形式的机床加工，可以大大提高生产效率和模具的加工精度。

（二）数控铣削加工中心结构

1. 结构组成

无论哪一种结构形式的数控铣床，除机床基础件外，主要系统都如图 6–4 所示部件组成。

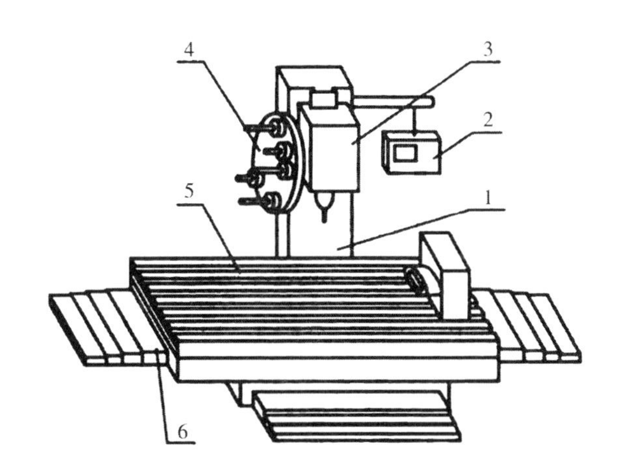

1—立柱；2—计算机数控系统；3—主传动系统；4—刀库；5—工作台；6—滑轨

图 6–4　数控铣削加工中心结构

数控铣削加工中心由以下几部分组成：计算机数控系统；主传动系统；进给传动系统；实现某些动作和辅助功能的系统和装置，如液压、气动、润滑、冷却等系统，排屑、防护等装置，刀架和自动换刀装置，自动托盘交换装置；特殊功能装置，如刀具破损监控、精度机床基础件（或称机床大件）通常是指床身、底座、立柱、横梁、滑座、工作台等。它们是整台机床的基础和框架。机床的其他零部件固定在基础件上，或工作时在其导轨上运动。

对于加工中心，除上述组成部分外，有的还有双工位工件自动交换装置。柔性制造单元还带有工位数较多的工件自动交换装置，有的甚至还配有用于上下料的工业机器人。

2. 功能及参数

（1）计算机数控系统。

计算机数控系统（简称 CNC）是利用计算机控制加工功能实现数值控制的系统，能够将控制介质（信息载体）上的数控代码传递并存入数控系统内进行运算、检测、反馈，对机床运动进行实时控制。

计算机数控系统由程序、输入 / 输出装置、CNC 装置、PLC、主轴驱动装置和进给（伺服）驱动装置组成。这里主要介绍输入装置中的控制面板和传输方式。

①外部机床控制面板可分为固定式和悬挂式两种。控制面板是数控铣床人机对话的界面，操作者通过控制面板输入控制指令，运用机器语言提出需要完成的动作，计算机通过内部运算，向运动部件发出命令，运动部件按命令动作，这样就完成了一个加工过程。所有的加工过程，都必须通过控制面板操作。操作者还可以通过控制面板对加工过程进行监控，从屏幕上检查到程序的执行状况。不同的操作系统其控制面板有差异，这在机床的操作指南中有详细说明。

②输入数控加工程序，可以通过控制面板直接输入数控系统，还可以由编程计算机用 RS-232C 或采用网络通信方式传送到数控系统中。如西门子公司的 SINUMERIK3 或 SINUMERIK8 系统设有 V24（RS-232C）/20 mA 接口。SINUMERIK850/880 系统除设有 RS-232C 接口外，还设有 SINECH1 和 MAP 网络接口。FAUNC15 系统有 RS-422 接口和 MAP 3.0 接口，以便接入工业局部网络。

输入数控加工程序过程有两种方式：一种是边读入边加工，另一种是一次将零件加工的程序全部读入数控系统内部的存储器中，加工时再从存储器中逐段调出进行加工。

对于形状较简单的模具加工，通常采用手工编程，边读入边加工，可及时调整加工状态，但易遗漏加工内容。形状复杂的模具，一般进行自动编程（ATP）或 CAD/CAM 设计，不采用手工输入的方法，缺点是纠错较难。

（2）主传动系统。

数控铣床的主传动系统是指数控铣床的主运动传动系统。数控铣床的主轴运动是机床的成型运动之一，它的精度决定了零件的加工精度。通常模具加工的特点是：表面精度高，材料切削性能差，形状复杂，切削量大。根据模具加工的特点，数控铣床的主传动系统应注意以下主要参数：

①主轴电动机功率与转矩。它反映了数控机床的切削效率，也从一个侧面反映了机床的刚性。同一规格的不同机床，电动机功率可以相差很大。应根据工件毛坯余量、所要求的切削力、加工精度和刀具等进行综合考虑。

②主轴转速。需要高速切削或超低速切削时，应关注主轴的转速范围，特别是高速切削时，既要有高的主轴转速，还要具备与主轴转速相匹配的进给速度。

③精度选择。机床的精度等级主要是定位精度、重复定位精度、铣圆精度。数控精度通常用定位精度和重复定位精度来衡量，特别是重复定位精度，它反映了坐标轴的定位稳定性，是衡量该轴是否稳定可靠工作的基本指标。特别值得注意的是，因为标准不同、规定数值不同、检测方法不同，所以数值的含义也就不同。刊物、样本、合格证所列出的单

位长度上允许的正负值（如 ±0.01/300）有时是不明确的，一定要弄清是ISO标准、VDI/DGQ344182（德国标准）、JIS（日本标准）还是NMTBA（美国标准）。进而分析各种不同标准所规定的检测计算方法和检测环境条件，才不会产生误解。铣圆精度是综合评价数控机床有关数控轴的伺服跟随运动特性和数控系统插补功能的主要指标之一。一些大孔和大圆弧可以采用圆弧插补用立铣刀铣削，不管典型工件是否有此需要，为了将来可能的需要及更好地控制精度，必须重视这一指标。

④主轴的传动形式。主轴的传动形式有变速齿轮传动、带传动和调速电动机直接驱动主轴传动。一般大、中型数控铣床常采用变速齿轮传动，能够满足主轴输出扭矩特性的要求，可以获得强力切削时所需要的扭矩；带传动多用于中、小型数控铣床，一般采用多楔皮带和同步齿形带，可避免齿轮传动引起的振动和噪声；调速电动机直接驱动主轴传动，大大简化了主轴箱体与主轴的结构，有效地提高了主轴部件的刚度，但主轴输出的扭矩小，电动机发热对主轴的精度影响较大。

⑤主轴锥度。主轴锥度有BT-40型和CT-40型，刀柄的键槽形式要按主轴锥度选择。主轴刀具的夹持可以采用蝶形弹簧和拉杆结合的方式。

⑥主轴定向。一般选用任意角度的主轴准停装置。

（3）进给传动系统。

数控铣床进给传动系统承担了机床各直线坐标轴、回转坐标轴的定位和切削进给，直接影响整个机床的运行状态和精度指标。目前数控铣床 *X*、*Y*、*Z* 三轴基本采用高精度滚珠丝杠、AC伺服马达直接驱动的结构方式，具有较大的传动力、较小的振动和装配间隙，主要参数有切削进给速度（*X*/*Y*/*Z* 轴）、快速进给速度（*X*/*Y*/*Z* 轴）、滚珠丝杠尺寸（*X*/*Y*/*Z* 轴）、导轨、行程。机床每个轴的两端装有限位开关，以防止刀具移出端点之外。刀具能移动的范围称为行程，行程包括横向行程（*X* 轴）、纵向行程（*Y* 轴）和垂向行程（*Z* 轴）。

（4）自动换刀装置（ATC）。

目前加工中心上大量使用的是带有刀库的自动换刀装置，主要参数如下：

①刀库容量。刀库容量以满足一个复杂加工零件对刀具的需要为原则。应根据典型工件的工艺分析算出加工零件所需的全部刀具数，由此来选择刀库容量。

②刀库形式。数控铣床的刀库形式按结构可分为圆盘式刀库、链式刀库和箱格式刀库，按设置部位可分为顶置式、侧置式、悬挂式和落地式等。

③刀具选择方式。数控铣床的刀具选择方式主要有机械手换刀和无机械手换刀。可以根据不同的要求配置不同形式的机械手。ATC的选择主要考虑换刀时间与可靠性。换刀时

间短可提高生产率，但一般换刀装置结构复杂、故障率高、成本高，过分强调换刀时间会使故障率上升。据统计，加工中心的故障中约有 50% 与 ATC 有关，因此在满足使用要求的前提下，尽量选用可靠性高的 ATC，以降低故障率和整机成本。

④最大刀具直径（无相邻刀具时）。刀具直径大于 240 mm 时，不能使用自动换刀功能。刀具直径大于 120 mm 时，要注意与 POT 的干涉，避免自动换刀时因干涉而掉刀，导致刀具或机构损坏。

⑤最大刀具长度。

⑥最大刀具质量。刀具质量大于 20 kg 时，不能使用自动换刀功能，否则将导致刀具的刀臂、工作台及其他机构损坏。

（5）冷却装置。

数控铣床冷却形式较多，部分带有全防护罩的加工中心配有大流量的淋浴式冷却装置，有的还配有刀具内冷装置（通过主轴的刀具内冷方式或外接刀具内冷方式），部分加工中心上述多种冷却方式均配置。精度较高、特殊材料或加工余量较大的零件，在加工过程中，必须充分冷却，否则，加工引起的热变形将影响精度和生产效率。一般应根据工件、刀具及切削参数等实际情况进行选择。

二、数控铣床操作流程

（一）数控铣床操作步骤

（1）首先，根据工件图编写 CNC 机床用的程序。

（2）程序被读进 CNC 系统中后，在机床上安装工件和刀具，并且按照程序试运行刀具。

（3）程序试运行完毕，进行实际加工。

（二）制订加工计划

（1）确定工件加工的范围。

（2）确定在机床上安装工件的方法。

（3）确定每个加工过程的加工顺序。

（4）确定刀具和切削参数。

可按表 6-1 编制加工计划，确定每道工序的加工方法，对于每次加工，应根据工件图来准备刀具路径程序和加工参数。

表 6-1　加工计划表

加工方法	工序		
	进给切削 1	侧面加工 2	孔加工 3
加工方法：粗加工 半精加工 精加工			
加工刀具			
加工参数：进给速度 切削深度			
刀具路径			

三、加工特点

数控铣削加工特点如下：

（1）数控铣床是轮廓控制，不仅可以完成点位及点位直线控制数控机床的加工功能，而且还能够对两个或两个以上坐标轴进行插补，因而具有各种轮廓切削加工功能。

（2）加工精度高。目前一般数控铣床轴向定位精度可达到 ±0.005 0 mm，轴向重复定位精度可达到 ±0.002 5 mm，加工精度完全由机床保证，在加工过程中产生的尺寸误差能及时得到补偿，能获得较高的尺寸精度；数控铣床采用插补原理确定加工轨迹，加工的零件形状精度高；在数控铣削加工中，工序高度集中，一次装夹即可加工出零件上大部分表面，人为影响因素非常小。

（3）加工表面质量高。数控铣床的加工速度大大高于普通机床，电动机功率也高于同规格的普通机床，其结构设计的刚度也远高于普通机床。一般数控铣床主轴最高转速可达到 6 000 ～ 20 000 r/min，目前，欧美模具企业在生产中广泛应用数控高速铣，三轴联动的比较多，也有一些是五轴联动的，转速一般在 15 000 ～ 30 000 r/min。高速铣削技术可大大缩短制模时间。经高速铣削精加工后的模具型面，仅需稍加抛光便可使用。同时，数控铣床能够多刀具连续切削，表面不会产生明显的接刀痕迹，因此表面加工质量高于普通机床。

（4）加工形状复杂。通过计算机编程，数控铣床能够自动立体切削，加工各种复杂的曲面和型腔，尤其是多轴加工，加工对象的形状受限制更小。

（5）生产效率高。数控铣床刚度大、功率大，主轴转速和进给速度范围大且为无级变速，所以每道工序都可选择较大而合理的切削用量，减少机动时间，数控铣床自动化程度高，可以一次定位装夹，粗加工、半精加工、精加工一次完成，还可以进行钻、镗加工，减少辅助时间，提高生产效率。对复杂型面工件的加工，其生产效率可提高十几倍甚至几十倍。此外，数控铣床加工出的零件也为后续工序（如装配等）带来了许多方便，其综合效率更高。

（6）有利于现代化管理。数控铣床使用数字信息与标准代码输入，适于数字计算机联网，成为计算机辅助设计与制造及管理一体化的基础。

（7）便于实现计算机辅助设计与制造。计算机辅助设计与制造（CAD/CAM）已成为航空航天、汽车、船舶及各种机械工业实现现代化的必由之路。将计算机辅助设计出来的产品图纸及数据变为实际产品的最有效途径，就是采取计算机辅助制造技术直接制造出零部件。加工中心等数控设备及其加工技术正是计算机辅助设计与制造系统的基础。

四、数控铣床的安全操作及保养

（一）安全操作

1. 安全操作注意事项

数控铣床为提高生产效率，经常使用高动力和速度，而且是自动化操作，故可能造成很大伤害。所以操作人员除熟悉机床的构造、性能和操作方法外，还要注意自身及附近工作人员的安全。

数控铣床虽然有各种安全装置，但人为疏忽会引起无法预料的安全事故，所以操作人员除遵守一般工厂安全规定外，还应遵照下列安全注意事项以确保安全：

①操作机床前，操作人员必须掌握机床控制方法。

②身体不适或精神状态不好，切勿操作机床。

③机床有小故障时，必须先修复，方能使用。

④在作业区内需有足够的灯光，以便做检查。

⑤不要把工具放在主轴头、工作台及防护盖上。

⑥机床停止后才可调整主轴上的切削液喷嘴流量。

⑦请勿触摸运转中的工件和主轴。

⑧机床运转时请勿用手和抹布清除切屑。

⑨机床运转时请勿把防护盖打开。

⑩重切削时请注意高温切削。

机床电气控制箱不可随意打开，如果电气控制箱故障，应由电气技术人员修护，切勿自行尝试修护。

应遵照以下安全注意事项以确保安全：

①电气部分需接地的都要确实接地。

②请勿任意更改内定值、容量以及其他计算机设定值，必须更改时请记录原值后再改，

避免错误。

刀具安装后请事先试车。

2. 高速加工注意事项

数控铣床高速加工时（S=8 000 r/min 以上，F=300 ～ 3 000 mm/min），刀柄与刀具形式对于主轴寿命与工件精度有极大影响，所需注意事项如下：

①轴运转前必须夹持刀具，以免损坏主轴。

②高速切削时（S=8 000 r/min 以上）必须使用做过功率平衡校正 G2.5 级的刀柄，因为离心力产生的振动会造成主轴轴承损坏和刀具的过早磨损。

③刀柄与刀具结合后的平衡公差与刀具转速、主轴平衡公差及刀柄的质量三个因素有关，所以高速切削时使用小直径刀具，刀长较短的刀具对主轴温升、热变形都有益，也能提高加工精度。

④高速主轴刀具使用标准如表 6–2 所示。

表 6–2　高速主轴刀具使用标准

平衡等级	500 ～ 6 000 r/min	G6.3 级	DIN/ISO 1940
	6 000 ～ 18 000 r/min	G2.5 级	DIN/ISO 1940

主轴转速 /（r · min^{-1}）	刀具直径 /mm	刀具长度 /mm
2 000 ～ 4 000	160	350
4 000 ～ 6 000	160	250
6 000 ～ 8 000	125	250
8 000 ～ 10 000	100	250
10 000 ～ 12 000	80	250
12 000 ～ 15 000	65	200
15 000 ～ 18 000	50	200

（二）机床保养

为保证数控机床的寿命和正常运转，要求每天对机床进行保养，每天的保养项目必须确实执行，检查完毕后才可以开机。机床保养内容如表 6–3 所示。

表 6–3　机床保养

检查项目	检查时间
检查循环润滑油泵油箱的油是否在规定的范围内，当油箱内的油只剩下一半时，必须立即补充到一定的标准，否则当油位降到 1/4 时，在计算机屏幕上将出现“LUBE ERROR”的警告，不要等到出现警告后再补充	定期检查

续表

检查项目	检查时间
确定滑道润滑油充足后再开机，并且随时观察是否有润滑油出来以保护滑道。当机床很久没有使用时，尤其要注意是否有润滑油	每日检查
从表中观察空气压力，而且必须严格按照要求操作	每日检查
防止空压气体漏出，当有气体漏出时，可听到“嘶嘶”的声音，必须加以维护	每日随时检查
油雾润滑器在 ATC 换刀装置内，空气汽缸必须随时保证有油在润滑，油雾的大小在制造厂已调整完毕，必须随时保持润滑油量标准	每日检查
当冷却液不足时，必须适量加入冷却液；冷却液检查方式：可由冷却液槽前端底座的油位计观察	定期检查
主轴内端孔斜度和刀柄必须随时保持清洁，以免灰尘或切屑附着影响精度；虽然主轴有自动清屑功能，但仍然必须随时用柔软的布料擦拭	每日擦拭
随时检察 Y 轴与 Z 轴的滑道面是否有切屑和其他颗粒附着在上面，避免与滑道摩擦产生刮痕，维护滑道的寿命	随时检查
机器动作范围内必须没有障碍	随时检查
机器动作前，以低速运转，让三轴行程跑到极限，每日操作前先试运转 10 ～ 20 min	每日检查
定期检查 CNC 记忆体备份用的电池，若电池电压过低，将影响程序、补正值、参数等资料的稳定性	每 12 个月检查
定期检查绝对式马达放大器电池，电池电压过低将影响马达原点	每 12 个月检查

任务二　工件的定位与装夹

一、工作台

立式数控铣床和卧式数控铣床工作台的结构形式不完全相同，立式数控铣床工作台不作分度运动，其形状一般为长方形，装夹为“T”形槽，如图 6–5 所示。槽 1、槽 2、槽 4 为装夹用“T”形槽，槽 3 为基准 T 形槽。卧式数控铣床的台面形状通常为正方形，由于这种工作台经常需要作分度运动或回转运动，而且它的分度、回转运动的驱动装置一般都装在工作台里，因此也称其为分度工作台或回转工作台。

根据工件加工工艺的需要，可在立式或卧式数控铣床上增设独立的分度工作台，分度工作台有多齿盘分度方式和蜗轮副分度方式（数控回转工作台）以实现任意角度的分度和切削过程中的连续回转运动。增设独立的分度工作台，要预先开通 CNC 接口。

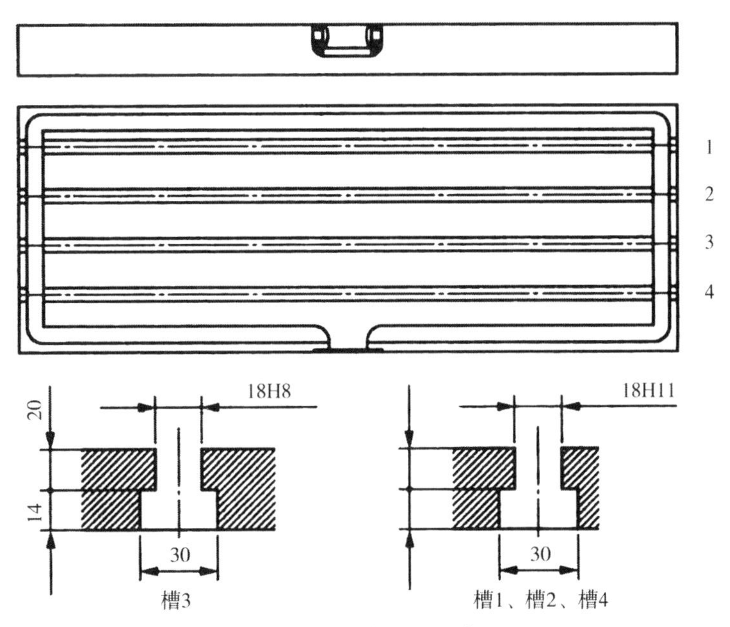

图 6-5　长方形工作台

（一）分度工作台

如图 6-6 所示为卧式加工中心多齿盘分度工作台结构。

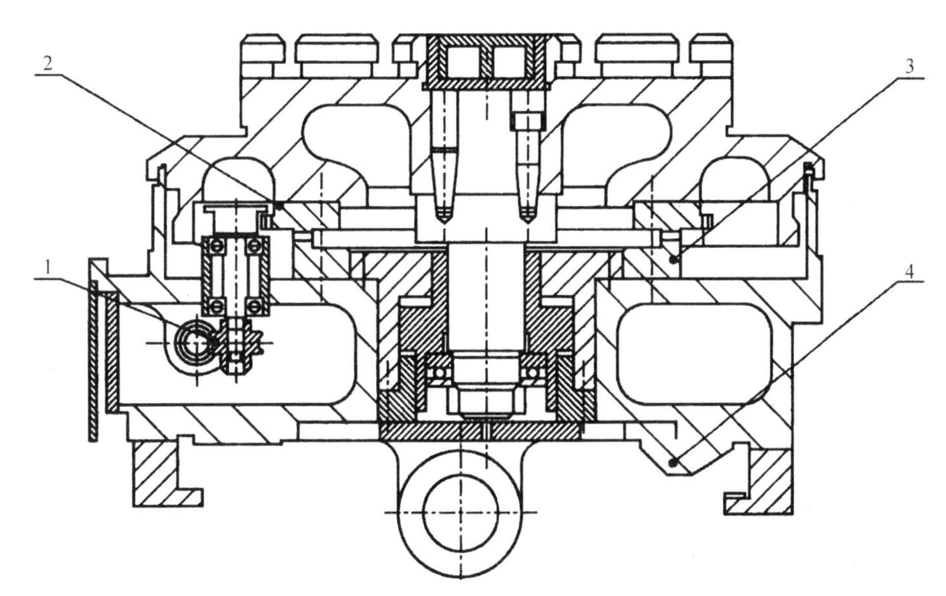

1—蜗轮副；2—L 多齿盘；3—F 多齿盘；4—导轨

图 6-6　卧式加工中心多齿盘分度工作台结构

分度工作台多采用多齿盘分度工作台，通常用 PLC 简易定位，驱动机构采用蜗轮副及齿轮副。多齿盘分度工作台具有分度精度高，精度保持性好，重复性好，刚性好，承载能力强，能自动定心，分度机构和驱动机构可以分离等优点。

多齿盘可实现的最小分度角度 α 为

$$\alpha=360°/Z$$

式中，Z——多齿盘齿数。

多齿盘分度工作台有只能按 1° 的整数倍数分度、只能在不切削时分度的缺点。

（二）数控回转工作台

由于多齿盘分度工作台具有一定的局限性，为了实现任意角度分度，并在切削过程中实现回转，采用了数控回转工作台（简称数控转台）。

数控回转工作台的蜗杆传动常采用单头双导程蜗杆传动，或者采用平面齿圆柱齿轮包络蜗杆传动，也可采用双蜗杆传动，以及双导程蜗杆左、右齿面的导程不等，蜗杆的轴向移动即可改变啮合间隙，实现无间隙传动。数控回转工作台具有刚性好，承载能力强传动效率高；传动平稳，磨损小；任意角度分度；切削过程中连续回转等优点。其缺点是制做成本高。

二、工件的定位和安装

（一）定位

1. 六点定位原理

工件在空间有六个自由度，对于数控铣床，要完全确定工件的位置，必须遵循六点定位原则，需要布置六个支撑点来限制工件的六个自由度，即沿 X、Y、Z 三个坐标轴方向的移动自由度和绕三个坐标轴的旋转自由度。应尽量避免不完全定位、欠定位和过定位。

合理选择定位基准，应考虑以下几点：

①加工基准和设计基准统一。

②尽量一次装夹后加工出全部待加工表面，对于体积较大的工件，上下机床需要行车、吊机等工具，如果一次加工完成，可以大大缩短辅助时间，充分发挥机床的效率。

③当工件需要第二次装夹时，也要尽可能利用同一基准，减小安装误差。

2. 定位方式

定位方式有平面定位、外圆定位和内孔定位。平面定位用支撑钉或支撑板；外圆定位用“V”形块；内孔定位用定位销和圆柱心棒，或用圆锥销和圆锥心棒。

（二）工件装夹

根据数控铣床的结构，工件在装夹过程中，应注意以下几点。

1. 工作台结构

工作台面有“T”形槽和螺纹孔两种结构形式。

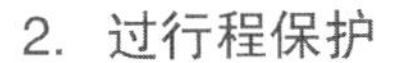

2. 过行程保护

体积较大的工件，装夹在工作台面上时，尽管加工区在加工行程范围内，但工件可能已超出工作台面，容易撞击床身造成事故。

3. 坐标参考点

要注意协调工件安装位置与机床坐标系的关系，便于计算。

4. 对刀点

选择工件的对刀点要方便操作，便于计算。

5. 夹紧机构

不能影响走刀，注意夹紧力的作用点和作用方向。数控铣床尽量使用通用夹具，必要时设计专用夹具。选用和设计夹具应注意以下几点：

（1）夹具结构力求简单，以缩短生产准备周期。

（2）装卸迅速方便，以缩短辅助时间。

（3）夹具应具备刚度和强度，尤其在切削用量较大时。

（4）有条件时可采用气、液压夹具，它们动作快、平稳，且工件变形均匀。

任务三　数控铣床的加工工艺

一、编程单元

（一）工艺、工序和工步的概念

编程前要划分安排加工步骤，了解工艺、工序和工步的概念。使原材料成为产品的过程称为工艺。整个工艺由若干工序组成，工序是指一个或一组工人在一个工作地点所连续完成的工件加工工艺过程。工序又可以分若干工步，对数控铣床加工来说，一个工步是指一次连续切削。

（二）工艺、工序和工步的划分

毛坯加工至工件，需经过多道工序，在一道工序内有时还需要分几个工步。例如，一块模板需要经过粗铣、半精铣、精铣、钻孔、扩孔和铰孔加工，可以安排在一个工序内，分几个工步由数控铣床完成。数控铣床的程序编制是以工步为单位，一个工步需要一个加工程序。

一般在数控铣床上加工工件时，应尽量在一次装夹中完成全部工序，工序划分的根据如下：

（1）按先面后孔的原则划分工序。在加工有面有孔的工件时，为了提高孔的加工精度，应先加工面，后加工孔，这一点与普通机床相同。

（2）按粗、精加工划分工序。对于加工精度要求较高的工件，应将粗、精加工分开进行，这样可以使由粗加工引起的各种变形得到恢复，考虑到粗加工工件变形的恢复需要一段时间，粗加工后不要立即安排精加工。

（3）按所用刀具划分工序。数控铣床，尤其是不带刀库的数控铣床，加工模具时，为了减少换刀次数，可以按集中工序的方法，用一把刀加工完工件上要求相同的部位后，再用另一把刀加工其他部位。

二、刀具、工件和刀轨描述

（一）刀具、工件和刀轨相关概念

1. 刀具与工件的相对性

数控铣床是以笛卡尔坐标系三个坐标轴 *X*、*Y*、*Z* 和绕三个坐标轴转动代号 A、B、C 命名的数控切削机床。不同形式的数控铣床，有的是刀具不动工件作进给运动，有的是刀具和工件同时作进给运动。为了编程上统一，ISO 841 标准规定把刀具对工件的进给运动和工件对刀具的进给运动都看作刀具相对工件的进给运动，也就是工件不动，刀具作进给运动。

2. 刀轨

数控加工是刀具相对工件作进给运动，而且要在加工程序规定的轨迹上作进给运动。加工程序规定的轨迹由许多三维坐标点的连线组成，刀具是沿该连线作进给运动的，所以也把此坐标点的连线称为刀轨。

3. 刀具跟踪点

刀具是有一定体积的实体，刀具上哪一点沿刀轨运动必须明确。UG CAM 是用刀具轴线与刀具端面的交点来代表刀具的，用交点沿刀轨运动来代表刀具沿刀轨运动，这样简化后也可以理解成是交点跟踪刀轨运动，交点就称为刀具跟踪点。

（二）刀轨的形成

1. 刀轨插补形式

刀轨插补形式是指组成刀轨的每一段线段的线形，也就是说两个坐标点用怎样的线形连接。常用的线形有直线、圆弧线和样条曲线，用直线连接坐标点就称为直线插补，如图 6-7（a）所示。坐标点越密，插补直线越短，与工件形状越逼近，加工精度越高。坐标点的密度用公差控制。

用圆弧连接坐标点就称为圆弧插补。如图 6–7（b）所示，直线段刀轨用直线插补，圆弧段刀轨用大小一样的圆弧插补。

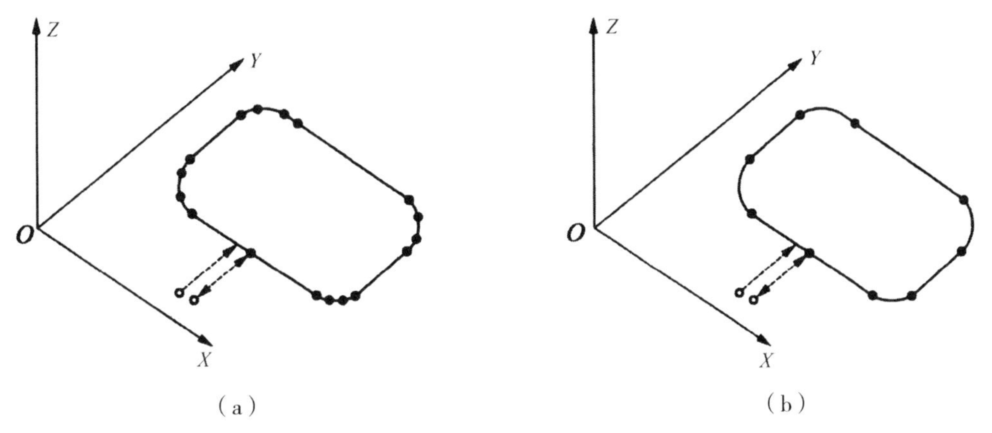

图 6–7 刀轨插补

（a）直线插补；（b）圆弧插补

用样条曲线连接坐标点就称为样条曲线插补。不规则的曲线可以用直线和圆弧插补，但最好用样条曲线插补，样条曲线插补坐标点少，与实际形状逼近程度好，加工精度高，但 UG CAM 系统计算量大，刀轨生成慢。

2. 刀具长度补偿

数控铣床在加工过程中需要经常换刀，每种刀具长短不一，造成刀具跟踪点位置相对主轴不固定。固定刀具的主轴端面中心相对主轴位置不变，为了编程方便，都统一以如图 6–8（a）所示的主轴端面中心为基准，编程时输入所有刀具的长度，UG CAM 系统就会自动在主轴端面中心基准上做 *Z* 轴方向的补偿，确定跟踪点的位置，这称为刀具长度补偿。有的刀具长度补偿是以一把标准刀具的跟踪点作为基准点，比较使用刀具与标准刀具的长短作出长短补偿。

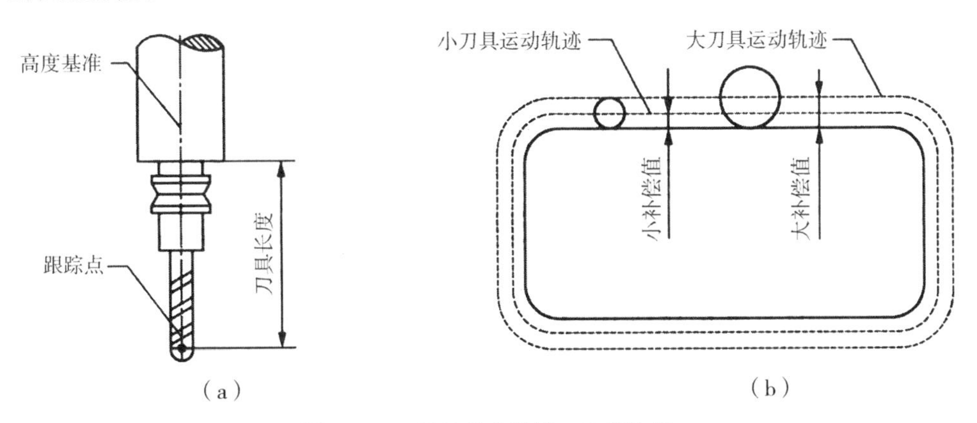

图 6–8 刀具的长度补偿、半径补偿

（a）长度补偿；（b）半径补偿

3. 刀具半径补偿

如图 6–9（b）所示是用两种半径不一样的刀具对工件侧面进行铣削，刀具跟踪点不是沿着工件侧面轮廓进行铣削的，而是沿着侧面轮廓偏置一个刀具半径的轨迹来进行铣削。不管刀具半径大小如何，工件侧面轮廓是不变的。为了编程方便，铣削侧面轮廓的刀轨由侧面轮廓和刀具偏置量决定，编程时只需要输入要做刀具半径补偿的指令，UG CAM 系统就会自动以工件侧面轮廓为基准做刀具半径补偿。

4. 刀轨的构成

（1）进刀刀轨。

刀具沿非切削刀轨运动的速度要比切削进给速度快很多。为了防止刀具以非切削运动速度切入工件时发生撞击，在刀具切入工件前特意使刀具运动速度减慢，以慢速切入工件，然后再提高到切削进给速度，所以切入速度比进给速度还要慢。切入速度称为进刀速度，刀具以进刀速度跟踪的刀轨称为进刀刀轨。

（2）逼近刀轨。

非切削运动速度变成进刀速度的刀轨称为逼近刀轨。

（3）第一切削刀轨。

进刀速度变成切削进给速度的刀轨称为第一切削刀轨。

（4）退刀刀轨。

切削结束，要求刀具快速脱离工件，加速脱离工件的刀轨称为退刀刀轨。脱离最大速度称为退刀速度。

（5）返回刀轨。

从退刀速度变成非切削速度所经过的刀轨称为返回刀轨。

（6）快速移动刀轨。

逼近刀轨以前和返回刀轨以后的非切削刀轨称为快速移动刀轨。

（7）横越刀轨。

水平快速移动刀轨称为横越刀轨。

（8）安全平面。

安全平面是人为设置的平面，设置在刀具随意运动都不会与工件或夹具相撞的高度。

（9）安全距离。

刀具进刀点离每层切削面边缘的垂直最小距离称为竖直安全距离，离工件最近边缘的水平距离称为水平安全距离。

三、铣削刀具和铣削用量

（一）常用铣刀

数控铣床对刀具的适用性很广。模具加工中，根据工件材料的性质、工件轮廓曲线的要求、工件表面质量、机床的加工能力和切削用量等因素，对刀具进行选择。常用的铣刀类型有以下几种。

1. 面铣刀

面铣刀的端面和圆周面都有切削刃，可以同时切削，也可以单独切削，圆周面切削刃为主切削刃。面铣刀直径大，切削齿一般以镶嵌形式固定在刀体上。切削齿材质为高速钢或硬质合金，刀体材料为40Cr。面铣刀直径为80～250 mm，镶嵌齿数为10～26。硬质合金切削齿能对硬皮和淬硬层进行切削，切削速度比高速钢快，加工效率高，而且加工质量好。

2. 立铣刀

立铣刀是模具加工中使用最多的一种刀具，立铣刀的端面和圆周面都有切削刃，可以同时切削，也可以单独切削，圆周面切削刃为主切削刃。切削刃与刀体一体，主切削刃呈螺旋状，切削平稳，立铣刀直径为2～80 mm，一般粗加工的立铣刀刃数为3～4，半精加工和精加工的刃数为5～8。由于立铣刀中间部位没有切削刃，因此不能作轴向进给。

立铣刀包括模具铣刀和键槽铣刀。

（1）模具铣刀。模具铣刀属于立铣刀，专用于模具成型零件表面的半精加工和精加工。模具铣刀可分为圆锥形立铣刀、圆柱形球头铣刀和圆锥形球头铣刀，模具铣刀直径为4～63 mm。

（2）键槽铣刀。键槽铣刀是只有两个切削刃的立铣刀，端面副切削刃延伸至刀轴中心，既像铣刀又像钻头。铣刀直径就是键槽宽度，能轴向进给插入工件，再沿水平方向进给，一次加工出键槽。

3. 鼓形铣刀

鼓形铣刀只有主切削刃，端面无切削刃，切削刃呈圆弧鼓形，适合无底面的斜面加工。鼓形铣刀刃磨困难。

4. 成型铣刀

成型铣刀是为特定形状加工而设计制造的铣刀，不是通用型铣刀。

（二）铣削要素

1. 铣削速度

铣刀的圆周切线速度称为铣削速度，精确的铣削速度要从铣削工艺手册上获取，大致可按表 6–4 选取。

表 6–4 数控铣削速度选择参考表

钢的硬度 /HBS（HRS）	铣削速度 V_C /（m·min^{-1}）	
	高速钢	硬质合金
＜225（20）	18 ～ 42	66 ～ 150
225（20）～ 325（35）	12 ～ 36	54 ～ 120
325（35）～ 425（45）	6 ～ 21	36 ～ 75

2. 进给速度

进给速度是单位时间内刀具沿进给方向移动的距离。进给速度与铣刀转速、铣刀齿数和每齿进给量的关系式为

$$Vz=n\times z\times f$$

式中，n—— 铣刀转速，r/min；

z—— 铣刀齿数；

f—— 每齿进给量，mm。

每齿进给量由工件材质、刀具材质和表面粗糙度等因素决定。精确的每齿进给量要从铣削工艺手册中获取，大致可以按表 6–5 所列经验值选取。工件材料硬度高和表面粗糙度高，f 数值小。硬质合金刀具的 f 取值比高速钢的大。

表 6–5 数控铣削进给量选择参考表

加工性质	粗加工		精加工	
刀具材料	高速钢	硬质合金	高速钢	硬质合金
每齿进给量 f /mm	0.10 ～ 0.15	0.10 ～ 0.25	0.02 ～ 0.05	0.10 ～ 0.15

注：工件材料为钢。

3. 铣削方式

铣刀的端面和侧面都有切削刃，刀具的旋转方向与刀具相对工件的进给方向不同，切削效果不同。铣削分顺铣和逆铣两种方式。

（1）顺铣。

如图 6–9（a）所示为顺铣，顺铣切削力指向工件，工件受压。顺铣刀具磨损小，刀具使用寿命长，切削质量好，适合精加工。

（2）逆铣。

如图 6–9（b）所示为逆铣，逆铣切削力指向刀具，工件受拉。逆铣刀具磨损大，但切削效率高，适合粗加工。

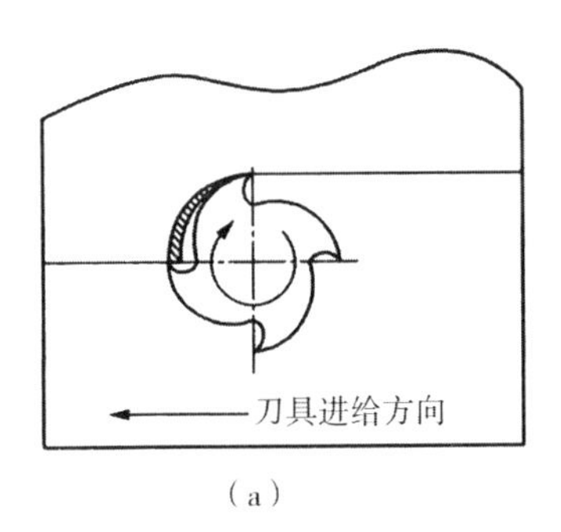

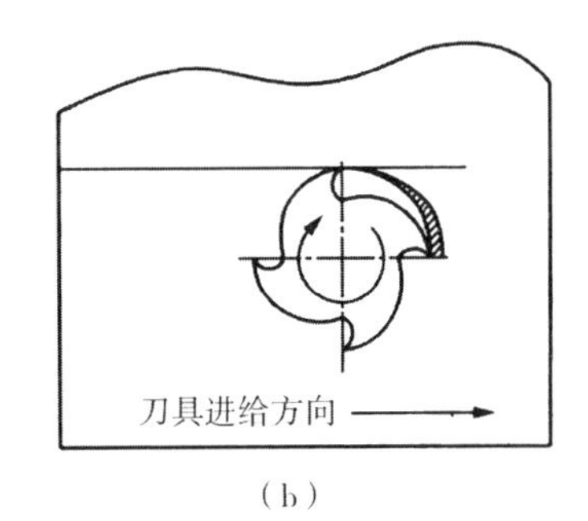

（a）　　　　　　　　（b）

图 6–9　铣削方式

（a）顺铣；（b）逆铣

4. 切削深度

切削深度分为轴向切削深度和侧向切削深度。

（1）轴向切削深度。

刀具插入工件沿轴向切削掉的金属层深度称为轴向切削深度。一般工件都是多层切削，每切完一层刀具沿轴向进给一层，进给深度称为每层切削深度，如图 6–11 所示。半精加工和精加工是单层切削。

（2）侧向切削深度。

在同一层，刀具走完一条或一圈刀轨，再向未切削区域侧移一恒定距离，这一恒定侧移距离就是侧向切削深度，在 UG CAM 中称为步距，如图 6–10 所示。

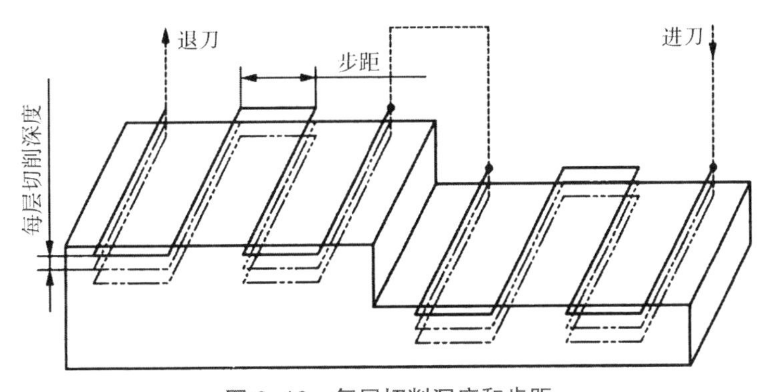

图 6–10　每层切削深度和步距

（三）切削方式

铣刀在切削工件的平面和侧面时，可以采用不同的切削刀轨样式，称为切削方式。

切削方式有九种，介绍如下。

1. 往复切削方式

如图 6–11 所示，两条平行的切削刀轨间隔距离为一个步距。一条切削刀轨的首和另一条切削刀轨的尾用步进刀轨连接，步进刀轨和切削刀轨在同一层面内，整个刀轨只有一段逼近刀轨、进刀刀轨和退刀刀轨。往复切削方式既有顺铣，也有逆铣。

2. 单向切削方式

如图 6–12 所示，单向切削方式是刀具以直线从一头切削到另一头，然后提刀返回，间隔一个步距，再从一头切削到另一头，每条切削刀轨的切削方向相同。每一条切削刀轨都有一段逼近刀轨、进刀刀轨和退刀刀轨。单向切削方式只有一种。

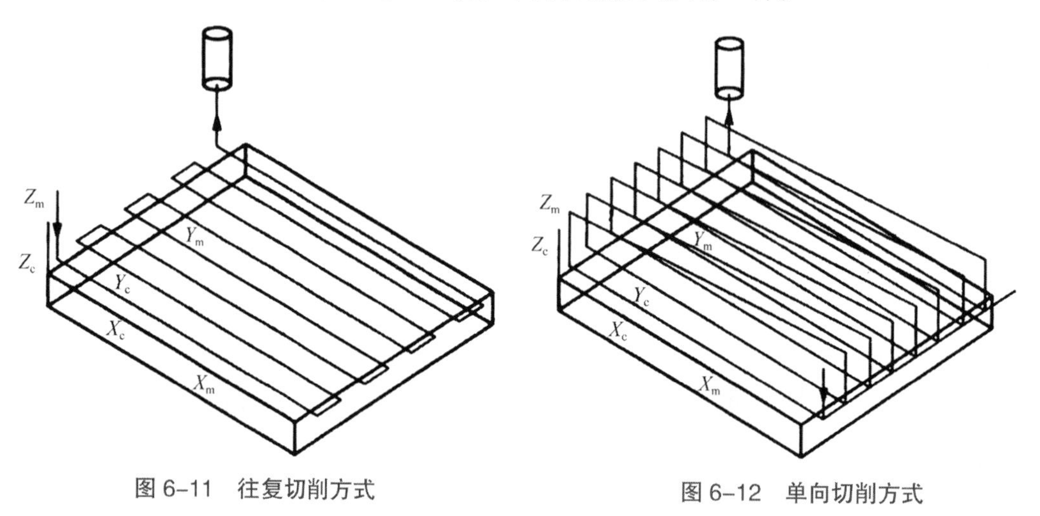

图 6–11　往复切削方式

图 6–12　单向切削方式

3. 单向轮廓切削方式

单向轮廓切削方式如图 6–13 所示。单向轮廓切削刀轨有三段，长直线段相互平行，切削方向相同，间隔一个步距。长切削段两头各有一小段短切削刀轨，短切削刀轨形状与工件侧面轮廓形状相同，可以是直线或曲线，短切削刀轨的跨距为一个步距。

单向轮廓切削刀轨的每条刀轨都有一段逼近刀轨、进刀刀轨和退刀刀轨，用快速移动刀把前一条切削刀轨的退刀点与后一条切削刀轨的起始点连接起来，使逼近刀轨、进刀刀轨、退刀刀轨和快速移动刀轨不在同一层面上。两头短切削刀轨弥补了往复切削方式一端、单向切削方式两端没有切削刀轨的缺陷，侧面切削比往复和单向切削方式好。

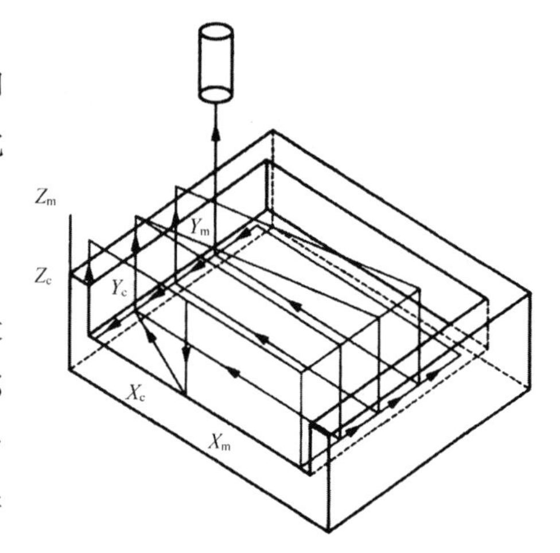

图 6–13　单向轮廓切削方式

4. 跟随周边切削方式

跟随周边切削方式是外圈套内圈的刀轨，最外圈的刀轨形状与工件边界轮廓形状一致。相邻两圈刀轨的间隔距离为一个步距，圈与圈之间的步进刀轨和切削刀轨在同一层面内，同一层面所有刀轨只有一段逼近刀轨、进刀刀轨和退刀刀轨。切除材料的方向有两种：一种是从大圈刀轨（外）往小圈刀轨（内）切削；另一种是从小圈刀轨(内)往大圈刀轨(外)切削。

5. 摆线切削方式

刀具运动到狭窄凹角区域，刀具的侧向吃刀深度突然变深，为防止扎刀和断刀可采用摆线切削方式。

6. 跟随工件切削方式

要切削既有型腔又有型芯的工件就要选择跟随工件切削方式。跟随工件切削方式的刀轨也是一圈圈封闭刀轨，但切型芯的最内层刀轨形状与型芯轮廓一致，切型腔的最外层刀轨形状与型腔轮廓形状一致，交汇处刀轨由 UG CAM 系统自定。相邻两圈刀轨的间隔距离为一个步距，圈与圈之间的步进刀轨和切削刀轨在同一层面内，同一层面所有刀轨只有一段逼近刀轨、进刀刀轨和退刀刀轨。跟随工件切削方式既有顺铣，也有逆铣，切削型腔用顺铣，切削型芯用逆铣。

7. 轮廓切削方式

轮廓切削方式用于侧壁半精加工和精加工。毛坯经过粗加工后，留少量余量用轮廓切削方式对侧壁进行侧向单层、轴向多层的半精加工和精加工。

8. 标准驱动切削方式

标准驱动切削方式和轮廓切削方式功能一样，区别在于轮廓切削方式的刀轨不能交叉；标准驱动切削方式的刀轨可以交叉。

9. 混合切削方式

一个工件经粗加工后产生几个切削区域，这几个区域用几种切削方式切削，称为混合切削方式。如图 6-14 所示是往复、跟随周边和跟随工件三种切削方式用在一个工件的不同切削区域。

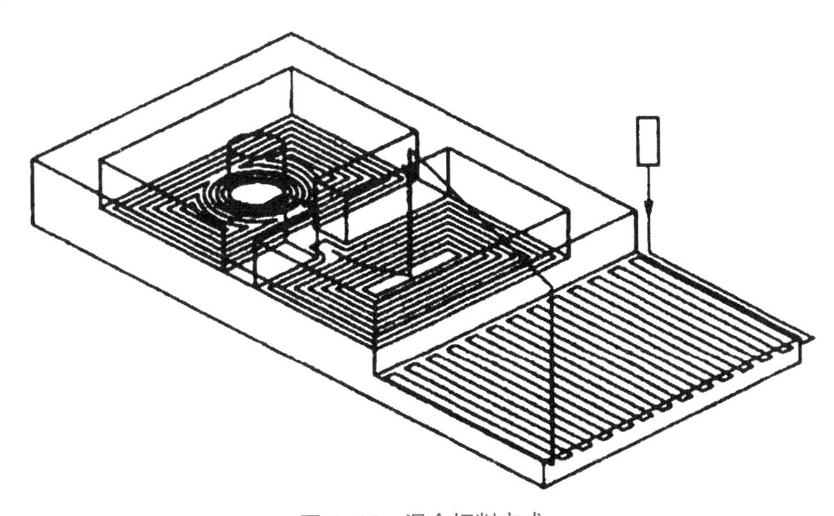

图 6-14　混合切削方式

（四）铣削的粗加工、半精加工和精加工

1. 粗加工

粗加工是大体积切除材料，工件表面质量要求低。工件的表面粗糙度 *Ra* 要达到 3.2 ～ 12.5 μm，可取轴向切削深度为 3 ～ 6 mm，侧向切削深度为 2.5 ～ 5.0 mm，半精加工留 1 ～ 2 mm 的加工余量。如果粗加工后直接精加工，则留 0.5 ～ 1.0 mm 的加工余量。

2. 半精加工

半精加工是把粗加工后，尤其是工件经过热处理后，给精加工留均匀的加工余量。工件的表面粗糙度 *Ra* 要达到 3.2 ～ 12.5 μm，轴向切削深度和侧向切削深度可取 1.5 ～ 2.0 mm，留 0.3 ～ 1.0 mm 的加工余量。

3. 精加工

精加工是最后达到尺寸精度和表面粗糙度的加工。工件的表面粗糙度 *Ra* 要达到 0.8 ～ 3.2 μm，可取轴向切削深度为 0.5 ～ 1.0 mm，侧向切削深度为 0.3 ～ 0.5 mm。一般可以根据上述切削深度和加工余量设置粗加工、半精加工和精加工的切削深度。

（五）孔加工类型和钻削要素

1. 孔加工类型

（1）钻。

钻是用麻花钻加工孔。

（2）扩孔。

扩孔是对已有孔扩大，作为铰孔或磨孔前的预加工。留给扩孔的加工余量较小，扩孔钻容屑槽较浅，刀体刚性好，可以用较大的切削量和切削速度。扩孔钻切削刃多，导向性好，切削平稳。

（3）铰。

铰是对 80 mm 以下的已有孔进行半精加工和精加工。铰刀切削刃多，刚性和导向性好，铰孔精度可达 IT6 ～ IT7 级，孔壁粗糙度 *Ra* 可达 0.4 ～ 1.6 μm。铰孔可以改变孔的形状公差，但不能改变位置公差。

（4）镗孔。

镗孔是对已有孔进行半精加工和精加工。镗孔可以改变孔的位置公差，孔壁粗糙度 *Ra* 可达 0.8 ～ 6.3 μm。

（5）孔的螺纹加工。

小型螺纹孔用丝锥加工，大型螺纹孔用螺纹铣刀加工。

2. 钻削要素

（1）钻削速度。

钻削速度是指钻头主切削刃外缘处的切线速度。钻削速度公式为

$$v_f = \frac{\pi \times d \times n}{1\ 000}$$

式中，d 为钻头直径，mm；n 为钻头钻速，r/min。

（2）进给量。

钻头旋转一周轴向往工件内进给的距离称为每转进给量；钻头旋转一个切削刃，轴向往工件内进给的距离称为每齿进给量；钻头每秒往工件内进给的距离称为每秒进给量，每秒进给量与钻头钻速、每转进给量、每齿进给量的关系为

$$v_f = \frac{n \times f}{60} = \frac{2 \times n \times f_z}{60}$$

式中，n 为钻头钻速，r/min；f 为每转进给量，mm/r；f_z 为每齿进给量，mm。

任务四　数控铣削加工常用的编程指令

一、数控铣削加工的编程基础

（一）机床参考点和工件坐标系

1. 机床参考点

通常数控铣床的参考点是机床的一个固定点，在这个位置交换刀具或设定坐标系，是编程的绝对零点和换刀点。把刀具移动到参考点，可采用手动返回参考点和自动返回参考点。

（1）手动返回参考点。

机床每次开机后必须首先执行返回参考点再进行其他操作，按手动返回参考点按钮完成该项操作。

（2）自动返回参考点。

通常在接通电源后，首先执行手动返回参考点设置机床坐标系。然后，用自动返回参考点功能，将刀具移动到参考点进行换刀。机床坐标系一旦设定，就保持不变，直到电源关掉为止。用参数可在机床坐标系中设定四个参考点。

2. 工件坐标系

①实际加工时工件装夹到工作台的位置是不确定的，因此机床坐标系无法事先确定刀

轨与工件的位置关系。为了解决这个问题，就要设置相对坐标系，这个相对坐标系称为工件坐标系，有的称加工坐标系。每台数控机床都有一个如图 6–16 所示的 $X_0Y_0Z_0$ 坐标系，该坐标系称为机床坐标系。机床坐标系的原点 O_0 由生产厂家出厂前设定，一般固定不变。工件坐标系和机床坐标系相对关系如图 6–15 所示。

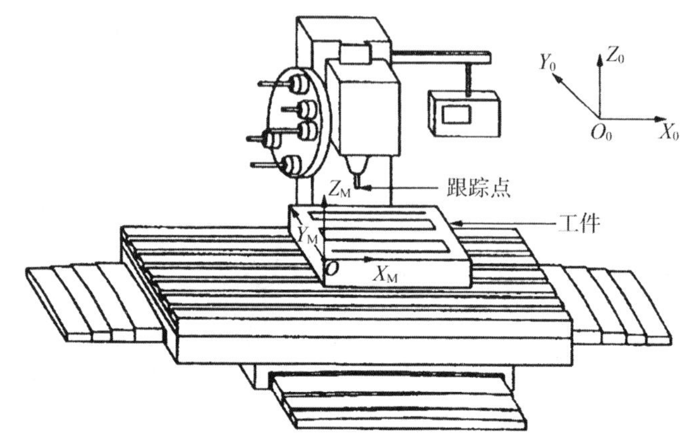

图 6–15　工件坐标系和机床坐标系相对关系

编程时计算机里已准备了工件模型，在模型上找三个相互垂直面为加工基准面，以三个基准面的交点为原点建立 $X_MY_MZ_M$ 加工坐标系，编程时先用加工坐标系确定刀轨与工件模型的切削位置关系。加工时工件安装在工作台上，参照工件模型在加工工件上建立加工基准面和加工坐标系，使加工坐标系和机床坐标系方向一致，通过对刀确定工件原点，从而将加工坐标系转换到机床坐标系。例如，刀轨在加工坐标系的位置坐标为（x，y，z），加工坐标系原点在机床坐标系的位置坐标为（$-X$，$-Y$，$-Z$），则刀轨在机床坐标系的位置坐标为（$-X+x$，$-Y+y$，$-Z+z$）。

②设置了加工坐标系后可以在计算机里先行完成编程。建立加工坐标系有两种方法：一种是用指令“G92 $X_\alpha Y_\beta Z_\gamma$；”建立，此时点（$X_\alpha$，$Y_\beta$，$Z_\gamma$）即为程序零点。另一种方法是在参数 0707、0709、0710 中置入适当的数值 α 、β 、γ，此时加工坐标系在手动参考点返回后自动建立。

③数控铣床的 CNC 控制系统可以同时存储几个加工坐标系。加工不同的工件调用相应的加工坐标系即可。

3. 刀具移动指令尺寸的表示方法——绝对值 / 增量值

刀具移动的指令可以用绝对值或增量值表示。

（1）绝对值。

绝对值指令是刀具移动到“距坐标系零点某一距离”的点，即刀具移动到坐标值的位置。

（2）增量值。

增量值指刀具从前一个位置移动到下一个位置的位移量。

（二）数控铣床程序编制的基本过程

复杂工件的 CNC 编程是先在计算机里进行的，这里以 UG CAM 系统为例简单介绍计算机程序编制的基本过程。

1. 参考模型准备和模板选择

（1）工件模型导入。

编程需要模型，该模型是加工要达到的最终形状，工件是编程的主要参考依据，首先要在 UG NX2.0 操作界面内导入工件。

（2）毛坯模型创建。

编程不但需要工件，还要有被加工的毛坯。用工件模型去分割毛坯模型，割剩的材料是要切除的无用材料。切除材料的范围是 UG CAM 系统计算生成刀轨的依据，所以毛坯也是编程不可缺少的参考依据。另外 UG CAM 还具有仿真切削功能，能模拟整个切削过程，因此进入 UG CAM 界面前，可根据工件要求及时创建一个原始毛坯。

（3）模板选择。

准备好工件和毛坯就可以从 CAD 操作界面进入 UG CAM 操作界面。根据毛坯加工成工件需要的几种加工类型，选择一种模板，被选模板内的加工类型一定要包含需要的加工类型，否则就不能一次把该工件所有工步的加工程序编制完成。

2. 编程基本四要素

（1）加工文件夹。

一个工件加工完成要用所选模板内的几种加工类型加工，要经过几个工序和工步，每个工步需要一个加工程序，称为加工文件。加工文件是用 ATP 语句表示的加工程序，ATP 语句不被所有数控机床识别，只有加工文件输出时转译成通用的 G 代码，才被数控机床识别，因此每个工步的加工文件在输出前需要存放在一个指定的文件夹内。为了区分工序和工步，加工文件有时特意要存放在几个不同的文件夹内。

（2）加工刀具。

每个工步加工需要选择一把刀具。

（3）几何体。

根据工件模型创建毛坯模型，毛坯与工件相对多余的材料都是要切除的材料，也就是加工过程的内容；刀轨的确定也与切除材料的位置有关。所以，创建几何体就是用来定义要切除材料的范围。

（4）加工方法。

工件一般要经过粗加工、半精加工和精加工三种程度的加工，加工方法用来定义每个工步的加工程度。

文件夹、加工刀具、几何体和加工方法是组成一个加工文件的基本四要素，编程时应事先要把四要素的相关信息输入计算机。

3. 加工文件生成

加工文件生成要经过以下四个方面的创建操作。

（1）创建程序组。

创建程序组就是创建加工文件放置文件夹的程序次序结构树。形成后道工步的要素被安排在前道工步要素之下，前道工步要素信息内容被后道工步共享。前后工步要素同级放置，同级工步要素信息没有共享关系。其他结构树关系也是如此。

（2）创建刀具组。

创建刀具组要确定刀具类型、刀具材质和刀柄尺寸，并设置刀具长度补偿值、刀具半径补偿值和刀具号。刀具创建后 UG CAM 系统用一个刀具标志和刀具的名称在刀具结构树中表示出来。

（3）创建几何体。

创建几何体有创建加工坐标系和定义切除材料范围两层含义，既要创建加工坐标系和指定坐标系在毛坯上的位置，又要定义切除材料范围。目的是为 CAM 系统作为生成刀轨分析计算用，把刀轨和工件位置关系用加工坐标系表示出来。

（4）创建方法。

定义加工方法的目的是为 UG CAM 系统确定进给速度、切削速度和切削深度分析计算用，包含加工程度和加工手段。加工程度分粗加工、半精加工和精加工，加工手段分钻削和铣削。

4. 加工程序生成

（1）刀轨生成。

在 UG CAM 系统内完成上述几何体定义、参数设置、刀轨生成等编程设置后，就可以通过 UG CAM 系统中的动态播放，在计算机内进行仿真切削，模拟加工过程。

（2）加工文件输出。

加工文件没有输出前是 ATP 语言，输出后自动转译成 G 语言程序，可用记事本或写字板格式打开。加工文件输出到机床的控制系统后，就可以进行加工了。

二、数控铣削加工中心的基本编程功能

以配备 FANUC-0M 系统的数控铣床和加工中心为例，介绍数控铣床和加工中心的编程方法。

（一）F、S、T 功能

1. F 功能——进给功能

指令格式：G94 F______；

进给功能用于指定进给速度，由 F 代码指定，其单位为 mm/min，范围是 1 ～ 15 000 mm/min（公制），0.01 ～ 600.00 in/min（英制）。例如，“G94 F200；”表示进给速度为 200 mm/min。

使用机床操作面板上的开关，可以对快速移动速度或切削进给速度使用倍率。为防止机械振动，在刀具移动开始和结束时，自动实施加 / 减速。

2. S 功能——主轴功能

指令格式：S______；

S 功能用于设定主轴转速，其单位为 r/min，范围是 0 ～ 20 000 r/min。S 后面可以直接指定四位数的主轴转速，也可以指定两位数表示主轴转速的千位和百位。这里使用两位数指定主轴转速。例如，S10 表示主轴转速为 1 000 r/min。

3. T 功能——刀具功能

指令格式：T______；

当机床进行加工时，必须选择适当的刀具。给每个刀具赋予一个编号，在程序中指定不同的编号时，就选择相应的刀具。T 功能用于选择刀具号，范围是 T00 ～ T99。例如，当把刀具放在 ATC 的 28 号位时，通过指令 T28 就可以选择该刀具。

（二）M 功能和 B 功能——辅助功能

（1）辅助功能用于指令机床的辅助操作：第一种是辅助功能（M 代码），用于主轴的启动、停止，冷却液的开、关等；第二种是第二辅助功能（B 代码），用于指定分度工作台分度。

（2）M 代码可分为前指令码和后指令码，其中前指令码可以和移动指令同时执行。例如，“G01 X20.0 M03；”表示刀具移动的同时主轴也旋转。而后指令码必须在移动指令完成后才能执行。“G01 X20.0 M05；”表示刀具移动 20 mm 后主轴才停止。M 代码及功能如表 6-6 所示。

表 6–6 M 代码及功能

M 代码	功能	说明	M 代码	功能	说明
M00	程序停	后指令码	M07	冷却液开	前指令码
M01	计划停		M08	冷却液关	后指令码
M02	程序结束	后指令码	M13	主轴正转、冷却液开	前指令码
M30	程序结束并返回		M14	主轴反转、冷却液关	
M03	主轴正转	指令码	M17	主轴停、冷却液关	后指令码
M04	主轴反转				
M05	主轴停	后指令码	M98	调用子程序	后指令码
			M99	子程序结束	
M06	换刀	后指令码			

（3）一般情况一个程序段仅能指定一个 M 代码，有两个以上 M 代码时，最后一个 M 代码有效。

（4）B 代码用于机床的旋转分度。当 B 代码地址后面指定一数值时，输出代码信号和选通信号，此代码一直保持到下一个 B 代码被指定为止。每一个程序段只能包括一个 B 代码。

（三）G 功能—准备功能

（1）准备功能用于指令机床各坐标轴运动。有两种代码：一种是模态码，它一旦被指定将一直有效，直到被另一个模态码取代；另一种为非模态码，只在本程序段中有效。本系统的 G 代码及功能如表 6–7 所示。

表 6–7 G 代码及功能

G 代码	功能	组别	G 代码	功能	组别
*G00	快速定位		*G40	撤销刀具半径补偿	
*G01	直线插补（F）		G41	刀具半径左补偿	
G02	顺时针方向圆弧插补（CW）	01	G42	刀具半径右补偿	07
C03	逆时针方向圆弧插补（CCW）		G43	刀具长度正补偿	
G04	延时		G44	刀具长度负补偿	
G10	偏移值设定	00	*G49	撤销刀具长度补偿	08
*G17	XY 平面选择		G54 ～ G59	选择工件坐标系 1 ～ 6	
G18	ZX 平面选择	02	G73 ～ G89	孔加工循环	14

续表

G 代码	功能	组别	G 代码	功能	组别
G19	YZ 平面选择		*G90	绝对坐标编程	09
G20	英制尺寸	06	G91	增量坐标编程	03
G21	公制尺寸		G92	定义编程原点	
G27	返回参考点检查	00	*G94	每分钟进给速率	00
G28	返回参考点		*G98	在固定循环中使 Z 轴返回起始点	05
G29	从参考点返回				
G31	跳步功能		G99	在固定循环中使 Z 轴返回 R 点	
G39	转角过渡				

（2）*G 代码为电源接通时的初始状态。

（3）如果同组的 G 代码被编入同一程序段中，则最后一个 G 代码有效。

（4）在固定循环中，如果遇到 01 组代码时，固定循环被撤销。

三、数控铣削加工中心的基本编程方法

这里主要介绍数控铣削加工中心的基本编程指令，包括坐标系选择指令、平面选择指令、刀具移动指令及返回参考点指令等。

（一）坐标系选择指令

CNC 将刀具移动到指定位置。如图 6-16 所示，刀具的位置由刀具在坐标系中的坐标值表示。坐标值由编程轴指定。当三个编程轴为 *X*、*Y*、*Z* 轴时，坐标值指定为：*X*______*Y*______*Z*______，该指令称为尺寸字。尺寸字表示为 IP______。

编程时要在机床坐标系、工件坐标系、局部坐标系的三个坐标系之一中指定坐标值。

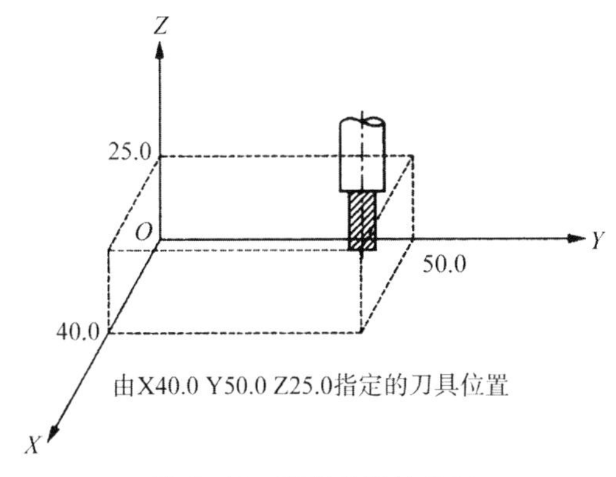

图 6-16 刀具位置的坐标

1. G53——选择机床坐标系指令

指令格式：G53 X______Y______Z______;

当指定机床坐标系上的位置时，刀具快速移动到该位置。用于选择机床坐标系的指令

G53 是非模态 G 代码，即仅在指定机床坐标系的程序段有效。对 G53 指令应指定绝对值（G90）。当指定增量值（G91）时，G53 指令被忽略。当指令 G53 指令时，就清除了刀具半径补偿、刀具长度补偿和刀具偏置。在指令 G53 指令之前，必须设置机床坐标系，因此通电后必须进行手动返回参考点或 G28 指令自动返回参考点。采用绝对位置编码器时，就不需要该操作。

2. 设置工件坐标系

可以使用以下三种方法设置工件坐标系：

①用 G92 法。在程序中，在 G92 之后指定一个值来设定工件坐标系。

指令格式：G92 X______Y______Z______;

该指令用于建立工件坐标系，坐标系的原点由指定当前刀具位置的坐标值确定。

上述指令确定工件坐标系的原点为 0，而（25.2，23.0）为程序的起点。通过上述编程可以保证刀尖或刀柄上某一标准点与程序起点相符。如果发出绝对值指令，基准点移动到指定位置，为了把刀尖移动到指定位置，则刀尖到基准点的差，用刀具长度补偿来校正。如果在刀具长度补偿期间用 G92 指令设定坐标系，则 G92 指令用无偏置的坐标值设定坐标系，刀具半径补偿被 G92 指令临时删除。

②自动设置。预先将系统内参数进行设置，当执行手动返回参考点后，就自动设定了工件坐标系。

③使用 CRT/MDI 面板输入。使用 CRT/MDI 面板可以设置六个工件坐标系，用 G54 ～ G59 指令分别调用。

3. 选择工件坐标系

用户可以任意选择设定的工件坐标系，方法如下：

①用 G92 或自动设定工件坐标系的方法设定了工件坐标系后，工件坐标系用绝对指令工作。

②用 MDI 面板可设定六个工件坐标系 G54 ～ G59。当电源接通并返回参考点之后，建立工件坐标系 1 至工件坐标系 6，当电源接通时，自动选择 G54 坐标系。

4. 局部坐标系

为了方便编程，当在工件坐标系中编制程序时，可以设定工件坐标系的子坐标系。子坐标系称为局部坐标系。

指令格式：G52 X______Y______Z______;

G52 取消局部坐标系

用指令“G52X______Y______Z______；”可以在工件坐标系 G54 ～ G59 中设定局部

坐标系。局部坐标系的原点设定在工件坐标系中以“X______Y______Z______；”指定的位置。

当局部坐标系设定时，后面的以绝对值方式（G90）指令移动的是局部坐标系中的坐标值。

（二）平面选择指令

对选择G代码的圆弧插补、刀具半径补偿和钻孔，需要选择平面。表6–8列出选择平面的G代码。

表6–8　选择的平面的G代码

G代码	选择的平面	X_P	Y_P	Z_P
G17	X_PY_P 平面	*X* 轴或它的平行轴	*Y* 轴或它的平行轴	*Z* 轴或它的平行轴
G18	Z_PX_P 平面			
G19	Y_PZ_P 平面			

（1）由G17、G18或G19指定的程序段中出现的轴地址决定 X_P、Y_P、Z_P。

（2）当在G17、G18或G19程序段中省略轴地址时，认为是基本三轴地址被省略。

（3）在不指定G17、G18、G19的程序段中，平面维持不变。

（4）移动指令与平面选择无关。

（三）G90、G91——绝对值编程和增量值编程指令

刀具移动可以用绝对值指令和增量值指令。在绝对值指令中，用终点的坐标值编程。在增量值指令中，用移动的距离编程。G90和G91分别用于指定绝对值和增量值。

指令格式：G90 X______Y______Z______；

G91 X______Y______Z______；

（四）刀具移动指令

1. G00——快速点定位指令

指令格式：G00 α ______ β ______；

说明：

①式中 α 、β 为目标点的坐标，是采用绝对坐标还是采用增量坐标由G90和G91指令定。

②执行G00指令，刀具以快速移动速度移动到指定的工件坐标系位置。快速移动速度由机床制造厂单独设定，不能在地址F中指定。

2. G01——直线插补指令

指令格式：G01 α ______ β ______F______

说明：

①式中 α 、β 为插补终点的坐标，不运动的轴可以省略。

②执行 G01 指令，刀具以 F 指定的进给速度沿直线移动到指定的位置，直到新的值被指定之前，F 指定的进给速度一直有效。因此，不需对每个程序段都指定 F 值。

③用 F 指定的进给速度是沿着刀具轨迹测量的，如果不指定 F 代码，则认为进给速度为零。

④ F 为合成进给速度，各个轴向的进给速度如下：

α 轴方向的进给速度：$F_{\alpha}=\dfrac{\alpha \times F}{L}$

β 轴方向的进给速度：$F_{\beta}=\dfrac{\beta \times F}{L}$

其中，$L^2=\alpha^2+\beta^2$。

3. G02，G03——圆弧插补指令

表 6-9 G02、G03 指令格式说明

指令	说明
G17	指定 X_PY_P 平面上的圆弧
G18	指定 Z_PX_P 平面上的圆弧
G19	指定 Y_PZ_P 平面上的圆弧
G02	顺时针方向圆弧插补（CW）
G03	逆时针方向圆弧插补（CCW）
X_P	X 轴或它的平行轴的指令值
Y_P	Y 轴或它的平行轴的指令值
Z_P	Z 轴或它的平行轴的指令值
I______	X_P 轴从起始点到圆弧中心的距离（带符号）
J______	Y_P 轴从起始点到圆弧中心的距离（带符号）
K______	Z_P 轴从起始点到圆弧中心的距离（带符号）
R______	圆弧半径
F______	沿圆弧的进给速度

（五）返回参考点指令

刀具经过中间点沿着指定轴自动地移动到参考点，或者刀具从参考点经过中间点沿着指定轴自动地移动到指定点。当返回参考点完成时，表示返回完成的指示灯亮。

1. G28、G30——返回参考点指令

指令格式：

G28 α______ β______；（返回参考点）

G30 P2______；（返回第 2 参考点）

G30 P3 α______ β______；（返回第 3 参考点）

G30 P4 α______ β______；（返回第 4 参考点）

说明：

① α 、β 为指定中间点位置（绝对值和增量值指令）。

②执行 G28 指令，各轴以快速移动速度定位到中间点或参考点。因此，为了安全，在执行该指令之前，应该清除刀具半径补偿和刀具长度补偿。

③ G28 指令常用于自动换刀。

④没有绝对位置检测器的系统中，只有在执行自动返回参考点或手动返回参考点之后，方可使用返回第 2、3、4 参考点功能。通常，当刀具自动交换（ATC）位置与第 1 参考点不同时，使用 G30 指令。

2. G29——从参考点返回指令

指令格式：G29 α______ β______；

说明：

① α 、β 为指定从参考点返回到目标点（绝对值和增量值指令）。

②一般情况下，在 G28 或 G30 指令后，应立即指定从参考点返回指令。对增量值编程，指令值指离开中间点的增量值。

3. G27——返回参考点检查指令

指令格式：G27 α______ β______；

说明：

① α 、β 为指定的参考点（绝对值和增量值指令）。

②执行 G27 指令，刀具以快速移动速度定位，返回参考点检查刀具是否已经正确返回到程序指定的参考点，如果刀具已经正确返回，该轴指示灯亮。

③使用 G27 返回参考点检查指令之后，将立即执行下一个程序段。如果不希望立即执行下一个程序段（如换刀时），可插入 M00 或 M01。

④由于返回参考点检查不是每个循环都需要的，故可以作为任选程序段。

⑤在返回参考点检查之前，需取消刀具补偿。

（六）停刀指令

指令格式：G04 X______；

或 G04 P______；

说明：

① X 为指定时间（可以用十进制小数点）。

② P 为指定时间（不能用十进制小数点）。

③执行 G04 指令停刀，延迟指定的时间后执行下一个程序段。

④ P、X 都不指定时，执行准确停止。

⑤ X 的暂停时间的指令值范围为：0.001 ～ 99 999.999 s，P 的暂停时间的指令值范围为：1 ～ 99 999 999（0.000 1 s）。例如，暂停 2.5 s 的程序为“G04 X2.5；”或“G04 P2500；”。

四、刀具补偿功能

应用刀具补偿功能后数控系统可以对刀具长度和刀具半径进行自动校正，使编程人员可以直接根据零件图纸进行编程，不必考虑刀具因素。它的优点是在换刀后不需要另外编写程序，只需输入新的刀具参数即可，而且粗、精加工可以通用。

（一）G43、G44、G49——刀具长度补偿功能

将编程时的刀具长度和实际使用的刀具长度之差设定于刀具偏置存储器中。用该功能补偿这个差值而不用修改程序。

用 G43 或 G44 指定刀具长度补偿方向。由输入的地址号（H 代码），从偏置存储器中选择刀具偏置值。

1. 刀具长度补偿方法

根据刀具的偏置轴，可以使用下面三种刀具补偿方法：

①刀具长度偏置 A。沿 Z 轴补偿刀具长度的差值。

②刀具长度偏置 B。沿 X、Y 或 Z 轴补偿刀具长度的差值。

③刀具长度偏置 C。沿指定轴补偿刀具长度的差值。刀具长度补偿指令格式如表 6-10 所示。

表 6-10　刀具长度补偿指令格式

<table>
<tr><th>补偿方法</th><th>指令格式</th><th>说明</th></tr>
<tr><td rowspan="2">刀具长度偏置 A</td><td>G43 Z______H______;</td><td rowspan="12">各地址的说明：
G43：刀具长度正补偿
G44：刀具长度负补偿
G17：XY 平面选择
G18：ZX 平面选择
G19：YZ 平面选择
α：被选择轴的地址
H：指定刀具长度偏置值的地址</td></tr>
<tr><td>G44 Z______H______;</td></tr>
<tr><td rowspan="6">刀具长度偏置 B</td><td>G17 G43 Z______H______;</td></tr>
<tr><td>G17 G43 Z______H______;</td></tr>
<tr><td>G18 G43 Y______H______;</td></tr>
<tr><td>G18 G43 Y______H______;</td></tr>
<tr><td>G19 G43 Z______H______;</td></tr>
<tr><td>G19 G43 Z______H______;</td></tr>
<tr><td rowspan="2">刀具长度偏置 C</td><td>G43α______H______;</td></tr>
<tr><td>G44 α ______H______;</td></tr>
</table>

2. 刀具长度偏置方向

①不论是绝对坐标编程还是增量坐标编程，当指定 G43 时，用 H 代码指定的刀具长度偏置值加到程序中由指令指定的终点位置坐标上。当指定 G44 时，从终点位置减去长度补偿值。补偿后的坐标值表示补偿后的终点位置，而不管选择的是绝对值还是增量值。

②如果不指定轴的移动，系统假定指定了不引起移动的移动指令。当用 G43 对刀具长度偏置指定一个正值时，刀具按正向移动。当用 G44 对刀具长度补偿指定一个正值时，刀具按负向移动；当对刀具长度补偿指定负值时，刀具则向相反方向移动。

③ G43 和 G44 是模态 G 代码，它们一直有效，直到指定同组的 G 代码为止。

3. 刀具长度偏置值地址

H 为刀具长度偏置值地址，其范围为 H00 ～ H99，可由用户设定刀具长度偏置值，其中 H00 的长度偏置值恒为零。刀具长度偏置值的范围为 0 ～ ±999.999 mm（公制），0 ～ ±99.999 9 in（英制）。

4. 取消刀具长度补偿指令

①一般加工完一个工件后，应该撤销刀具长度补偿，用 G49 或 HO 指令可以取消刀具长度补偿。

②在刀具长度偏置 B 沿两个或更多轴执行后，用 G49 取消沿所有轴的长度补偿。如果用 H0 指令，仅取消沿垂直于指定平面的轴的长度补偿。

例：如图 6-17 所示，该工件上有 3 个孔，孔径为 20 mm，孔深如图 6-17 所示，试编写加工程序。编程坐标系如图 6-17 所示，取距离工件表面 3 mm 处为 $Z=0$ 平面，刀具长度偏置值 H1=-4.0。程序如下：

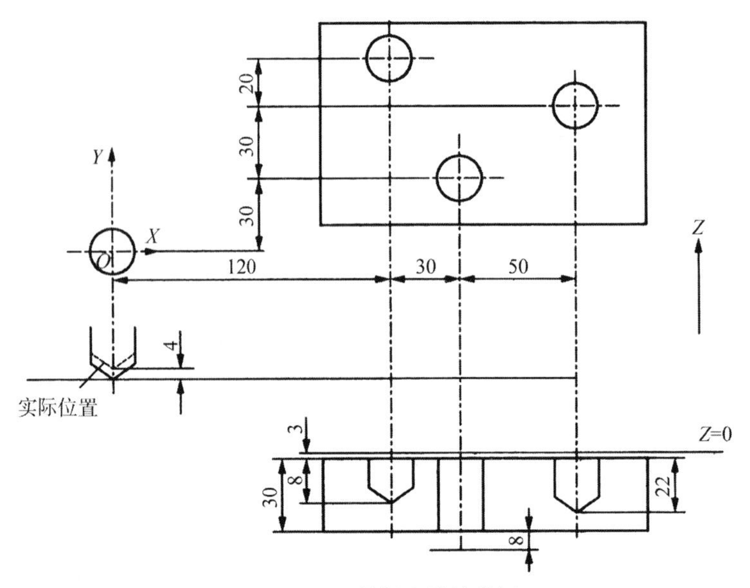

图 6-17 刀具长度补偿举例

00000

N001 G91 G00 X120.0 Y80.0；（定位）

N002 S20 M03；（启动主轴）

NO03 G43 Z32.0 H1；（刀具长度补偿）

N004 G01 Z-21.0 F1000；（钻孔 1）

N005 G04 P2000；（孔底暂停 2 s）

N006 G00 Z21.0；（退刀）

N007 X30.0 Y-50.0；（定位）

N008 G01Z-41.0；（钻孔 2）

NO09 G00 Z41.0；（退刀）

NO10 X50.0 Y30.0；（定位）

NO11 G01Z-25.0；（钻孔 3）

NO12 G04 P2000；（孔底暂停 2 s）

NO13 G00 Z57 H0；（退刀，撤销长度补偿）

NO14X-120.0Y-60.0；（退回编程起始点）

NO15 M02；（程序结束）

（二）G40、G41、G42——刀具半径补偿功能

1. 刀具半径补偿过程

铣削平面轮廓时，由于铣刀半径不同，使得铣同一轮廓时的各把刀具的中心轨迹都不

相同。因此，就要使用半径补偿功能，按照图纸的轨迹进行编程，可以减少编程的复杂程度。

进行刀具半径补偿，当刀具移动时，刀具轨迹可以偏移一个刀具半径。为了偏移一个刀具半径，CNC 首先建立长度等于刀具半径的补偿矢量（起刀点）。补偿矢量垂直刀具轨迹。矢量尾部在工件上而头部指向刀具中心。

如果在起刀之后指定直线插补或圆弧插补，在加工期间，刀具轨迹可以用偏置矢量的长度偏移。在加工结束时，为使刀具返回到开始位置，需撤销刀具半径补偿方式。

指令格式：

G00（或 G01）G41（或 G42）IP______D______；

G40 IP；

其中，G41 为刀具半径左补偿（07 组）；G42 为刀具半径右补偿（07 组）；IP 为指定坐标轴移动；D 为指定刀具半径补偿值的代码（1 ～ 3 位）；G40 为刀具半径补偿取消（07 组）。

2. 说明

（1）偏置取消方式。当电源接通时，CNC 系统处于偏置方式取消状态。在取消方式中，矢量总是 0，并且刀具中心轨迹和编程轨迹一致。

（2）起刀。当在偏置取消方式指定刀具半径补偿指令（G41 或 G42，在偏置平面内，非零尺寸字和除 DO 以外的 D 代码）时，CNC 进入偏置方式。用这个指令移动刀具称为起刀。起刀时应指定快速点定位（G00）或直线插补（G01）。如果指定圆弧插补（G02、G03），系统会报警。处理起刀程序段和以后的程序段时，CNC 预读两个程序段。

（3）偏置方式。在偏置方式中，由快速点定位（G00）、直线插补（G01）或圆弧插补（GO2、G03）实现补偿。如果在偏置方式中，处理两个或更多刀具不移动的程序段（辅助功能、暂停等），刀具将产生过切或欠切现象。如果在偏置方式中切换偏置平面，系统出现报警，并且刀具停止移动。

（4）偏置方式取消。在偏置方式中，当满足下面条件中的任何一个，程序段被执行时，CNC 进入偏置取消方式，并且这个程序段的动作称为偏置取消：

① G40 的程序段；

②指定了刀具半径补偿偏置号为 0 的程序段。

当执行偏置取消时，圆弧指令（G02、G03）无效。如果指定圆弧指令，系统报警并且刀具停止移动。

（5）刀具半径补偿值的改变。通常，刀具半径补偿值应在取消方式改变，即换刀时。如果在偏置方式中改变刀具半径补偿值，在程序段的终点的矢量被计算作为新刀具半径补偿值。

（6）正 / 负刀具半径补偿值和刀具中心轨迹。如果偏置量是负值（–），则 G41 和 G42 互换。即如果刀具中心正围绕工件的外轮廓移动，它将绕着内侧移动，或者相反。

（7）刀具半径补偿值设定。在 MDI 面板上，把刀具半径补偿值赋给 D 代码。

①对应于偏置号 0 即 D0 的刀具补偿值总是 0。不能设定 DO 任何其他偏置量。

②当参数 FH 设为 0 时，刀具半径补偿 C 可以用 H 代码指定。

（8）偏置矢量。偏置矢量是二维矢量，它等于由 D 代码赋值的刀具补偿值。它在控制装置内部计算，并且它的方向根据每个程序段中刀具的前进方向而改变。偏置矢量用复位清除。

（9）指定刀具半径补偿值。给它赋予一个数来指定刀具半径补偿值。这个数由地址 D 后的 1 ～ 3 位数组成（D 代码），D 代码一直有效，直到指定另一个 D 代码。D 代码用于指定刀具偏置值以及刀具半径补偿值。

（10）平面选择和矢量。偏置值计算是在 G17、G18、G19 决定的平面内实现的。这个平面称为偏置平面。不在指定平面内的位置坐标值不执行补偿。在三轴联动控制时，对刀具轨迹在各平面上的投影进行补偿。只能在偏置取消方式下改变偏置平面。如果在偏置取消方式下改变偏置平面，机床报警并且停止工作。

五、固定循环

一般数控铣床中的固定循环主要用于钻孔、镗孔、攻丝等。使用固定循环使编程变得简单，有固定循环且频繁使用的加工操作可以用 G 功能在单程序段中指定；没有固定循环，一般要求用多个程序段。另外，固定循环可以缩短程序，节省存储器。表 6–11 给出了固定循环功能示例。

表 6–11　固定循环功能示例

G 代码	钻孔方式	孔底操作	返回方式	应用
G73	间歇进给	—	快速移动	高速深孔钻循环
G74	切削进给	停刀→主轴正转	切削进给	左旋攻丝循环
G76	切削进给	主轴定向停止	快速移动	精镗循环
G80	—	—	—	取消固定循环
G81	切削进给	—	快速移动	钻孔循环、点钻循环
G82	切削进给	停刀	快速移动	钻孔循环、锪镗循环
G83	间歇进给	—	快速移动	深孔钻循环
G84	切削进给	停刀→主轴反转	切削进给	攻丝循环
G85	切削进给	—	切削进给	镗孔循环

续表

G 代码	钻孔方式	孔底操作	返回方式	应用
G86	切削进给	主轴停止	快速移动	镗孔循环
G87	切削进给	主轴正转	快速移动	背镗循环
G88	切削进给	停刀→主轴停止	手动移动	镗孔循环
G89	切削进给	停刀	切削进给	镗孔循环

（一）固定循环组成

固定循环由六个顺序的动作组成，如图 6-18 所示。

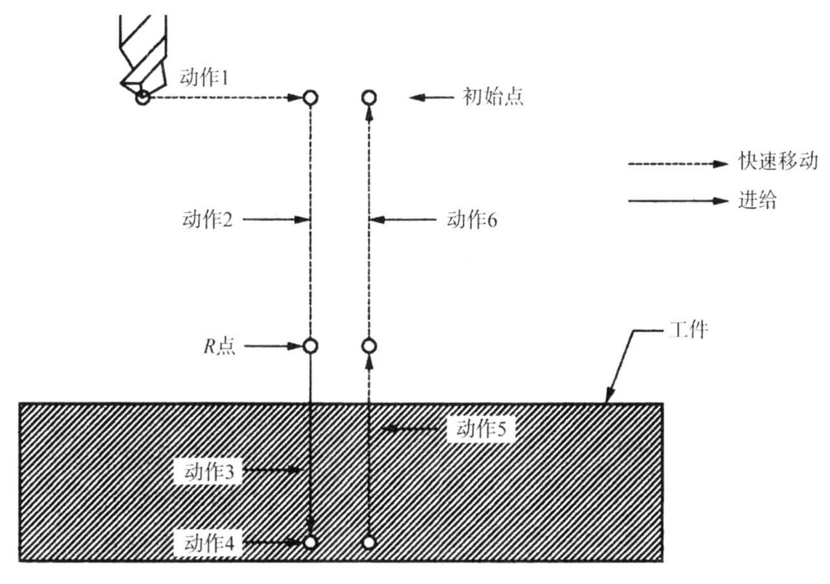

图 6-18　固定循环动作顺序

动作 1：*X* 轴和 *Y* 轴的定位（还可以包括另一个轴）；

动作 2：快速移动到 *R* 点；

动作 3：孔加工；

动作 4：在孔底的动作；

动作 5：返回到 *R* 点；

动作 6：快速返回到初始点。

（二）编程格式

格式如下：

G90（G91）G98（G99）（G73 ～ G89）X______Y______Z______R______Q______P______F______K______；

其中，X、Y 为孔在定位平面上的位置；Z 为孔底位置；R 为快进的终止面；Q 为 G76 和 G87 中每次的切削深度，在 G76 和 G87 中为偏移值，它始终是增量坐标值；P 为在孔底的暂停时间，与 G04 相同；F 为切削进给速度；K 为重复加工次数，范围是 1 ～ 6，当 K=1 时，可以省略，当 K=0 时，不执行孔加工。

进行固定循环编程时要注意以下事项：

（1）定位平面。由平面选择代码 G17、G18 或 G19 决定定位平面，定位轴是除钻孔轴以外的轴。

（2）钻孔轴。虽然固定循环包括攻丝、镗孔以及钻孔循环，在本项目中，钻孔将用于说明固定循环执行的动作。钻孔轴是不用于定义定位平面的基本轴（X、Y 或 Z）或平行于基本轴的轴。

钻孔轴根据 G 代码（G73 ～ G89）程序段中指定的轴地址确定。如果没有对钻孔轴指定轴地址，则认为基本轴是钻孔轴。

（3）钻孔方式。G73、G74、G76 和 G81 ～ G89 是模态 G 代码，直到被取消之前一直保持有效。当有效时，当前状态是钻孔方式。

一旦在钻孔方式中数据被指定，则数据将被保持，直到被修改或清除。在固定循环的开始，指定全部所需的钻孔数据，当固定循环正在执行时，只能指定修改数据。

（4）返回点平面 G98/G99。当刀具到达孔底后，刀具可以返回到 R 点平面或初始平面，由 G98 和 G99 指定。

（5）重复次数 K。在 K 中指定重复次数，对等间距孔进行重复钻孔。K 仅在被指定的程序段内有效。以增量方式（G91）指定第一孔位置。如果用绝对方式（G90）指定，则在相同位置重复钻孔。

（6）取消固定循环。使用 G80 或 01 组 G 代码，可以取消固定循环。

（三）固定循环指令

1. G73——高速排屑钻孔循环指令

该循环执行高速排屑钻孔。它执行间歇切削进给直到孔的底部，同时从孔中排除切屑。

指令格式：G73 X______Y______Z______R______Q______F______K______；

其中，X、Y 为孔位数据；Z 为从 R 点到孔底的距离；R 为从初始平面到 R 点的距离；Q 为每次切削进给的切削深度；F 为切削进给速度；K 为重复次数。

说明：

（1）执行高速排屑钻孔循环 G73 指令，机床首先快速定位于 *X*、*Y* 坐标，并快速下刀，然后以 F 速度沿着 *Z* 轴执行间歇进给，进给一个深度后回退一个退刀量，将切屑带出，再次进给。使用这个循环，切屑可以很容易地从孔中排出，并且能够设定较小的回退值。在

参数中设定退刀量，刀具快速移动退回。

（2）在指定 G73 之前，用辅助功能旋转主轴（M 代码）。

（3）当 G73 代码和 M 代码在同一个程序段中被指定时，在第一定位动作的同时，执行 M 代码。然后，系统处理下一个钻孔动作。

（4）当指定重复次数 K 时，只在第一个孔执行 M 代码，对第二个和以后的孔，不执行 M 代码。

（5）当在固定循环中指定刀具长度偏置（G43、C44 或 G49）时，在定位到 R 点的同时加偏置。

（6）在改变钻孔轴之前必须取消固定循环。

（7）在程序段中没有 X、Y、Z、R 或任何其他轴的指令时，钻孔不执行。

（8）在执行钻孔的程序段中指定 Q、R。如果在不执行钻孔的程序段中指定它们，则不能作为模态数据被存储。

（9）不能在同一程序段中指定 01 组 G 代码和 G73，否则 G73 将被取消。

（10）在固定循环方式中，刀具偏置被忽略。

例：高速排屑孔循环指令 G73 编程示例。

```
O0000
N010 M03 S2000；（主轴开始旋转）
N020 G90 G99 G73 X300.0Y−250.0Z−150.0R−100.0Q15.0F120.0；
（定位，钻孔 1，然后返回到 R 点）
N030 Y−550.0；（定位，钻孔 2，然后返回到 R 点）
N040 Y−750.0；（定位，钻孔 3，然后返回到 R 点）
N050 X1000.0；（定位，钻孔 4，然后返回到 R 点）
N060 Y−550.0；（定位，钻孔 5，然后返回到 R 点）
N070 G98 Y−750.0；（定位，钻孔 6，然后返回到初始平面）
N080 G80 G28 G91 X0 Y0 Z0；（返回到参考点）
N090 M05；（主轴停止旋转）
```

2. G74——左旋攻丝循环指令

该循环执行左旋攻丝。在左旋攻丝循环中，当刀具到达孔底时，主轴顺时针旋转。

指令格式：G74 X______Y______Z______R______P______F______K______；

其中，X、Y 为孔位数据；Z 为从 R 点到孔底的距离；R 为从初始平面到 R 点的距离；P 为暂停时间；F 为切削进给速度；K 为重复次数。

说明：

（1）该循环用于主轴逆时针旋转执行攻丝。当到达孔底时，为了退回，主轴顺时针旋转。该循环加工一个反螺纹。

（2）在左旋攻丝期间，进给倍率被忽略。进给暂停，不停止机床，直到回退动作完成。

（3）在指定 G74 之前，使用辅助功能（M 代码）使主轴逆时针旋转。

（4）当 G74 代码和 M 代码在同一程序段中被指定时，在第一定位动作的同时，执行 M 代码。然后，系统处理下一个钻孔动作。

（5）当指定重复次数 K 时，则只在第一个孔执行 M 代码，对第二个和以后的孔，不执行 M 代码。

（6）当在固定循环中指定刀具长度偏置（G43、G44 或 G49）时，在定位到 R 点的同时加偏置。

（7）在改变钻孔轴之前必须取消固定循环。

（8）在程序段中没有 X、Y、Z、R 或任何其他轴的指令时，钻孔不执行。

（9）在执行钻孔的程序段中指定 P。如果在不执行钻孔的程序段中指定它，则不能作为模态数据被存储。

（10）不能在同一程序段中指定 01 组 G 代码和 G74，否则 G74 将被取消。

（11）在固定循环方式中，刀具偏置被忽略。

3. G76——精镗循环指令

镗孔是常用的加工方法，镗孔能获得较高的位置精度。精镗循环用于镗削精密孔。当到达孔底时，主轴停止，切削刀具离开工件的表面并返回。

指令格式：G76 X______Y______Z______R______Q______P______F______K______；

其中，X、Y 为孔位数据；Z 为从 R 点到孔底的距离；R 为从初始平面到 R 点的距离；Q 为孔底的偏置量；P 为在孔底的暂停时间；F 为切削进给速度；K 为重复次数。

说明：

（1）执行 G76 循环时，机床首先快速定位于 *X*、*Y*、*Z* 定义的坐标位置，以 F 速度进行精镗加工，当加工至孔底时，主轴在固定的旋转位置停止（主轴定向停止 OSS），然后刀具以与刀尖的相反方向移动 *Q* 距离退刀。这保证加工面不被破坏，实现精密有效的镗削加工。

（2）*Q*（在孔底的偏移量）是在固定循环内保存的模态值。必须小心指定，因为它也作用于 G73 和 G83 的切削深度。

（3）在指定 G76 之前，用辅助功能（M 代码）旋转主轴。

（4）当 G76 代码和 M 代码在同一程序段中被指定时，在第一定位动作的同时，执行 M 代码。然后，系统处理下一个动作。

（5）当指定重复次数 K 时，则只在第一个孔执行 M 代码，对第二个和以后的孔，不执行 M 代码。

（6）当在固定循环中指定刀具长度偏置（G43、G44 或 G49）时，在定位到 R 点的同时加偏置。

（7）在改变钻孔轴之前必须取消固定循环。

（8）在程序段中没有 X、Y、Z、R 或任何其他轴的指令时，不执行镗孔加工。

（9）Q 指定为正值。如果 Q 指定为负值，符号被忽略。在参数中设置偏置方向。在执行镗孔的程序段中指定 Q、P。如果在不执行镗孔的程序段中指定它们，则不能作为模态数据被存储。

（10）不能在同一程序段中指定 01 组 G 代码和 G76，否则 G76 将被取消。

（11）在固定循环方式中，刀具偏置被忽略。

例：精镗循环指令 G76 编程示例。

```
00000
N010 M3 S500；（主轴开始旋转）
NO20 G90 G99 G76 X300.0Y-250.0；（定位，镗孔 1，然后返回到 R 点）
NO30Z-150.0R-100.0Q5.0；（孔底定向，然后移动 5 mm）
NO40 P1000.0 F120.0；（在孔底停止 1s）
N050 Y-550.0：（定位，镗孔 2，然后返回到 R 点）
N060 Y-750.0；（定位，镗孔 3，然后返回到 R 点）
N070 X1000.0；（定位，镗孔 4，然后返回到 R 点）
N080 Y-550.0；（定位，镗孔 5，然后返回到 R 点）
NO90 G98 Y-750.0；（定位，镗孔 6，然后返回到初始平面）
N100 G80 G28 G91 X0 Y0 Z0；（返回到参考点）
N110 M05；（主轴停止旋转）
```

4. G81——钻孔循环，钻中心孔循环指令

该循环用作正常钻孔。切削进给执行到孔底，然后，刀具从孔底快速移动退回。

指令格式：G81 X______Y______Z______R______F______K______；

其中，X、Y 为孔位数据；Z 为从 R 点到孔底的距离；R 为从初始平面到 R 点的距离；F 为切削进给速度；K 为重复次数。

说明：

（1）执行 G81 循环，如图 6-19 所示，机床在沿着 *X* 轴和 *Y* 轴定位后，快速移动到 *R* 点。从 *R* 点到 *Z* 点执行钻孔加工。然后，刀具快速退回。

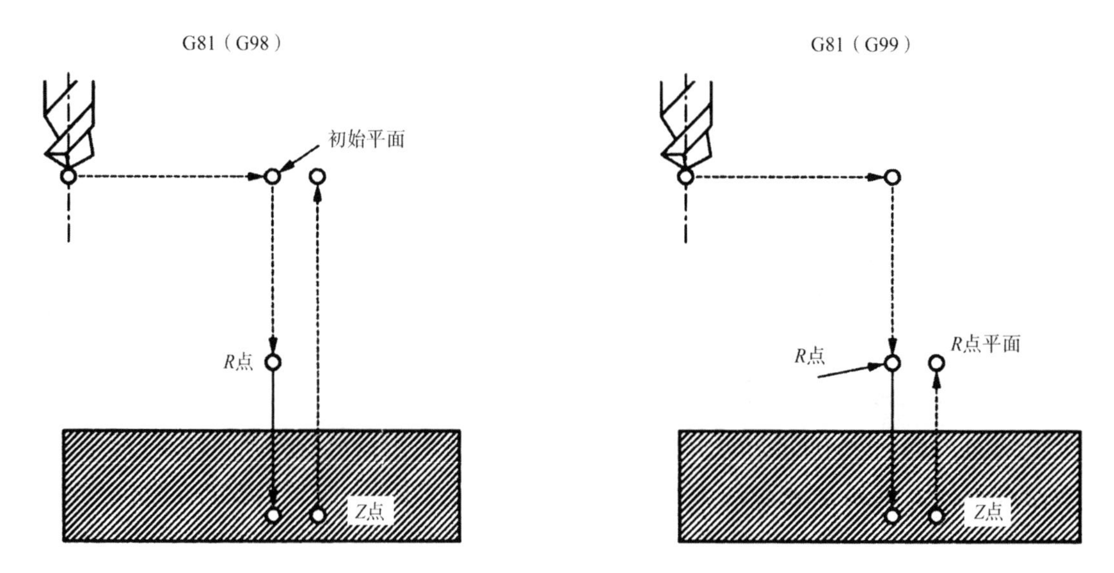

图 6-19　G81 循环过程

（2）在指定 G81 之前，用辅助功能（M 代码）旋转主轴。

（3）当 G81 代码和 M 代码在同一程序段中被指定时，在第一定位动作的同时，执行 M 代码。然后，系统处理下一个动作。

（4）当指定重复次数 K 时，则只在第一个孔执行 M 代码，对第二个和以后的孔，不执行 M 代码。

（5）当在固定循环中指定刀具长度偏置（G43、G44 或 G49）时，在定位到 R 点的同时加偏置。

（6）在改变钻孔轴之前必须取消固定循环。

（7）在程序段中没有 X、Y、Z、R 或任何其他轴的指令时，不执行钻孔加工。

（8）不能在同一程序段中指定 01 组 G 代码和 G81，否则 G81 将被取消。

（9）在固定循环方式中，刀具偏置被忽略。

例：钻孔循环，钻孔中心孔循环指令 G81 编程示例。

O0000

N010 M3 S2000；（主轴开始旋转）

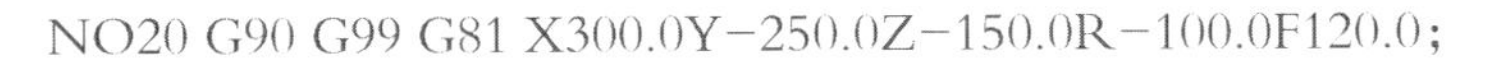

NO20 G90 G99 G81 X300.0Y−250.0Z−150.0R−100.0F120.0;

（定位，钻孔 1，然后返回到 R 点）

NO30 Y−550.0；（定位，钻孔 2，然后返回到 R 点）

N040 Y−750.0；（定位，钻孔 3，然后返回到 R 点）

NO50 X1000.0；（定位，钻孔 4，然后返回到 R 点）

N060 Y−550.0；（定位，钻孔 5，然后返回到 R 点）

NO70 G98 Y−750.0；（定位，钻孔 6，然后返回到初始平面）

N080 G80 G28 G91 X0 Y0 Z0；（返回到参考点）

NO90 M05；（主轴停止旋转）

5. G82——钻孔循环，逆镗孔循环指令

该循环用作正常钻孔。切削进给执行到孔底，执行暂停。然后，刀具从孔底快速移动退回。

指令格式：G82 X______Y______Z______R______P______F______K______;

其中，X、Y 为孔位数据；Z 为从 *R* 点到孔底的距离；R 为从初始平面到 *R* 点的距离；P 为在孔底的暂停时间；F 为切削进给速度；K 为重复次数。

说明：

（1）执行 G82 循环，如图 6–20 所示，机床在沿着 *X* 轴和 *Y* 轴定位后，快速移动到 *R* 点。从 *R* 点到 *Z* 点执行钻孔加工。当到孔底时，执行暂停。然后刀具快速退回。G81 与 G82 都是常用的钻孔方式，区别在于 G82 钻到孔底时执行暂停再返回，孔的加工精度比 G81 高，G81 可用于钻通孔或螺纹孔，G82 用于钻孔深要求较高的平底孔。使用时可根据实际情况和精度需要选择。

（2）在指定 G82 之前，用辅助功能（M 代码）旋转主轴。

（3）当 G82 代码和 M 代码在同一程序段中被指定时，在第一定位动作的同时，执行 M 代码。然后，系统处理下一个动作。

（4）当指定重复次数 K 时，则只在第一个孔执行 M 代码，对第二个和以后的孔，不执行 M 代码。

（5）当在固定循环中指定刀具长度偏置（G43、G44 或 G49）时，在定位到 *R* 点的同时加偏置。

（6）在改变钻孔轴之前必须取消固定循环。

（7）在程序段中没有 X、Y、Z、R 或任何其他轴的指令时，不执行钻孔加工。

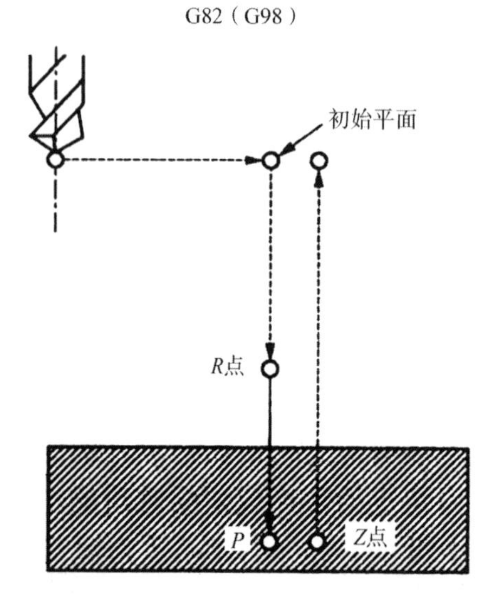

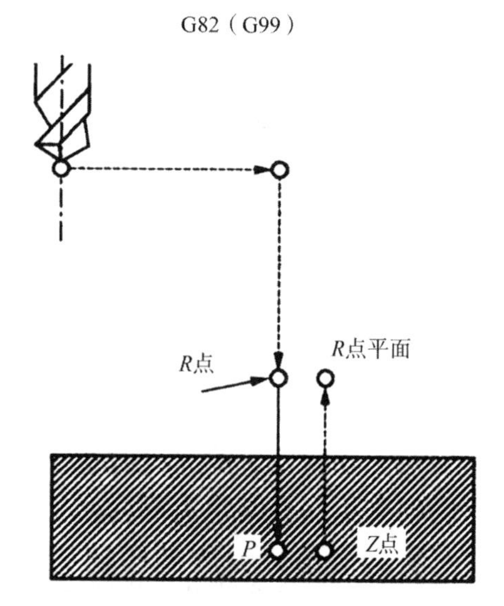

图 6–20　G82 循环过程

（8）在执行钻孔的程序段中指定 P。如果在不执行钻孔的程序段中指定它，它不能作为模态数据被存储。

（9）不能在同一程序段中指定 01 组 G 代码和 G82，否则 G82 将被取消。

（10）在固定循环方式中，刀具偏置被忽略。

例：钻孔循环，逆镗孔循环指令 G82 编程示例。

00000

NO10 M3 S2000；（主轴开始旋转）

NO20 G90 G99 G82 X300.0Y−250.0Z−150.0R−100.0P1000.0F120.0；

（定位，钻孔 1，暂停 1s，然后返回到 R 点）

N030 Y−550.0；（定位，钻孔 2，然后返回到 R 点）

N040 Y−750.0；（定位，钻孔 3，然后返回到 R 点）

N050 X1000.0；（定位，钻孔 4，然后返回到 R 点）

N060 Y−550.0；（定位，钻孔 5，然后返回到 R 点）

N070 G98Y−750.0；（定位，钻孔 6，然后返回到初始平面）

N080 G80 G28 G91 X0 Y0 Z0；（返回到参考点）

NO90 M05；（主轴停止旋转）

6. G83——排屑钻孔循环指令

该循环执行深孔钻。执行间歇切削进给到孔的底部，钻孔过程中从孔中排出切屑。

指令格式：G83 X______Y______Z______R______Q______F______K______；

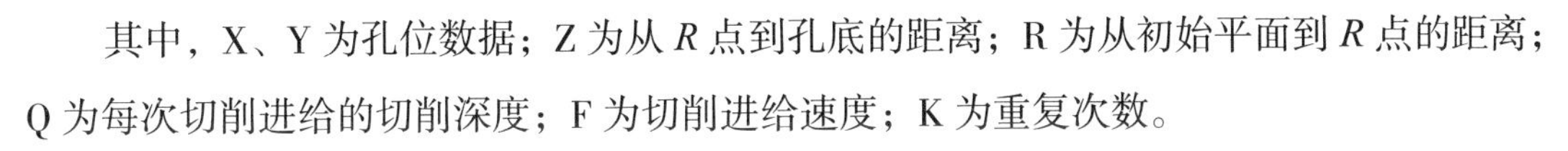

其中，X、Y 为孔位数据；Z 为从 *R* 点到孔底的距离；R 为从初始平面到 *R* 点的距离；Q 为每次切削进给的切削深度；F 为切削进给速度；K 为重复次数。

说明：

（1）执行排屑钻孔循环 G83，机床首先快速定位于 *X*、*Y* 坐标，并快速下刀到 *R* 点，然后以 F 速度沿着 *Z* 轴执行间歇进给，进给一个深度后快速返回（退出孔外），在第二次和以后的切削进给中，执行快速移动到上次钻孔结束之前的 *d* 点，再执行切削进给。*d* 位置为每次退刀后，再次进给时由快进给转换成切削进给的位置，它距离前一次进给结束位置的距离为 *d*，其值在参数中设定。在 G73 中，*d* 为退刀距离。G73 和 G83 都用于深孔钻，G83 每次都退回 *R* 点，它的排屑、冷却效果比 G73 好。

（2）Q 表示每次切削进给的切削深度，它必须用增量值指定。在 Q 中必须指定正值，负值被忽略。

（3）在指定 G83 之前，用辅助功能旋转主轴（M 代码）。

（4）当 G83 代码和 M 代码在同一程序段中被指定时，在第一定位动作的同时，执行 M 代码。然后，系统处理下一个钻孔动作。

（5）当指定重复次数 K 时，则只在第一个孔执行 M 代码，对第二个和以后的孔，不执行 M 代码。

（6）当在固定循环中指定刀具长度偏置（G43、G44 或 G49）时，在定位到 R 点的同时加偏置。

（7）在改变钻孔轴之前必须取消固定循环。

（8）在程序段中没有 X、Y、Z、R 或任何其他轴的指令时，钻孔不执行。

（9）在执行钻孔的程序段中指定 Q。如果在不执行钻孔的程序段中指定，Q 不能作为模态数据被存储。

（10）不能在同一程序段中指定 01 组 G 代码和 G83，否则 G83 将被取消。

（11）在固定循环方式中，刀具偏置被忽略。

例：排屑钻孔循环指令 G83 编程示例。

```
O0000
NO10 M03 S2000;（主轴开始旋转）
NO20 G90 G99 G83 X300.0Y−250.0Z−150.0R−100.0Q15.0F120.0;
（定位，钻孔 1，然后返回到 R 点）
NO30 Y−550.0;（定位，钻孔 2，然后返回到 R 点）
N040 Y−750.0;（定位，钻孔 3，然后返回到 R 点）
```

N050 X1000.0；（定位，钻孔 4，然后返回到 R 点）

N060 Y−550.0；（定位，钻孔 5，然后返回到 R 点）

N070 G98Y−750.0；（定位，钻孔 6，然后返回到初始平面）

N080 G80 G28 G91 X0 Y0 Z0；（返回到参考点）

NO90 M05；（主轴停止旋转）

7. G84——攻丝循环指令

该循环执行攻丝。在这个攻丝循环中，当到达孔底时，主轴以反方向旋转。

指令格式：G84 X______Y______Z______R______P______F______K______；

其中，X、Y 为孔位数据；Z 为从 *R* 点到孔底的距离；R 为从初始平面到 *R* 点的距离；P 为暂停时间；F 为切削进给速度；K 为重复次数。

说明：

（1）该循环用于主轴顺时针旋转执行攻丝。当到达孔底时，为了退回，主轴以相反方向旋转。该循环加工一个螺纹。

（2）在攻丝期间进给倍率被忽略。进给暂停，不停止机床，直到回退动作完成。

（3）在指定 G84 之前，使用辅助功能（M 代码）使主轴旋转。

（4）当 G84 代码和 M 代码在同一程序段中被指定时，在第一定位动作的同时，执行 M 代码。然后，系统处理下一个钻孔动作。

（5）当指定重复次数 K 时，只在第一个孔执行 M 代码，对第二个和以后的孔，不执行 M 代码。

（6）当在固定循环中指定刀具长度偏置（G43、G44 或 G49）时，在定位到 *R* 点的同时加偏置。

（7）在改变钻孔轴之前必须取消固定循环。

（8）在程序段中没有 X、Y、Z、R 或任何其他轴的指令时，钻孔不执行。

（9）在执行钻孔的程序段中指定 P。如果在不执行钻孔的程序段中指定它，则不能作为模态数据被存储。

（10）不能在同一程序段中指定 01 组 G 代码和 G84，否则 G84 将被取消。

（11）在固定循环方式中，刀具偏置被忽略。

例：攻丝循环指令 G84 编程示例。

00000

NO10 M3 S100；（主轴开始旋转）

NO20 G90 G99G84 X300.0Y−250.0Z−150.0R−120.0P300.0F120.0；

（定位，攻丝 1，然后返回到 R 点）

N030 Y-550.0；（定位，攻丝 2，然后返回到 R 点）

N040 Y-750.0；（定位，攻丝 3，然后返回到 R 点）

N050 X1000.0；（定位，攻丝 4，然后返回到 R 点）

N060 Y-550.0；（定位，攻丝 5，然后返回到 R 点）

N070 G98 Y-750.0；（定位，攻丝 6，然后返回到初始平面）

N080 G80 G28 G91 X0 Y0 Z0；（返回到参考点）

N090 M05；（主轴停止旋转）

8. G87——背镗孔循环指令

该循环执行精密镗孔。镗孔时由孔底向外镗削，此时刀杆受拉力，可防止振动。当刀杆较长时使用该指令可提高孔的加工精度。此时 *R* 点为孔底位置。

指令格式：G87 X______Y______Z______R______Q______P______F______K______；

其中，X、Y 为孔位数据；Z 为从孔底到 *R* 点的距离；R 为从初始平面到 *R* 点的距离（孔底）；Q 为刀具偏置量；P 为暂停时间；F 为切削进给速度；K 为重复次数。

说明：

（1）执行 G87 循环，机床在沿着 *X* 轴和 *Y* 轴定位后，主轴定位停止（OSS）。刀具沿刀尖反方向偏移 Q 距离，并且快速定位到孔底 *R* 点（快速移动）。然后，刀具在刀尖方向上移动并且主轴正转，沿 *Z* 轴的正向镗孔直到 *Z* 点。在 *Z* 点，主轴再次暂停，刀具在刀尖的相反方向移动，然后主轴返回到初始位置，刀具在刀尖的方向上偏移，主轴正转，执行下一个程序段的加工。

（2）因为 R 点在孔底，该指令只能用 G98 的方式。

（3）在指定 G87 代码之前，用辅助功能（M 代码）旋转主轴。

（4）当 G87 代码和 M 代码在同一程序段中被指定时，在第一定位动作的同时，执行 M 代码。然后，系统处理下一个动作。

（5）当指定重复次数 K 时，则只在第一个孔执行 M 代码，对第二个和以后的孔，不执行 M 代码。

（6）当在固定循环中指定刀具长度偏置（G43、G44 或 G49）时，在定位到 *R* 点的同时加偏置。

（7）在改变钻孔轴之前必须取消固定循环。

（8）在程序段中没有 X、Y、Z、R 或任何其他轴的指令时，不执行镗孔加工。

（9）Q 必须指定正值，负值被忽略，在参数中指定偏置方向。在执行镗孔的程序段中指定 P 和 Q。如果在不执行镗孔的程序段中指定它们，则不能作为模态数据被存储。

（10）不能在同一程序段中指定 01 组 G 代码和 G87，否则 G87 将被取消。

（11）在固定循环方式中，刀具偏置被忽略。

例：背镗孔循环指令 G87 编程示例。

```
O0000
NO10 M3 S500；（主轴开始旋转）
NO20 G90 G87 X300.0Y−250.0Z−150.0R−120.0Q5.0P1000.0F120.0；
（定位，镗孔 1，在初始位置定向，然后偏 5 mm，在 Z 点暂停 1s）
NO30 Y−550.0；（定位，镗孔 2，然后返回到 R 点）
NO40 Y−750.0；（定位，镗孔 3，然后返回到 R 点）
NO50 X1000.0；（定位，镗孔 4，然后返回到 R 点）
N060 Y−550.0；（定位，镗孔 5，然后返回到 R 点）
NO70 G98Y−750.0；（定位，镗孔 6，然后返回到初始平面）
N080 G80 G28 G91 X0 Y0 Z0；（返回到参考点）
NO90 M05；（主轴停止旋转）
```

（四）刚性攻丝

右旋刚性攻丝循环（G84）和左旋刚性攻丝循环（G74）可以在标准方式和刚性攻丝方式中执行。

在标准方式中，为执行攻丝，使用辅助功能 M03（主轴正转）、M04（主轴反转）和 M05（主轴停止），使主轴旋转、停止，并沿着攻丝轴移动。在刚性攻丝方式中，用主轴电动机控制攻丝过程，主轴电动机的工作和伺服电动机一样。由攻丝轴和主轴之间的插补来执行攻丝。当执行刚性攻丝方式时，主轴每旋转一转，沿攻丝轴产生一定的进给（螺纹导程）。即使在加减速期间，这个操作也不变化。刚性攻丝方式不用标准攻丝方式中使用的浮动丝锥卡头，这样可以获得较快和较精确的攻丝。

1. G84——右旋刚性攻丝循环指令

在刚性攻丝方式中主轴电动机的控制仿佛是一个伺服电动机，可实现高速高精度攻丝。

指令格式：G84 X______Y______Z______R______P______F______K______；

其中，X、Y 为孔位数据；Z 为从 *R* 点到孔底的距离和孔底的位置；R 为从初始平面到 *R* 点的距离；P 为在孔底的暂停时间或回退时在 *R* 点暂停的时间；F 为切削进给速度；K 为重复次数。

G84.2 X______Y______Z______R______P______F______；（FS10/11 指令格式）

其中，L 为重复次数。

说明：

（1）执行 G84 右旋刚性攻丝循环，机床沿 *X* 轴和 *Y* 轴定位后，快速移动到 *R* 点。从 *R* 点到 Z 点执行攻丝。当攻丝完成时，主轴停止并执行暂停，然后主轴以相反方向旋转，刀具退回到 *R* 点，主轴停止。然后，快速移动到初始位置。

（2）当攻丝正在执行时，进给速度倍率和主轴倍率认为是 100%。但是，回退的速度可以调到 200%。

（3）用下列任何一种方法指定刚性方式：

①在攻丝指令段之前指定 M29 S*****。

②在包含攻丝指令的程序段中指定 M29S*****。

③指定 G84 做刚性攻丝指令（在参数中设定）。

（4）在每分钟进给方式中，螺纹导程 = 进给速度 × 主轴转速；在每转进给方式中，螺纹导程 = 进给速度。

（5）如果在固定循环中指定刀具长度偏置（G43、G44 或 G49），在定位到 *R* 点的同时加偏置。

（6）用 FS10/11 指令格式可以执行刚性攻丝。根据 FANUC 0i 系列顺序执行刚性攻丝（包括与 PMC 间的数据传输）。

（7）必须在切换攻丝轴之前取消固定循环。如果在刚性方式中改变攻丝轴，系统将报警。

（8）如果 S 指令的速度比指定档次的最大速度高，系统将报警。

（9）如果指定的 F 值超过切削进给速度的上限值，系统将报警。

（10）如果在 M29 和 G84 之间指定 S 和轴移动指令，系统将报警。如果 M29 在攻丝循环中指定，系统将报警。

（11）在执行攻丝程序段中指定 P。如果在非攻丝程序段中指定它，则不能作为模态数据存储。

（12）不能在同一程序段中指定 01 组 G 代码和 G84，否则 G84 将被取消。

（13）在固定循环方式中，刀具偏置被忽略。

（14）在刚性攻丝期间，程序再启动无效。

例：*Z* 轴进给速度为 1 000 mm/min，主轴速度为 1 000 r/min，螺纹导程为 1.0 mm，试编写加工程序。

每分钟进给的编程：

00000

N0010 G94；（指定每分钟进给指令）

N0020 G00 X120.0 Y100.0；（定位）

N0030 M29 S1000；（指定刚性攻丝方式）

NO040 G84Z-100.0 R20.0 F1000；（刚性攻丝）

每转进给的编程：

00000

N0010 G95；（指定每转进给指令）

N0020 G00 X120.0 Y100.0；（定位）

N0030 M29 S1000；（指定刚性攻丝方式）

NO040 G84Z-100.0 R20.0 F1.0；（刚性攻丝）

2. G74——左旋刚性攻丝循环指令

刚性攻丝可实现高速攻丝循环。

指令格式：G74 X______Y______Z______R______P______F______K______；

其中，X、Y 为孔位数据；Z 为从 *R* 点到孔底的距离和孔底的位置；R 为从初始平面到 *R* 点的距离；P 为在孔底的暂停时间或回退时在 *R* 点暂停的时间；F 为切削进给速度；K 为重复次数。

G84.3 X______Y______Z______R______P______F________I________；（FS10/11 指令格式）

其中，L 为重复次数。

说明：

（1）执行 G74 左旋刚性攻丝循环，机床沿 *X* 轴和 *Y* 轴定位后，快速移动到 *R* 点。从 *R* 点到 *Z* 点执行攻丝。当攻丝完成时，主轴停止并执行暂停，然后主轴以正方向旋转，刀具退回到 *R* 点，主轴停止，然后快速移动到初始位置。

（2）当攻丝正在执行时，进给速度倍率和主轴倍率认为是 100%。但是，回退的速度可以调到 200%。

（3）用下列任何一种方式指定刚性方式：

①在攻丝指令段之前指定 M29 S*****。

②在包含攻丝指令的程序段中指定 M29 S*****。

③指定 G74 做刚性攻丝指令（在参数中设定）。

（4）在每分钟进给方式中，螺纹导程 = 进给速度 × 主轴转速；在每转进给方式中，螺纹导程 = 进给速度。

（5）如果在固定循环中指定刀具长度偏置（G43、G44 或 G49），在定位到 R 点的同时加偏置。

（6）用 FS10/11 指令格式可以执行刚性攻丝。根据 FANUC 0i 系列的顺序执行刚性攻丝（包括与 PMC 间的数据传输）。

（7）必须在切换攻丝轴之前取消固定循环。如果在刚性方式中改变攻丝轴，系统将报警。

（8）如果 S 指令的速度比指定档次的最大速度高，系统将报警。

（9）如果指定的 F 值超过切削进给速度的上限值，系统将报警。

（10）如果在 M29 和 G74 之间指定 S 和轴移动指令，系统将报警。如果 M29 在攻丝循环中指定，系统将报警。

（11）在执行攻丝程序段中指定 P。如果在非攻丝程序段中指定它，则不能作为模态数据存储。

（12）不能在同一程序段中指定 01 组 G 代码和 G74，否则 G74 将被取消。

（13）在固定循环方式中，刀具偏置被忽略。

（14）在刚性攻丝期间，程序再启动无效。

例：Z 轴进给速度为 1 000 mm/min，主轴速度为 1 000 r/min，螺纹导程为 1.0 mm，试编写加工程序。

每分钟进给的编程：

```
O0000
N0010 G94;（指定每分进给指令）
N0020 G00 X120.0 Y100.0;（定位）
N0030 M29 S1000;（指定刚性攻丝方式）
N0040 G74Z-100.0 R20.0F1000;（刚性攻丝）
```

每转进给的编程：

```
O0000
N0010 G95;（指定每转进给指令）
N0020 G00 X120.0 Y100.0;（定位）
N0030 M29 S1000;（指定刚性攻丝方式）
NO040 G74Z-100.0 R20.0F1.0;
```

六、子程序

（一）主程序和子程序

程序有主程序和子程序两种程序形式。一般情况下，CNC 根据主程序运行。但是，当主程序遇到调用子程序的指令时，控制转到子程序，当子程序中遇到返回主程序的指令时，控制返回到主程序。

如果程序包含固定的顺序或多次重复的模式程序，这样的顺序或模式程序可以编成子程序在存储器中存储，以简化编程。CNC 最多能存储 400 个主程序和子程序。

子程序只有在自动方式时才被调用。

子程序可以由主程序调用，被调用的子程序也可以调用另一个子程序。

（二）特殊用法

1. 指定主程序中的顺序号作为返回目标

当子程序结束时，如果用 P 指定一个顺序号，则控制不返回到调用程序段之后的程序段，而返回到由 P 指定的顺序号的程序段。

注意：这个方法返回到主程序的时间比正常返回时间要长。

2. 在主程序中使用 M99

如果在主程序中执行 M99，控制返回到主程序的开头。例如，把 M99 放置在主程序的适当位置，并且在执行主程序时设定跳过任选程序段开关为断开，则执行 M99。当执行 M99 时，控制返回到主程序的开头，然后，从主程序的开头重复执行。

当跳过任选程序段开关为断开时，执行被重复。如跳过任选程序段开关接通时，“/M99；”程序段被跳过，控制进到下一个程序段，继续执行。

如果 M99 Pn 被指定，控制不返回到主程序的开头，而到顺序号 n。在这种情况下，返回顺序号需要较长时间。

3. 只使用子程序

用 MDI 寻找子程序的开头，执行子程序，像主程序一样。此时，如果执行包含 M99 的程序段，控制返回到子程序的开头重复执行。如果执行包含 M99 Pn 的程序段，控制返回到子程序中顺序号为 n 的程序段重复执行。要结束这个程序，包含 M02 或 M03 的程序段必须放置在适当位置，并且，任选程序段开关必须设为断开，这个开关的初始设定为接通。

1. 数控铣削加工机床结构及加工特点有哪些?
2. 简述数控铣削工作台工件的定位和安装步骤。
3. 简述主程序和子程序的不同，子程序被调用的条件有哪些?
4. 数控铣床上加工工件时的工序如何划分?

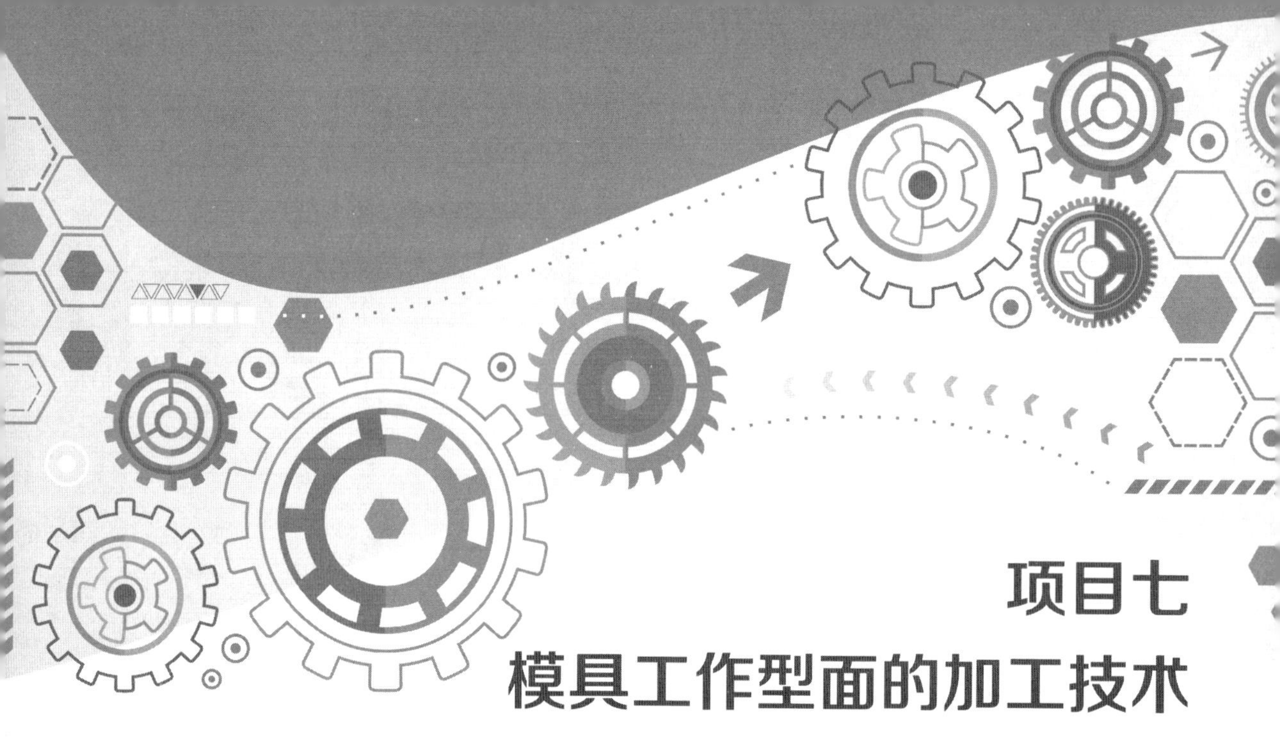

项目七 模具工作型面的加工技术

导 读

模具工作型面的形状虽然是多种多样的，但是我们可将它们归纳为两类：外工作型面，如各种凸模的工作型面；内工作型面，按照孔的特征，可将它分为两类，即型孔和型腔。型孔指通孔，如各种凹模的工作洞口；型腔又称型槽，指不通孔，如锻模、压铸模、塑料模的工作型面。

成型磨削也是模具零件成型表面精加工的一种主要方法，具有精度高和生产效率高等优点。模具零件的几何形状，一般都是由若干平面、斜面和圆柱面织成的，即其轮廓由直线、斜线和圆弧等简单线条所组成。成型磨削的基本原理，就是把构成零件形状的复杂几何形线，分解成若干简单的直线、斜线和圆弧，然后进行分段磨削，使构成零件的几何形线互相连接圆滑、光整，达到图面的技术要求。不同的型面，其加工方法有所不同，本项目将分别进行介绍。

1. 掌握型面的普通机械加工方法；
2. 掌握型孔、型腔的机械加工方式；
3. 掌握成型磨削的方法；
4. 了解手动坐标磨床和数控成型磨床磨削的不同及优缺点。

任务一　型面的普通机械加工

一、外工作型面的机械加工

冲裁凸模的工作表面是外加工型面，其机械加工方法视其形状而定。圆形冲裁凸模也就是冲头，形状比较简单，按一般机械零件的加工方法即可满足要求。非圆形凸模的制造比较困难，其精加工方法有如下两种。

（一）用凹模压印后锉修成型

压印前，先在车床或刨床上预加工凸模毛坯的各面，在凸模上划出工作型面的轮廓线，然后，在立式铣床上按照划线加工凸模的工作型面，即预加工，留压印后的锉修余量为 0.15 ~ 0.25 mm（单面）。

压印时，在压床上将凸模 1 压入事先加工好的、已淬硬的凹模 2 内（图 7–1），此时，凸模上多余的金属被凹模挤出，在凸模上出现了凹模的印痕。钳工根据印痕把多余的金属锉去。锉削时，不允许碰到已压光的表面。锉削后留下的余量要均匀，以免再压时发生偏斜。锉去多余的金属后再压印、锉削，反复进行，直至压印的深度达到所要求的尺寸为止。压印完毕后，根据图纸规定的间隙，再锉小凸模，留有 0.01 ~ 0.02 mm（双面）的钳工研磨余量，热处理后钳工研磨工作型面到规定的间隙。

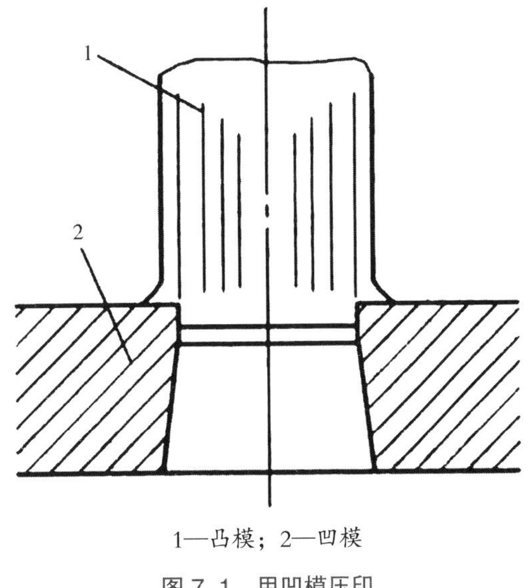

1—凸模；2—凹模

图 7–1　用凹模压印

压印深度会直接影响凸模的表面粗糙度。为了使压印工作顺利进行和保证压印的表面粗糙度，首次压印深度应为 0.2 ～ 0.5 mm，以后各次的压印深度可以大一些。

为了减小压印的表面粗糙度，可用油石将锋利的凹模刃口磨出 0.1 mm 左右的圆角，并在凸模表面上涂一层硫酸铜溶液，以减少摩擦。

压印法是模具钳工经常应用的一种加工方法，它最适宜于加工无间隙冲模。在缺乏专用模具加工设备的情况下，采用压印法加工普通冲裁模也是十分有效的。

（二）用仿形刨床加工

仿形刨床用于加工由圆弧和直线组成的各种形状复杂的凸模。其加工精度为± 0.02 mm，表面粗糙度可达 Ra=0.63 ～ 2.5 μm。精加工前，凸模毛坯需要在车床、刨床或刨床上进行预加工，并将必要的辅助面（包括凸模端面）磨平；然后在凸模端面上划线，并在刨床上加工凸模轮廓，留有 0.2 ～ 0.3 mm 单面精加工余量；最后用仿形刨床精加工。在精加工凸模之前，若凹模已加工，则可利用它在凸模上压出印痕，然后按此印痕在仿形刨床上加工凸模。

在仿形刨床上精加工凸模时，如图 7–2 所示，凸模 1 固定在工作台的卡盘 3 上。刨刀 2 除了作垂直的直线运动外，切削到最后时还能产生摆动，因而能在凸模根部刨出一道圆弧来。

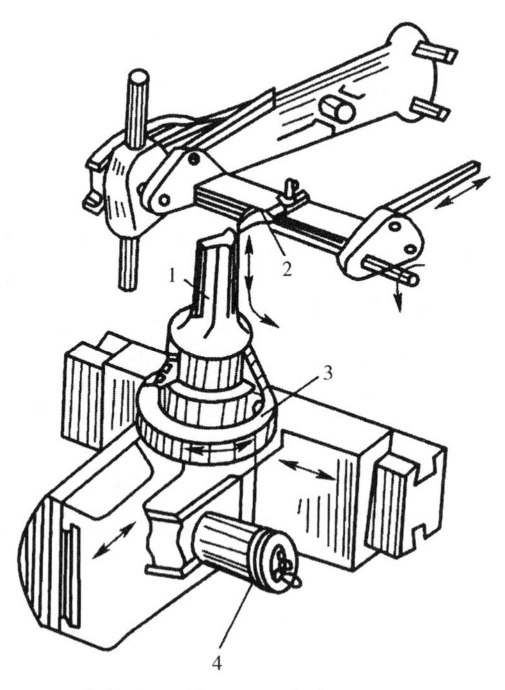

1—凸模；2—刨刀；3—卡盘；4—分度头

图 7–2　仿形刨床上加工凸模示意图

图 7–3（a）为刨刀在最高位置（高于工件顶面），开始垂直向下做直线运动；图 7–3（b）

为刨刀在中间位置，继续向下垂直运动对工件进行切削；图 7–3（c）所示为刨刀在工件根部位置，刨刀做圆弧摆动，切削工件根部圆角；图 7–3（d）所示为根部圆角切削结束（刨刀的摆动角度可以在 0 ~ 90° 之间进行调节）；图 7–3（e）、图 7–3（f）所示为刨刀返回原始位置。

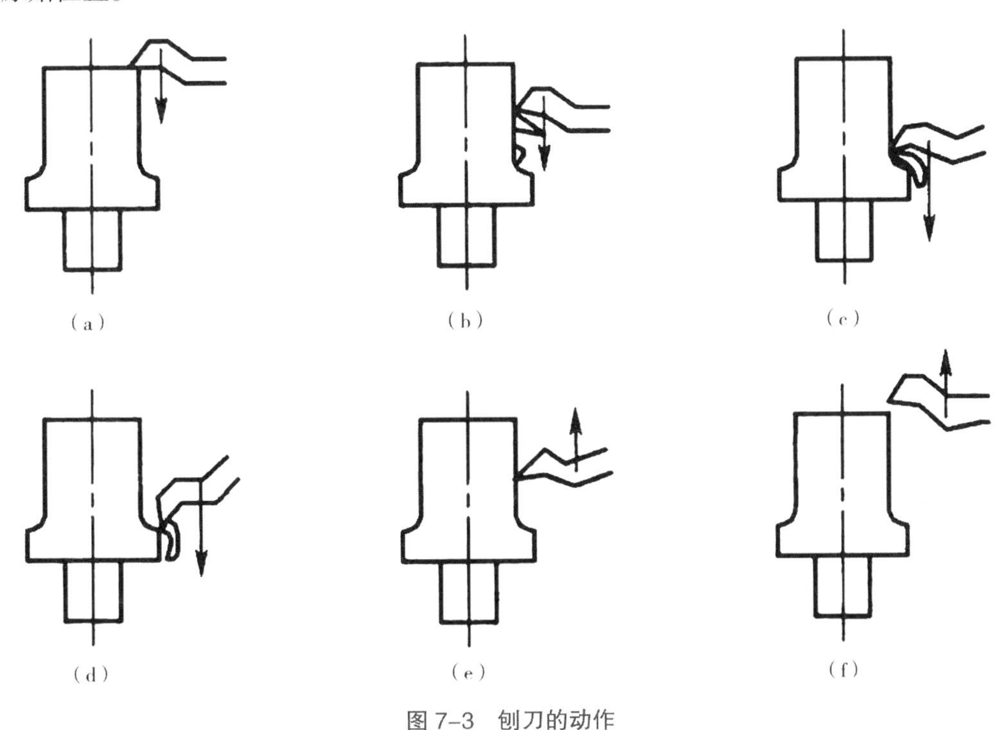

图 7–3　刨刀的动作

（a）刨刀在最高位置；（b）刨刀在中间位置；（c）刨刀在工件根部位置；
（d）根部圆角切削结束；（e）、（f）刨刀返回原始位置

工作台可纵向（手动或机动）或横向（手动）送进运动。装在工作台上的分度头 4（图 7–2）用于使卡盘或凸模旋转及控制其旋转角度。利用刨刀的运动及凸模的纵、横送进和旋转，可加工各种复杂形状的凸模（图 7–4）。

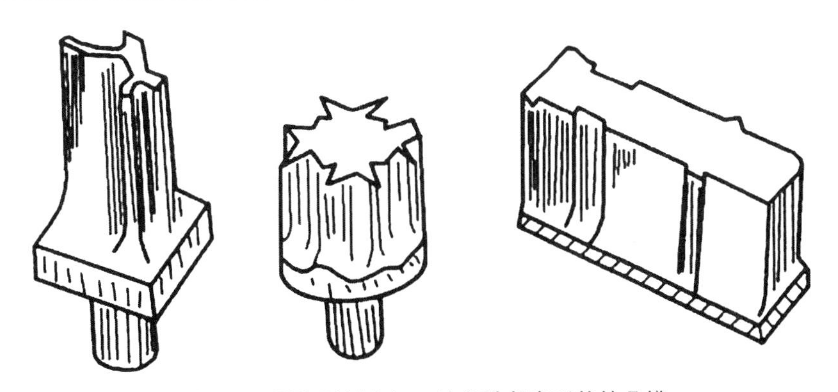

图 7–4　用仿形刨床加工的各种复杂形状的凸模

加工圆弧时，必须使凸模上的圆弧中心与卡盘中心重合，其校正方法是用手摇动分度

头手柄，使凸模旋转，同时按照凸模端面上已划出的圆弧，用划针进行校正，并调整凸模的位置，直至圆弧各点均与划针针尖重合为止。仿形刨床上附有30倍的放大镜，校正时，可以通过放大镜观察划针针尖与圆弧间的位置。当凸模上有几个不同心的圆弧时，需要多次进行装夹和调整，逐次使各圆弧中心与卡盘中心重合，以便分别进行加工。

采用仿形刨床加工时，凸模的根部应设计成圆弧形，并要求与加工尺寸一致；凸模的装夹部分则设计成圆形或方形，可增加凸模的刚性；凸模固定板的孔也设计成圆形或方形，这样比较容易加工。

经仿形刨加工的凸模应与凹模配修，热处理后还需要研磨和抛光工作型面，保证凸模与凹模的间隙适当而均匀。

仿形刨床加工凸模的生产率较低，凸模的精度受热处理变形的影响。

二、型孔的机械加工

型孔的机械加工方法视其形状而定。

（一）圆形型孔

型孔为圆形时，凹模的制造比较简单，毛坯经锻造和热处理退火后，在车床上粗、精加工底面、顶面及钻、镗型孔，划线并在钻床上钻出所有固定用的孔，攻螺纹、铰定位销孔，然后进行淬火、回火。热处理后，磨削底面、顶面和型孔即成。磨削型孔时，可在万能磨床或内圆磨床上进行，磨孔的精度可达IT5–IT6，表面粗糙度为$Ra = 0.16 \sim 1.25$ μm。当凹模型孔直径小于5 mm时，一般是在淬火前进行钻孔和铰孔精加工，热处理后用纱布抛光型孔。

（二）型孔为系列圆孔

在多孔冲裁模或连续模中，凹模往往带有一系列圆孔，各圆孔的尺寸及它们之间的相对位置都有一定的要求，这些孔称为孔系。孔系的加工常用如下两种方法。

1. 用坐标镗床加工

坐标镗床专门用于加工有高精度位置要求的孔，孔间距离精度可达0.001～0.005 mm，表面粗糙度为$Ra = 0.63 \sim 1.25$ μm。这种机床的精度高，需要安装在特别干燥和清洁的厂房内，室温保持20℃，以保护机床的精度。

为了保证被加工孔的位置精度，坐标镗床工作台的纵向移动和主轴箱溜板的横向移动均设有光学测量装置，其移动精度为0.001 mm。

在坐标镗床上加工孔所用的刀具有钻头、铰刀和镗刀等。钻孔或铰孔时，需将钻夹头装在主轴的锥孔内，利用它来夹紧钻头或铰刀。镗孔时则需应用镗孔夹头，它以其锥尾插入主轴的锥孔内。镗刀装在刀夹内。可调整镗刀的径向位置，以镗制各种不同直径的孔。

在坐标镗床上是按照坐标法加工孔系的，即将各孔间的尺寸转化为直角坐标尺寸而进行加工。

为了使工件的基面对准主轴的中心，可用定位角铁和光学中心测定器找正。光学中心测定器，以其锥尾安装在主轴的锥孔内，移动工作台，并从目镜观察，使角铁的刻线恰好落在显微镜的两条观测线之间。这样工件的基准面就能准确对准主轴的中心。

坐标镗床附有万能回转工作台，工件固定在圆盘上。旋转手轮可使圆盘绕垂直轴回转 360°，进行加工分布在一圆周上的诸孔。圆盘回转的读数精度为 1″；也可使圆盘绕水平轴回转 90° 以加工与工件轴线成一定角度的孔。

使用坐标镗床虽能提高孔系的加工精度，但由于它是在热处理前进行加工的，凹模经热处理后加工精度必然会受到淬火变形的影响。因此，对于精度要求较高的凹模一般都做成镶块结构。

2. 用立式铣床加工

在缺少坐标镗床的情况下，可在立式铣床上用坐标法加工孔系。加工时，若直接利用工作台在纵、横方向的移动来确定孔的位置，则孔间距离精度较低，一般为 0.06 ～ 0.08 mm。为了提高孔系的加工精度，可在立式铣床的纵向和横向附加块规和百分表测量装置。这种测量装置能够准确地控制工作台移动的距离，孔间距离精度可达 0.02 mm。

（三）非圆形型孔

非圆形型孔的加工比较困难。通常采用矩形的锻件为毛坯，加工各平面后进行划线，并将型孔中心的余料去除，再对型孔进行精加工。

1. 沿型孔轮廓钻孔

先沿型孔轮廓的周边划出一系列的孔，孔间保留 0.5 ～ 1.0 mm 的余量，然后在钻床上顺序钻孔。钻完孔后凿通整个轮廓，敲出中间一块废料。这种方法生产率低，加工余量大。

2. 用锉锯机切除废料

如果工厂有锉锯机，可先在型孔转折处钻出圆孔，然后将凹模放在工作台上，并在孔内穿入锯条，起动机床，用手移动凹模，将中间的废料锯去，沿轮廓周边的余量在 1 mm 以下。

3. 用氧 – 乙炔焰气割

模块尺寸较大时，可用气割的办法切去中间的废料。这种方法生产率高，但是切割出来的表面凹凸不平，一般应留 2 mm 左右的余量，而且需要将切割后的毛坯进行退火处理。

4. 锉削加工

在设备条件受限制的情况下，可采用手工锉削的方法。锉削前，先根据凹模图纸制造一块凹模样板，按照样板在凹模上划线，然后用各种形状的锉刀加工型孔，并随时用凹模样板校验，锉至样板刚好能放入型孔内为止。当用透光法观察样板周围的间隙时，间隙大小应均匀一致。如果凹模型孔带有斜度，还要将斜度锉出。锉削完毕后，将凹模淬硬，并用各种形状的油石研磨型孔，使之达到要求。

手工锉削的劳动量大，效率低。如果工厂备有锉锯机，可在此机床上锉削凹模型孔，以缩短加工时间。锉锯机备有各种截面形状的锉刀，可按照划线加工各种复杂型面，粗糙度达 Ra=1.25 ～ 2.50 μm。锉锯机的工作台可以倾斜，用于加工凹模型孔的斜度。锉锯机加工的凹模，其孔形的精度不够，还应按样板手工修整型孔的形状和精度。

5. 仿形铣削

凹模型孔的精加工，可在仿形铣床或立式铣床上进行。在立式铣床上加工时，需要使用简单的靠模装置（图 7–5）。样板 1，垫板 3、5 和凹模 4 一齐固紧在铣床工作台上。在指状铣刀 6 的刀柄上装有一个钢制的、已淬硬的滚轮 2。加工凹模型孔时，用手操纵铣床的纵向和横向移动，使滚轮始终与样板接触，并沿着样板的轮廓运动。这样便能加工出凹模型孔。

利用靠模装置加工时，铣刀的半径应小于型孔转角处的圆角半径，这样才能加工出整个轮廓。铣削完毕后，还要由钳工锉出型孔的斜度。

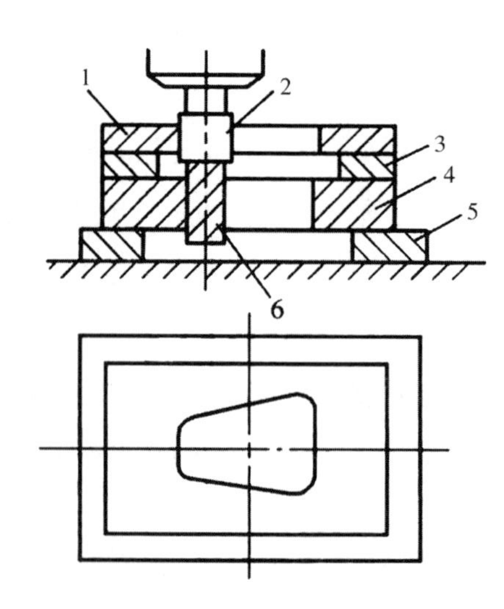

1—样板；2—滚轮；3—垫板；4—凹模；5—垫板；6—指状铣刀

图 7–5 简单靠模装置

6. 压印锉修加工

压印锉修加工型孔是模具钳工中经常采用的一种方法，主要应用于非圆形的异型孔加工，以及试制性模具、模具凸模和型孔要求间隙很小甚至无间隙的冲裁模具的制造中。使用这种方法能加工出和凸模形状一致的凹模型孔，但模具型孔精度受热处理变形的影响大。

（1）压印锉修的基本方法。

如图 7–6 为凹形模孔的压印示意图。它将已加工成型并淬硬的凸模 1 放在凹模型孔 4 处，在凸模上施加一定的压力，通过压印凸模的挤压与切削作用，在被压印的型孔上产生印痕，由钳工锉去凹模型孔的印痕部分，然后再压印、锉修，如此反复进行，直到锉修出与凸模形状相同的型孔。用做压印的凸模称为压印基准件。也可以用成品凹模型孔为压印基准件来压印加工凸模。

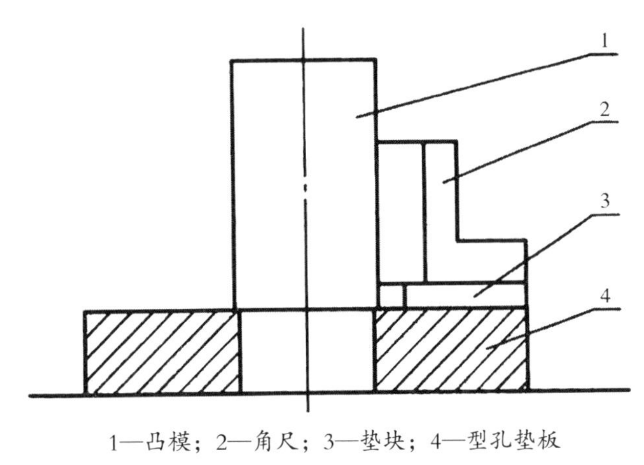

1—凸模；2—角尺；3—垫块；4—型孔垫板

图 7–6　凹形模孔的压印示意图

（2）压印锉修前的准备。

压印锉修前应对凸模和凹模型孔进行以下准备工作。

①准备凸模。

对凸模进行粗加工、半精加工后进行热处理，使其达到所要求的硬度，然后进行精加工，使其达到要求的尺寸精度和表面粗糙度。将压印刃口用油石磨出 0.1 mm 左右的圆角，以增强压印过程的挤压作用并降低压印表面的微观平面度。

②准备工具。

准备用以找正垂直度和相对位置的工具，如角尺、精密方箱等。

③选择压印设备。

根据压印型孔面积的大小选择合适的压印设备。较小的型孔压印可用手动螺旋压机，较大的型孔则用液压机。

④准备型孔板材。

将型孔板材加工至所要求的尺寸、形状精度，确定基准面并在型孔位置画出型孔轮廓线。

⑤型孔轮廓预加工。

型孔轮廓预加工主要是对型孔内部材料进行去除。

（3）压印锉修。

完成压印锉修准备工作后，即可进行压印锉修型孔的加工，其过程如下：置凹模板和凸模与压机工作台的中心位置，用直角尺找正凸模和凹模型孔板的垂直度，在凸模顶端的顶尖孔中放一个合适的滚珠，以保证压力均匀和垂直，并在凸模刃口处涂以硫酸铜溶液，起动压机慢慢压下。

第一次压入深度不宜过大，应控制在 0.2 mm 左右。压印结束后取下凹模板，对型孔进行锉修，锉修时不能碰到刚压出的表面。锉削后的余量要均匀，最好使单边余量保持在 0.1 mm 左右，以免下次压印时基准偏斜。经过第一次压印锉修后，可重复进行以上过程，直到完成型孔的加工。但每次压印都要认真校正基准凸模的垂直度。压印的深度除第一次要小一些，以后要逐渐加深。

对于多型孔的凸模固定板、卸料板、凹模型板等，要使各型孔的位置精度一致，也可利用压印锉修的方法或其他加工方法加工好其中一块，然后以这一块做导向，按压印锉修的方法和步骤加工另一块板的型孔，即保证各型孔的相对位置。

这种方法是利用已加工好的凸模对凹模进行压印。一般压印深度达 2 ~ 3 mm 后即可，然后锉出凹模型孔的斜度。加工大间隙冲裁模的凹模时，为了减少修间隙的困难，可以制造一件与凹模尺寸相近的样冲，用它对凹模进行压印。

三、型腔的机械加工

（一）立式铣床上加工

在立式铣床上加工型腔，是应用各种不同形状和尺寸的指状铣刀按划线加工。指状铣刀不适于切削大的深度。工作时用侧面进刀，即用侧面的齿刃切下一层金属。因此，为了把铣刀插进毛坯和提高铣削效率，可预先在模块上钻出一些小孔，其深度接近整个铣削深度。孔钻好后，可先用圆柱形指状铣刀粗铣。然后用锥形的指状铣刀精铣，铣刀的斜度及圆角与锻件图的要求一致，型槽留出单边余量 0.2 ~ 0.3 mm，做钳工修整之用。简单型槽可用普通的游标卡尺及深度尺测量，形状复杂的型腔用样板检验，加工过程中不断进行检验，直至尺寸合格为止。立式铣床上加工型槽的效率低，对操作工人技术水平要求高，适宜加工形状不太复杂的型腔。

（二）仿形铣床加工

形状较为复杂的锻模型槽可在立体仿形铣床上加工。立体仿形铣床的工作台可沿机床床身做横向进给运动，工作台上装有支架，上下支架可分别固定靠模及锻模毛坯。铣刀及靠模销均安装在主轴箱上。利用三个方向进给运动的相互结合，便可加工型槽的立体成型表面。

仿形铣削的方式有以下两种情况。

1. 按照立体模型仿形

其切削运动路线的方式有两种：一种是水平分行，即工作台不断作水平移动，铣刀对模块的一条狭长表面进行加工，切下一槽金属，直到型槽端头再反向，而主轴箱反向前，在垂直方向作进给运动；另一种是垂直分行，运动方式是主轴箱不断作垂直移动，同样，当靠模销走到靠模端头时，主轴箱再反向，反向前工作台在水平方向作横向进给。铣刀这样不断对模块上一条狭长表面加工，就得到与靠模成型面完全相同的型槽。其运动路线的选择，取决于型槽的形状。一般考虑精切时顺型槽的方向，粗切时与精切的方向相反，这样可以消除刀痕的影响。

2. 按照样板轮廓仿形

靠模销沿着样板外形移动，不作轴向移动，即铣刀沿轮廓加工，不作纵向进给运动。例如在加工连杆锻模的拔长型槽和滚挤型槽时就是采用这种方式来进行加工的。

靠模销与铣刀理论上应具有相同的尺寸，但实际加工中应考虑机构惯性的影响，当按照立体模型仿形时，靠模销的尺寸应稍大于铣刀尺寸，在粗加工时靠模销直径可增大 2 ～ 4 mm，精加工时增大 0.15 ～ 1.20 mm，通过实践来选用最恰当的靠模销尺寸；当按照样板轮廓仿形时，如靠模销与铣刀直径不一致，将会产生加工误差。

由此看来，靠模销的直径应保证与铣刀的直径一致，所以，当铣刀直径每次刃磨后变小时，靠模销的直径也要相应地磨小。如果采用锥形的靠模销，通过轴向位移，便可调整到与铣刀直径相适应。

靠模销压在靠模表面的力只有几牛，靠模可以采用石膏、木材、塑料、铝合金、铸铁或钢板等制成。

在仿形铣床上加工锻模型腔，生产率较高，铣削精度可达 ±0.02 mm，表面粗糙度 Ra=0.63 ～ 2.5 μm，但是表面并不十分平滑，有些刀痕、型槽凹角及狭窄沟槽等部位，尚需钳工加以修整，还需要预先做好靠模，以增加生产准备时间；机床结构较为复杂，价格昂贵，对操作工人技术水平要求高。当前它仍是我国机械行业中加工大、中型锻模的主要方法之一。

近年来，CNC 数控机床已普遍用于型面的加工，在精度和效率方面都超过传统的机电仿形加工方式。

（三）型腔的光整加工

型腔的主要作用是成型制件的外形表面，因此对型腔的制造精度和表面质量要求较高。由于制件的种类、形状和大小不同，且有的制件表面有花纹、图案和文字等，在机加工后，模具装配前，需要模具钳工进行修整抛光加工。

1. 常规修整

模具零件的常规修整，主要是去除机械加工的切削痕迹或切削加工不到的地方，以降低其表面粗糙度值。尤其是经普通铣床加工的型腔，其修整工作量更大。生产中常用的修整方法有以下几种。

（1）錾、锯、锉主要是针对一些余量较大的已加工型腔，如尖角修成圆角、去除多余的材料等。这时，可直接用錾子、锯子或锉刀进行粗修，使其形状、尺寸大致符合图样要求。

（2）盘式磨光机是一种常见的电动磨光工具，可对一些大型模具磨去仿形加工后的走刀痕迹反倒角，其修整余量大，接近粗磨。

（3）对某些外表面形状复杂，带有凸、凹沟槽的部位，则需采用往复式电动、气动或超声波手持研磨抛光机从不同角度对其不规则表面进行加工、修形、研磨和抛光。

气动式手持研磨抛光机是利用压缩空气来驱动手持研磨抛光器的，分为直式和角式两种。它们能带动夹持在夹头上的各种系列磨头和抛光轮，使其高速旋转，其转速范围为 0 ～ 30 000 r/min。

电动式手持研磨抛光机是利用电动机来驱动手持修整研磨器的，可分为旋转式和往复式两种传动形式。在沟、槽等狭窄处多采用往复式研磨抛光器，可使用扁薄的油石、竹片、铜片蘸上研磨膏进行打磨修整。若安装上各类什锦小锉刀，也可对模具进行锉削、精整。这种往复式手持打磨修整研磨器，其往复行程在 0 ～ 6 mm 之间，往复频率为每分钟行程 0 ～ 5 000 次。

2. 凿碾

凿碾工作是利用金属的延展性，用小凿子和小碾子对模具型腔、型芯等成型零件进行抠刻、雕琢、镶嵌和修补的一种特殊操作工艺，是一种少切削、不切削的加工。

众所周知，木工用刻刀能在木料上雕刻出各种花纹图案，石匠能在石材上凿出文字和栩栩如生的各种浮雕，同样，高级模具钳工也能在金属模板上凿碾出各种复杂的几何形状和图案，如塑料花的花枝、花瓣、花蕊和花托等。它们在铜模翻砂成型的基础上，均需经过模具钳工的凿碾操做成型。凡是仿型铣和雕刻机不便加工的工件，或经过仿形铣、雕刻机加工后，尚需局部修整的成型零件，均需经过模具钳工进行凿碾修整这道最后工序来完成。

（1）凿碾工具。

凿碾用的工具很简单，主要是小凿子和小碾子，还配备校验用的橡皮泥和必要的各种自制样板。

①小凿子。

小凿子分平口凿和弧口凿两类。小凿子总长度为 60 ～ 80 mm，凿身是截面为直径 6 ～ 8 mm 的圆钢或 6 mm×6 mm 的方钢。弧口凿的半径和平口凿的刃宽，根据工件实际需要磨制。经常凿碾修型的模具钳工，手头上均备有各类自制的和各种不同规格的小凿子，以备选用。

②小跟子。

形状与小凿子相似。实际上它是没有切削刃口的錾子。它的凿跟部分的形状都是呈各种物体单元形态的缩影，如小球面、小弧面或小菱形等。有的根据型腔雕琢部分的特殊要求，还需制作各种专用碾子。如花蕊跟子，专门凿跟某一花蕊修型用；鱼眼跟子，专门凿跟鱼类图案中鱼眼睛用。

小凿子和小跟子都用碳素工具钢制成的，与錾子一样，需要经过淬火和回火热处理。敲击时选用 0.25 kg 力矩方锤，腕挥即可。

③小凿子和小跟子的捏法。

由于小凿子和小跟子体积较小，故不能像握扁錾、狭錾一样五根手指一大把满握，只能用大拇指、食指、中指捏握。小凿子和小跟子共有 4 种捏法。

正捏法如图 7–7（a）所示，左手大拇指在下面，食指和中指压齐小凿子上面。三根手指捏着，凿刃向外。

第一种反捏法如图 7–7（b）所示。左手大拇指在上面，中指和食指在下面，三根手指捏着小錾子，刃口向外。

第二种反捏法如图 7–7（c）所示。手指的捏法与第一种反捏法相同，所不同的是小凿子刃口的方向调头转 180°。刃口朝自身的左腋下方向。不论采用哪种捏法，前臂均处于水平状态。

立捏法如图 7–7（d）所示。小跟子一般采用立捏法，基本上与捏样冲方法相同。它始终与工件凿跟部位呈法线方向。若工件跟的位置在型腔内侧或型芯外侧，则小跟子必然用第二种反捏法；若工件跟的加工位置在型腔的对面一侧或型芯的里侧，则跟子应采用正捏法和第一种反捏法；若跟子的位量在水平面上，则用立捏法。

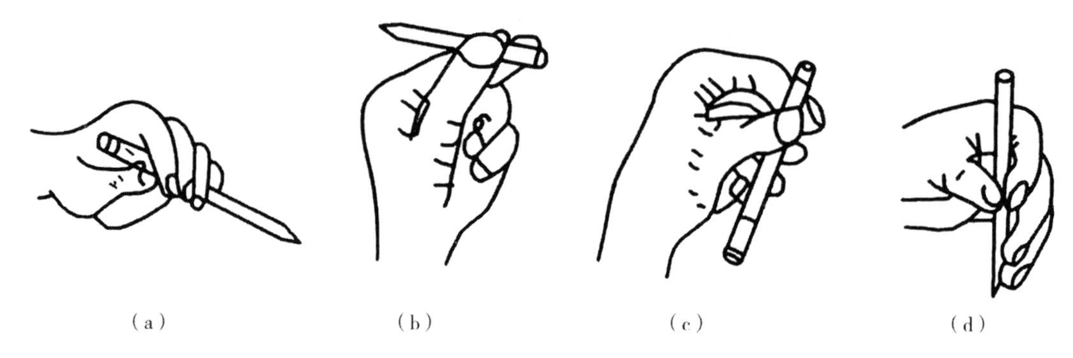

图 7–7 小凿子和小跟子的捏法

（a）正捏法；（b）第一种反捏法；（c）第二种反捏法；（d）立捏法

（2）凿跟方法。

常用的方法有以下几种。

①凿跟各种纹面。

在塑料模具的型腔及其他成型面上，大部分均要求有较光亮的表面。一般对型面的表面粗糙度值要求在 Ra=0.025 ～ 0.20 μm 之间。也有的型面不但不要求光亮，而且要求加工成各种装饰纹面，如麻纹面、橘皮纹面、各种皮革纹面和木纹面等。

过去加工这类纹面，完全靠钳工手工凿跟而成。现在麻面多采用电火花加工，橘皮纹、皮革面和各种木纹等均采用照相腐蚀方法。各种纹面的加工，关键在于加工制造跟子的跟头形状。

麻纹面的凿跟首先要加工出符合麻面要求的跟子的跟头。一般麻面跟子的跟头部位用以下两种方法制造：

其一是用钢材端面制作麻面跟子。取直径 6 ～ 8 mm、长 120 mm 的碳素钢棒材，在其中腰部车割一槽。用气焊淬火后，把它折断。在折断处有明显的金属晶粒，取折断凸面半截改做跟子。

其二是用电火花加工痕迹制作跟子。把小凿子的刃口部用电火花脉冲处理，凿子刃口处立即产生小麻平面，其麻面的粗细可以通过选用不同的电加工标准来调整。

用以上两种方法制造出的麻纹面跟子，用左手立捏，使用 0.25 kg 方手锤均匀地在型面上敲击，就能加工出所需麻纹面来。

橘皮纹面的凿跟同样要先加工橘皮纹的跟子头。一般加工橘皮纹跟子，其头部要磨成光滑的大小不同球面即可，它能凿跟出小疙瘩状橘皮纹。用立捏跟子法在型面上随意、均匀地敲击，很快就会显出橘皮纹的效果。

木纹面的加工一般采用照相腐蚀。用钳工凿跟先要雕刻出木纹滚子，但必须具有一定的雕琢技术才能胜任。对于其他各种鸟图案也可采用滚压成型，其原理类似于花布印染。

②凿跟各种沿口的花边图案。

塑料制品的沿口处常常设计各种周边的筋和花边图案。在制品上有这些图案，则在型腔上就刻有相对应的图案，而这种花边图案要用不同的成型跟子来加工。

③平面文字和商标图案的凿跟。

对于平面文字商标图案，在凿跟时，先要绘出图样，然后用很薄的透明纸把图样描出来作为复制件，贴在模具型腔或型芯需要雕琢的部位。注意：首先，凡生产透明塑料制品，又在型芯上刻制图案时，则复制图样必须正贴；其次，若塑料制品是不透明塑料，则不论文字图案刻在型腔上还是型芯上，一律将图样反贴。

把复描在薄纸上的图样往型腔或型芯上张贴合适之后，用小凿子轻轻地按张贴的图样的轮廓凿出界线位置，把图样轮廓凿刻在型腔或型芯上，然后把刻后的残碎图样薄纸刷去，这时在型腔或型芯上已留下清晰被凿的图样轮廓。按照这些粗略轮廓，选用合适的小凿子和小跟子，对照图样细心雕琢和凿跟，并随时用橡皮泥来检验所凿跟的形态与图样，进行对照和修整，逐步雕琢出与图样相符的花卉、文字和图案。这种手工雕琢凿跟仅用于单件生产。若多次重复生产，一般采用电火花加工。

在塑料模具上凿跟操作用处很大，如模具型腔压坏、型芯与推套啃坏的修补，塑料花卉模具和儿童玩具模具制作等，都离不开模具钳工的凿跟操作。

任务二　成型磨削

成型磨削是模具零件成型表面精加工的一种主要方法，具有精度高和生产效率高等优点。

模具零件的几何形状，一般都是由若干平面、斜面和圆柱面织成的，即其轮廓由直线、斜线和圆弧等简单线条所组成。成型磨削的基本原理，就是把构成零件形状的复杂几何形线，分解成若干简单的直线、斜线和圆弧，然后进行分段磨削，使构成零件的几何形线互相连接圆滑、光整，达到图面的技术要求。

一、成型磨削的方法

成型磨削可以在光学曲线磨床、坐标磨床、成型磨床、平面磨床上进行。常用的成型磨削有两类方法。

（一）夹具磨削法

即将工件装在成型磨削夹具上，在加工过程中求倾斜角度或回转，磨出成型面。

（二）成型砂轮磨削法

即利用砂轮修整工具，将砂轮修整成与工件形面相吻合的相反面，然后用此砂轮磨削工件，获得所需要的形状与尺寸。

在模具零件制造中，上述两种方法可以综合使用。

二、夹具磨削法

砂轮不用修整成一定形状，用夹具将工件夹紧并变更与工作台平面间的相对位置，实现成型磨削，这是一种应用广泛而简单的成型磨削方法。用夹具磨削的成型表面，一般为带一定角度的斜面。常用的夹具因用途不同而种类繁多，下面介绍几种。

（一）精密平口虎钳

如图 7–8 所示，主体 3 与活动钳口 1 机加工后经消除应力处理，热处理淬硬，最后精磨或研磨。主体两侧及钳口的垂直度均为 90° ± 1′ 。

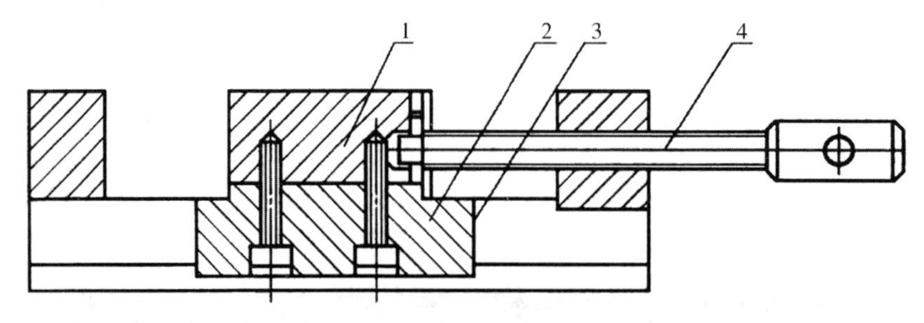

1—活动钳口；2—滑块；3—主体；4—螺杆

图 7–8 精密平口虎钳

精密平口虎钳可放置在磁性工作台上，利用虎钳体的精密垂直度磨削工件的基准面或斜面。它特别适合于夹持细小件、非金属及不能被磁力工作台吸住的工件进行加工。

（二）正弦精密平口钳

如图 7–9 所示，工件 3 装夹在平口钳 2 上，在正弦圆柱 4 和底座 1 的定位面之间垫入块规组 5，这样可使工件倾斜一定的角度。所以它适用于磨削工件上的斜面，最大倾角为 45°，垫入块规的高度可按下式计算：

$$H=L\sin\alpha$$

式中，L——两个正弦圆柱之间的中心距，mm；

α——工件需要倾斜的角度。

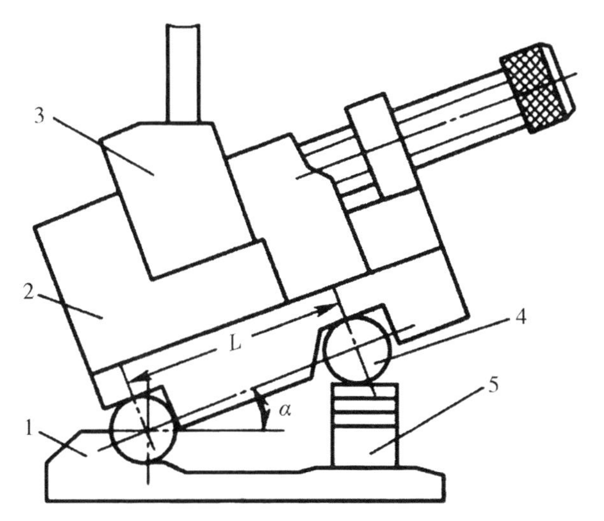

1—底座；2—精密平口钳；3—工件；4—正弦圆柱；5—块规组

图 7–9　正弦精密平口钳

（三）正弦磁力台

正弦磁力台又叫正弦夹具，如图 7–10 所示。它与正弦精密平口钳的区别在于用磁力吸盘代替平口钳装夹工件。使用正弦磁力台磨削任意角度，因操作方便能提高生产效率。图 7–10 为单向正弦磁力台，用于磨削 0° ～ 45° 范围内的各种角度的斜面；还有一种双向正弦磁力台，主要用于磨削与三个直角坐标成斜角的空间斜面。

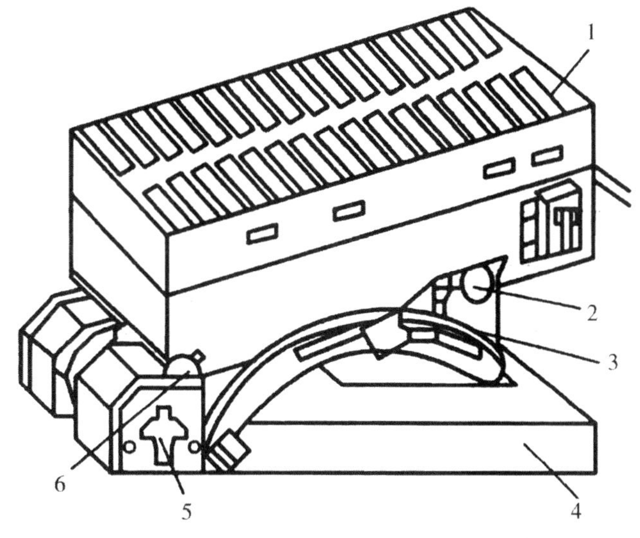

1—电磁吸盘；2、6—正弦圆柱；3—块规组；4—底座；5—销紧器

图 7–10　正弦磁力台

（四）万能夹具

如图 7–11 所示为万能夹具结构，它主要由装夹部分、回转部分、十字滑板和分度部分组成。

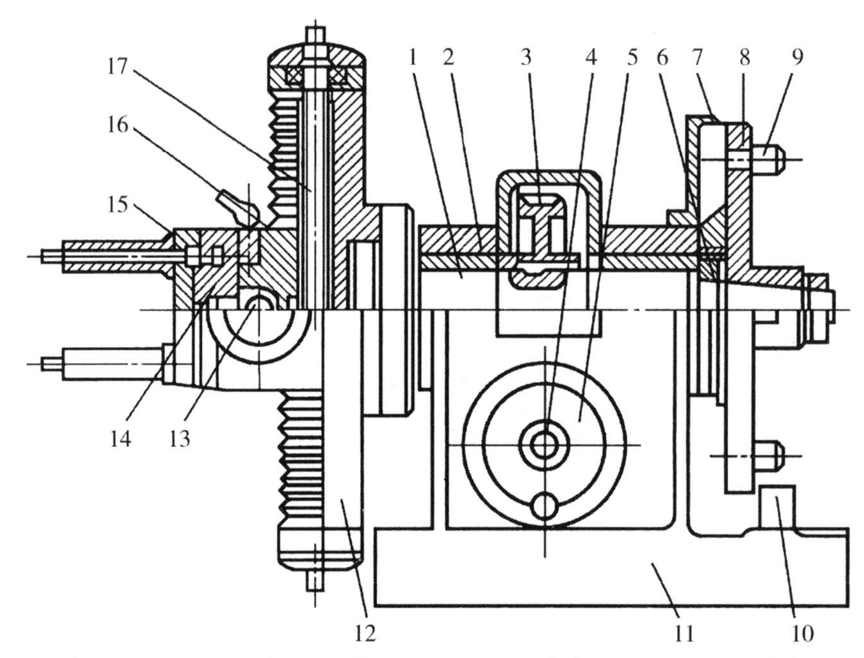

1—主轴；2—衬套；3—蜗轮；4—蜗杆；5—手轮；6—螺帽；7—角度游标；8—正弦分度盘；9—正弦圆柱；10—基准板；11—夹具体；12—纵滑板；13，17—丝杆；14—横滑板；15—转盘；16—手柄

图 7–11　万能夹具结构

工件通过夹具和螺钉与转盘 15 连接，用手轮 5 转动蜗杆 4，通过蜗轮 3 带动主轴 1 和分度盘 8 旋转，这样使工件也绕夹具中心旋转。

分度部分用来控制夹具的回转角度。正弦分度盘有刻度，当对工件回转角度要求不高时，可通过游标 7 直接读出转过角度数值。回转角度要求精确时，可以利用分度盘上四个圆柱 9 和基准板之间垫块规的方法来控制夹具回转的角度，其精度可达 10″ ～ 30″。

由纵滑板 12 和横滑板 14 组成的十字滑板，与 4 个正弦圆柱的中心连线准确重合。旋转丝杆 13 和 17，可使工件在互相垂直的两个方向上移动。

当工件移动到所需位置后，转动手柄 16，将横滑板 14 锁紧。

三、成型砂轮磨削法

（一）砂轮的选择

砂轮在磨削过程中起切削刀具的作用，它的好坏直接影响到加工精度、表面粗糙度和生产效率等。为了获得良好的磨削效果，正确选择砂轮十分重要。

砂轮的特性由磨料、粒度、结合剂、硬度、组织、强度、形状尺寸等因素所决定。每一种砂轮根据其本身的特性，都有一定的适用范围。所以在磨削加工时，必须根据具体情况，综合考虑工件的材料、热处理方法、加工精度和粗糙度、形状尺寸、磨削余量等要求，选用合适的砂轮。

常用砂轮外径一般不小于 50 mm，最大可至 200 mm，厚度应根据工件形状来决定。

（二）成型砂轮的修整及磨削

1. 成型砂轮修整时的注意事项

（1）被磨的工件是凸圆弧时，修整后的砂轮轮缘为凹圆弧，则修整砂轮凹圆弧半径轮比工件的实际尺寸大 0.01 ～ 0.02 mm；

（2）被磨的工件是凹圆弧时，修整后的砂轮轮缘为凸圆弧，则修整砂轮凸圆弧半径轮比工件的实际尺寸小 0.01 ～ 0.02 mm；

（3）在夹具上用金刚石刀修整成型砂轮时，工具的回转中心必须垂直于砂轮之主轴中心线，金刚石刀尖应在通过砂轮的主轴轴线的垂直面或水平面内运动，这样才能保证修整出的砂轮形状准确；

（4）在修整成型砂轮时，需在修整前用碳化硅砂条做粗修整，这样不仅可以减少金刚石刀的损耗，还可提高修整砂轮效率；

（5）使用成型砂轮磨削时，不应采用单一的砂轮来适应各种形状的磨削，应使每一砂轮固定在一种形状使用，这样可减少砂轮和金刚石刀的损耗，也可减少修整砂轮时间。

2. 成型砂轮的修整

成型砂轮的修整是指采用修整工具将砂轮修整成所需形状（一定角度或圆弧）的一种方法。刀具大都使用大颗粒天然金刚石。

修整砂轮工具因其用途不同而异，有砂轮角度修整工具和砂轮圆弧修整工具之分；另外，从结构形式方面区别，有卧式修整工具与立式修整工具之分。下面分别介绍几种工具的修整砂轮方法及磨削。

（1）砂轮角度的金刚石刀修整与角度磨削。

将砂轮修整成角度的目的是磨削斜面。修整角度时一般按正弦原则，用垫块规的方法控制其角度。图 7–12 为修整砂轮角度工具结构，修整砂轮用的金刚石刀 3 装在滑块 2 上，使用时，旋转手轮 10，通过齿轮 5 和滑块上的齿条 4，可使装有金刚石刀 3 的滑块 2 沿正弦尺座 1 的导轨往复运动。正弦尺座可绕芯轴 6 转动，采用在正弦圆柱 9 与平板 7 之间垫块规的方法可调整转动的角度，并用螺母 11 将正弦尺座锁紧在支座 12 上，然后使金刚石刀 3 往复运动，修整砂轮成角度。

当砂轮角度大于 45° 时，如仍将块规放在圆柱 9 与平板 7 之间，就会造成较大的误差，而且正弦尺座 1 会妨碍放块规，所以支座 12 上还装有两块可移动的垫板 8。块规可以垫在圆柱 9 与垫板 8 的左侧或右侧之间。当砂轮角度小于 45° 时，垫板 8 可以推进去不用，使其不妨碍正弦尺座转动，也不妨碍在平板 7 上垫放块规。

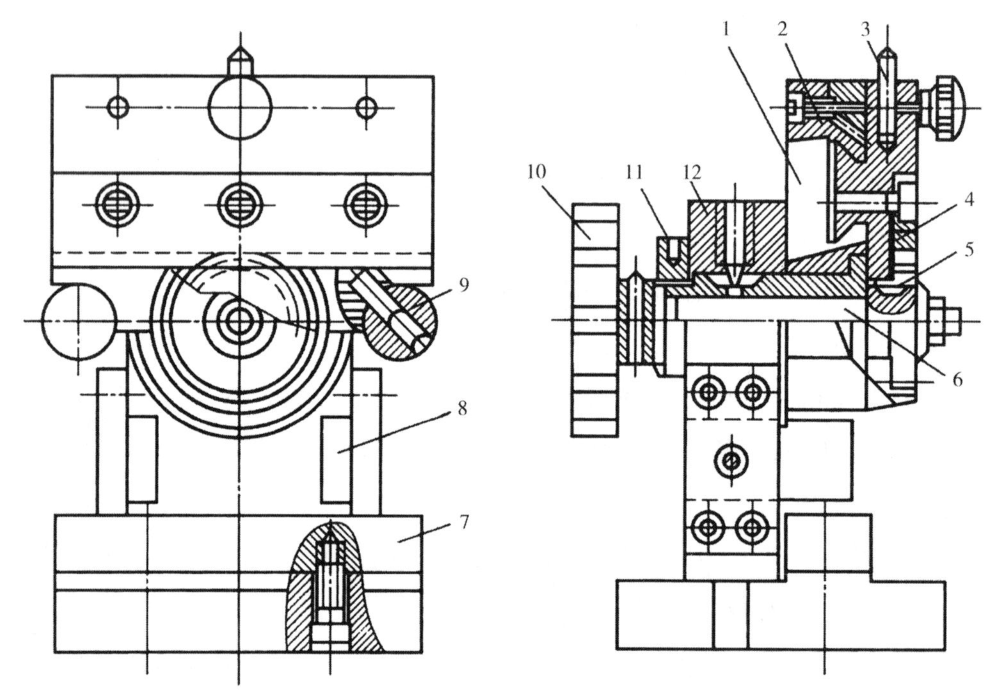

1—正弦尺座；2—滑块；3—金刚石刀；4—齿条；5—齿轮；6—芯轴；7—平板；8—垫板；9—正弦圆柱；10—手轮；11—螺母；12—支座

图 7-12 修整砂轮角度工具结构

以上所述为正弦尺座顺时针旋转，在工具右边圆柱下垫块规时的情况。当需要正弦尺座反时针旋转，在工具左边的圆柱下面垫块规时，可以用相应的公式计算应垫的块规值。

（2）砂轮圆弧的金刚石刀修整与圆弧磨削。

工件上的凸、凹圆弧常用修整成与工件相反的凹、凸圆弧进行磨削。砂轮圆弧的修整工具较多，但基本原理相同。修整砂轮圆弧时，半径的控制通过调整金刚石刀尖至工具回转中心的距离实现。

修整砂轮时，应根据所修砂轮是凸弧或凹弧的情况以及半径大小，计算应垫的块规值，调整好金刚石刀尖的位置。然后将工具安装到磨床六面上，使金刚石刀尖处于砂轮的下方。旋转手轮，使金刚石刀绕工具的主轴中心来回摆动，就可以修出圆弧来。

四、光学曲线磨床磨削

光学曲线磨削是利用投影放大原理，在磨削时将放大的工件形状与放大图进行比较，操纵砂轮将图线以外的余量磨去，而获得精确型面的一种加工方法。这种方法可以加工较

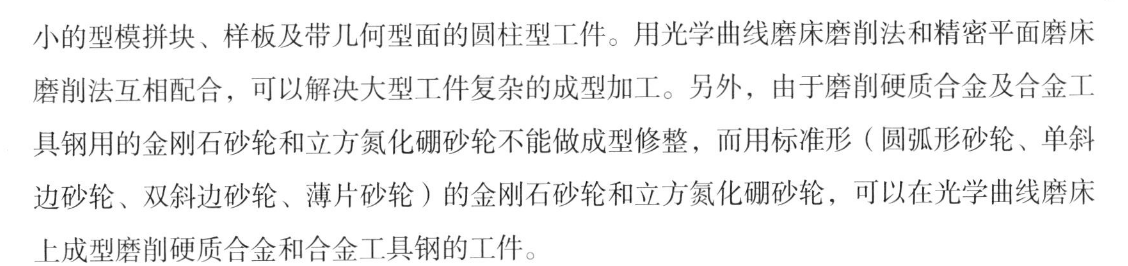

小的型模拼块、样板及带几何型面的圆柱型工件。用光学曲线磨床磨削法和精密平面磨床磨削法互相配合，可以解决大型工件复杂的成型加工。另外，由于磨削硬质合金及合金工具钢用的金刚石砂轮和立方氮化硼砂轮不能做成型修整，而用标准形（圆弧形砂轮、单斜边砂轮、双斜边砂轮、薄片砂轮）的金刚石砂轮和立方氮化硼砂轮，可以在光学曲线磨床上成型磨削硬质合金和合金工具钢的工件。

（一）常用的光学曲线磨床

常用的光学曲线磨床有 M9015，M9017A 和 GLS—130AS 等型号。M9015 一次投影能磨削的最大尺寸为 10 mm × 10 mm，分段磨削最大尺寸为 150 mm × 25 mm，磨削最大直径与长度为 100 mm × 100 mm。M9017A 的加工范围比 M9015 稍大些。

数控自动光学精密曲线磨床可根据工件放大图图形的简单输入方式，进行砂轮座纵向进给（*X*）和横向进给（*Y*）两轴的数控运转，不需要任何复杂的计算和计算机程序编制。其主要特点如下：

（1）按规定倍率绘制工件的放大图，并安装在投影屏上；

（2）用手动进给手轮，将砂轮顶端对准到放大图的形状变化点上；

（3）将砂轮顶端对准变化点以后，即可按代码键，以指定“快速进给、直线、圆弧（左、右和 *R* 尺寸）”，以此自动输入砂轮的指令和 *X*、*Y* 坐标点；

（4）能进行一般的手控数据输入，包括子程序和各种插补等。

（二）工件的装夹及定位

在光学曲线磨床上磨削工件，常采用分段磨削方法加工；在磨削过程中有时需要改变工件的安装位置，所以一般不直接固定在台面上，而是利用专用夹板、精密平口虎钳等装夹固定，或使用简单的夹具根据预先设计好的工艺孔进行分度定位磨削。

（三）砂轮的选择及修整

光学曲线磨床磨削的特点是以逐步磨削的方式加工工件，因此，砂轮的磨削接触面小，磨削点的磨粒容易脱落，所以选用的砂轮应比用平面磨床所用的成型砂轮硬 1 ～ 2 级。砂轮的修整也比较简单。

（四）磨削实例

首先，依据被磨削工件的图面尺寸及精度决定所画放大图的倍数。一般光学曲线磨床的光学系统放大倍数为 25 倍、30 倍、50 倍。放大图一般用手工绘制。但普通描图纸绘制的放大图，容易受空气湿度的影响而改变，因此加工精度较低。近年已普遍采用不受湿度影响的涤纶薄膜，使用绘图机绘制放大图，绘制的精度高，使用寿命长且容易保存。

光学曲线磨床使用的放大图，放大的倍数较大，因此，磨削大工件所使用的放大图应按一定的基准线分段绘制。成型磨削时，按基准线互相衔接，这样对一个工件可以从头至尾完成其磨削工序。但是，光学曲线磨床的团面仿形加工如果能与平面磨床成型磨削法配合使用，无论从效率上、精度上以及简化放大图的绘制上，都是比较理想的，尤其是对硬质合金模具的凸模及凹模拼块进行成型磨削时更有必要。因为平面磨床成型磨削法磨削台阶、平面时，只需使用金刚石或立方氮化硼平行砂轮或薄片砂轮，因此大多数工件可以用平面磨床成型磨削法磨好台阶、平面以及窄槽等部分，并以这些部位作为定位面，再用放大图磨削相接的凸凹圆弧及不规则的曲线部位。

（五）旋转体工件的成型磨削

在光学曲线磨床上，装上磨圆夹具，可磨削各种旋转体的成型工件，如型芯、凸模以及液压成型砂轮用的各种滚轮等。

被磨削的工件装夹在夹具的两顶尖间，边旋转边磨削。夹具安装在工作台上，校正夹具使其顶尖中心与工作台的棱边平行。在进行磨削时，砂轮架不作上下运动，但需先将砂轮轴的高度调整到砂轮的投影轮廓在屏幕上映像最清晰的位置。由于工件是旋转体，因此工件型面各点的焦距各不相同，离工件顶点愈远的映像愈模糊。因此，在磨削过程中应随时调整聚光镜焦距，以使磨削点保持最清晰的影像。

五、手动坐标磨床和数控成型磨床磨削

（一）坐标磨床磨削

坐标磨床磨削是将工件固定在精密的工作台上，并使工作台移动或转动到坐标位置，在高速磨头的旋转与插补运动下进行磨削的一种加工方法。它可以进行规则或不规则的内孔与外形磨削，还可以磨出带锥形孔和斜面等。根据所用磨床不同，目前主要有两种磨削方法，即手动坐标磨削法和连续轨迹数控坐标磨削法。

手动坐标磨削是在手动坐标磨床上用点位进给法实现其对工件内形或外形轮廓的加工。

连续轨迹数控坐标磨削是在数控坐标磨床上用计算机自动控制实现其对工件型面的加工。

连续轨迹数控坐标磨削法加工效率高于手动坐标磨削法 2 ～ 10 倍，轮廓曲线接点精度高，磨削配合型孔间隙可达 2 μm 左右，而且均匀一致。

（二）常用的坐标磨床

如 MG2932B 型单柱坐标磨床，上部为磨削机构，下部为精密坐标机构。此机床可磨削具有高精度位置的圆孔、锥孔及型腔。利用分度圆台、槽磨头等附件，可以磨削直线与圆弧、圆弧与圆弧相切的内外轮廓、键槽、方孔等。

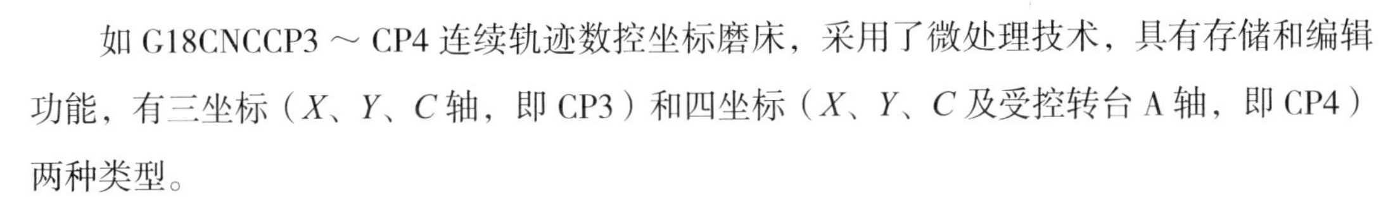

如 G18CNCCP3 ～ CP4 连续轨迹数控坐标磨床，采用了微处理技术，具有存储和编辑功能，有三坐标（*X*、*Y*、*C* 轴，即 CP3）和四坐标（*X*、*Y*、*C* 及受控转台 A 轴，即 CP4）两种类型。

（三）坐标磨床的机构特点及应用范围

（1）结构特点。

①单柱型坐标磨床（如 MG2932B，GG—18）的结构紧凑、体积小、精度高、操作灵活；

②单柱型坐标磨床工作台面积范围（长 × 宽）为 600 mm × 300 mm，适合于加工中小型工件；

③双柱固定桥式大型坐标磨床一般工作台面积（长 × 宽）为 1 200 mm × 600 mm，适于大型工件的加工。

（2）定位精度单柱型（任意 30 mm 内）：0.002 mm。双柱型（任意 30 mm 内）：0.003 mm。

（3）坐标磨床磨削机构的三向运动坐标磨床在磨削过程中，磨削机构有三个运动可同时配合动作。三个运动的特点如下：

①砂轮的高速自转。砂轮的高速自转由高频电动机或压缩空气机驱动，从低速到高速分 5 ～ 6 档，即 900 r/min，4 000 r/min，6 000 r/min，8 000 r/min，12 000 r/min，18 000 r/min。一般转速为 4 000 ～ 8 000 r/min 的磨头用高频电动机驱动，10 000 r/min 以上使用压缩空气机驱动，但也有一些工厂从低速到高速磨头都采用压缩空气机驱动。气动磨头具有功率大，能直接冷却工件和自冷等优点。

②主轴旋转运动。主轴旋转运动由电动机通过变速机构直接驱动主轴，而由另一电动机带动高速磨头形成行星式运动，一般主轴转速为 25 ～ 300 r/min。

③主轴套筒上下往复运动。主轴套筒的上下往复运动是液压式或气压 - 液压式传动。上下行程由两个微动开关控制，采用先进工艺快速插磨法插磨内外轮廓时，主轴的往复运动可以达到 120 次 /min，最高达到 190 次 /min。

（4）手轮的进给形式手轮的进给一般通过手轮的旋转带动偏心轮或通过刻度套筒带动凸轮机构，使固定在燕尾滑座上的高速磨头作径向移动来达到砂轮的径向进给。一般进给移动量为 0 ～ 19 mm。刻度值为 1 μm。

（5）磨锥孔方式磨锥孔有两种方式。一种是滑板式，即当磨削正锥孔时，主轴套筒下移，通过装置在主轴箱内的倾斜滑板机构和凸轮机构，迫使偏心轴回转一个角度，使高速磨头作径向进给，若套筒上升则上述运动相反，滑板式可磨锥度为 0° ～ 16°；另一种是主轴可调式，在主轴套筒的上方外壳的平面上有刻度，套筒上部的直径上支承两只紧固螺钉，松紧这两只螺钉可调整所需的锥度，主轴可调式可磨锥度为 0° ～ 3° 。

4. 坐标磨床的基本操作方法

（1）主轴往复运动行程的选择主轴往复运动的行程距离，以砂轮宽度的 1/2 露出被磨削孔的上下两端面为宜。

（2）行程速度的选择用行星式磨削法磨削工件时，粗磨的行程速度选择快一些，即行星运动每公转一圈，砂轮垂直移动的距离约小于砂轮宽度的两倍。精磨时行程速度应选择慢一些，即行星运动公转一圈，砂轮垂直移动的距离约小于砂轮宽度的 1/3 ～ 1/2。调整行程速度时，要考虑到砂轮与被磨削材质等因素的制约关系。

（3）行星转速的选择行星转速的选择也要考虑到砂轮与被磨孔材质等因素的制约关系。一般合金钢的切削速度在 4 ～ 6 m/min。

（4）砂轮的选择与修整。

①砂轮直径的选择。磨削圆孔时，所选择砂轮的直径与被磨削的孔径应保持适当的比例关系，以保证磨削效率和表面粗糙度。一般所选择砂轮的直径应为被磨削孔径的 10 倍为宜。但是，当孔径大于 20 mm 时，砂轮直径按计算值应适当减小；当孔径小于 8 mm 时，砂轮直径按计算值应适当增加。另外也要注意砂轮直径与砂轮芯轴之间的比例关系，一般砂轮直径约为芯轴的 1.5 倍，如果砂轮直径过大且芯轴过小，在磨削时就会出现磨削波纹。

②砂轮转速的选择。砂轮转速的选择，取决于砂轮不同磨料的切削速度。金刚石砂轮对硬质合金的切削速度为 1 000 ～ 1 500 m/min；立方氮化硼砂轮对碳素工具钢、合金钢的切削速度为 1 200 ～ 1 800 m/min；普通磨料砂轮对碳素工具钢、合金钢的切削速度为 1 500 ～ 2 000 m/min。

③砂轮的修整。普通磨料砂轮的修整有手工整形修整和金刚石夹具的精修整两种。手工整形修整是用手持碳化硅块或立方氮化硼块，修整时，将砂轮转速调整至正常磨削转速的一半左右，以防止修整时产生震动。精修整是用装有金刚石笔的修整夹具进行修整。

精修整进给量可按砂轮直径与芯轴直径确定，一般修整进给量为 0.005 mm，进给量大于 0.015 mm 时就可能使金刚石笔的切削刃破损。所以一般先用低速修整，进给量为 0.005 mm，然后逐步提高转速直到正常的磨削速度，进给量为 0.002 5 mm。要注意在整形修整时，砂轮径向受力较大，对于直径较小的芯轴容易产生弹性变形。因此，在开始修整时要尽量缩短芯轴的夹持长度，待到精修时再将芯轴按磨削安全长度夹持进行精修整。

1. 外工作型面的机械加工方法有哪些?
2. 型孔、型腔机械加工方式的不同点在哪？两种方式分别适合什么工作环境?
3. 成型磨削的方法有哪些?
4. 手动坐标磨床和数控成型磨床磨削的不同及优缺点是什么?

项目八
模具的特种加工技术

导读

特种加工可以加工各种用传统工艺难以加工的材料、复杂表面和某些模具制造企业有特殊要求的零件。通过本项目的学习，可以使读者理解相应的特种加工技术的理论知识；同时，通过不同任务的实施，可以提高读者的动手操作能力。

学习目标

1. 了解模具常见特种加工及加工特点；
2. 了解电火花、激光加工、超声波加工的加工特点；
3. 学会常见快速成型制造方法及应用；
4. 电火花加工的工作原理和特点，影响电火花加工质量、加工精度、表面质量的主要工艺因素。

特种加工也称“非传统加工”或“现代加工方法”，泛指用电能、热能、光能、电化学能、化学能、声能及特殊机械能等能量达到去除或增加材料的加工方法，从而实现材料被去除、变形、改变性能或被镀覆等。常用特种加工方法分类如表 8-1 所示。

表 8-1　常用特种加工方法分类表

特种加工方法		能量形式	作用原理	英文缩写
电火花加工	成型加工	电能、热能	熔化、气化	EDM
	线切割加工	电能、热能	熔化、气化	WEDM
电化学加工	电解加工	电化学能	阳极溶解	ECM
	电解磨削	电化学机械能	阳极溶解、磨削	EGM
	电铸、电镀	电化学能	阴极沉积	EFM EPM
激光加工	切割、打孔	光能、热能	熔化、气化	LBM
	表面改性	光能、热能	熔化、相变	LBT
电子束加工	切割、打孔	电能、热能	熔化、气化	EBM
离子束加工	刻蚀、镀膜	电能、动能	原子撞击	IBM
超声加工	切割、打孔	声能、机械能	磨料高频撞击	USM

电火花机床在加工时，是在绝缘介质中通过机床的自动进给调整装置，使工具电极与工件之间保持一定的放电间隙，然后，在工具电极与工件之间施加强脉冲电压，击穿绝缘介质层，形成能量高度集中的脉冲放电，使工件与工具电极的金属表面因产生的高温（10 000 ～ 12 000℃）被熔化甚至被气化，同时产生爆冲效应，使被蚀除的金属颗粒抛出加工区域，在工件上形成微小凹坑。然后绝缘介质恢复绝缘，等待下一次脉冲放电，这样周期往复，形成对工件的电火花加工。电火花特别适用于淬火钢、硬质合金等材料的成型加工，这样就解决了材料淬火后除磨削以外就不能再进行切削加工的困难，也解决了各种难加工材料的成型加工问题。

电火花加工又称放电加工（Electrical Discharge Machining，EDM），它是在加工过程中，利用两极（工具电极和工件电极）之间不断产生脉冲性的火花放电，靠放电时局部、瞬时产生的高温把金属蚀除下来，以使零件的尺寸、形状和表面质量达到预定要求的加工方法。因放电过程中可见到火花，故称为电火花加工，也称电蚀加工。加工中工件和电极都会受到电腐蚀作用，只是两极的蚀除量不同。工件接正极的加工方法称为正极性加工；反之，称为负极性加工。电火花加工的质量和加工效率不仅与极性选择有关，还与电规准、工作液、工件、电极的材料、放电间隙等因素有关。电火花放电加工按工具电极和工件的相互运动关系的不同，可分为电火花穿孔成型加工、电火花线切割、电火花磨削、电火花展成加工、电火花表面强化和电火花刻字等。

放电腐蚀原理：要使放电腐蚀原理用于导电材料的尺寸加工，工具电极和工件电极之间在加工中必须保持一定的间隙，一般是几微米至数百微米；火花放电必须在一定绝缘性能的介质中进行；放电点局部区域的功率密度足够高；火花放电是瞬时的脉冲性放电。在先后两次脉冲放电之间，有足够的停歇时间。脉冲波形基本是单向的。足够的脉冲放电能量，以保证放电部位的金属溶化或气化。

电火花加工的特点：便于加工用机械加工难以加工或无法加工的材料；电极和工件在加工过程中不接触，便于加工小孔、深孔、窄缝零件；电极材料不必比工件材料硬；直接利用电能、热能进行加工，便于实现加工过程的自动控制；可以加工任何导电的难切削材料。在一定条件下也可加工半导体材料，甚至绝缘体材料。可加工聚晶金刚石、立方氮化硼一类超硬材料；不产生切削力引起的残余应力和变形（其材料去除是靠放电时的电热作用实现的，电极和工件间不存在切削力）；脉冲参数可根据需要任意调节，因而可以在同一台机床上完成粗、细、精 3 个阶段的加工，易于实现自动化；尺寸精度为：0.01 ～ 0.05 mm，*Ra*=0.63 ～ 5.00。

电火花加工模具与普通机械加工：电火花加工模具与普通机械加工相比具有以下特点：电火花加工中，加工材料的去除是靠放电时的热作用实现的，几乎与其力学性能（硬度、强度）无关，适合于难切削材料的加工。放电加工中，加工工具电极和工件不直接接触，没有机械加工中的切削力，因此，适宜加工低刚度工件及微细加工。电火花加工是直接利用电能进行加工，而电能、电参数较机械量易于数字控制、适应智能控制和无人化操作。电火花加工已广泛应用于机械（特别是模具制造）、宇航、航空、电子、电机电器、精密机械、仪器仪表、汽车拖拉机、轻工业等行业。

电火花加工大部分应用于模具制造，主要有以下几方面：①穿孔加工。加工冲模的凹模、挤压模、粉末冶金模等的各种异形孔及微孔。②型腔加工。加工注射模、压塑模、吹塑模、压铸模、锻模及拉深模等的型腔。③强化金属表面。凸凹模的刃口。磨削平面及圆柱面。

电火花加工的局限性：①主要用于加工金属等导电材料；②一般加工速度较慢；③存在电极损耗。

影响电火花加工质量的主要工艺因素：①电极损耗对加工精度的影响。型腔加工，用电极的体积损耗率来衡量。穿孔加工，用长度损耗率来衡量。②放电间隙对加工精度的影响。③加工斜度对加工精度的影响，在加工过程中随着加工深度的增加，二次放电次数增多，侧面间隙逐渐增大，使加工孔入口处的间隙大于出口处的间隙，出现加工斜度，使加工表面产生形状误差。

影响表面质量的工艺因素：①表面粗糙度；②表面变化层。经电火花加工后的表面将产生包括凝固层和热影响层的表面变化层。凝固层是工件表层材料在脉冲放电的瞬间高温作用下熔化后未能抛出，在脉冲放电结束后迅速冷却、凝固而保留下来的金属层。热影响层位于凝固层和工件基体材料之间，该层金属受到放电点传来的高温影响，使材料的金相组织发生了变化。

型孔加工：保证凸模、凹模配合间隙的方法。直接法，用加长的钢凸模作电极加工凹模的型孔，加工后将凸模上的损耗部分去除；混合法，将凸模的加长部分选用与凸模不同的材料，与凸模一起加工，以黏接或钎焊部分作为穿孔电极的工作部分。修配凸模法，凸模和工具电极分别制造，在凸模上留一定的修配余量，按电火花加工好的凹模型孔修配凸模，达到所要求的凸模、凹模的配合间隙。二次电极法，利用一次电极制造出二次电极，再分别用一次和二次电极加工出凹模和凸模，并保证凸模、凹模配合间隙。

常见电极材料的性质如表 8–2 所示。

表 8–2　常见电极材料的性质

电极材料	电火花加工性能		机械加工性能	说明
	加工稳定性	电极损耗		
钢	较差	中等	好	在选择电参数时应注意加工的稳定性，可用凸模作电极
铸铁	一般	中等	好	
石墨	较好	较小	较好	机械强度较差，易崩角
黄铜	好	大	较好	电极损耗太大
紫铜	好	较小	较差	磨削困难
铜钨合金	好	小	较好	价格贵，多用于深孔、直壁孔、硬质合金穿孔
银钨合金	好	小	较好	价格昂贵，用于精密及有特殊要求的加工

常见的凹模模坯准备工序如表 8–3 所示。

表 8–3　常见的凹模模坯准备工序

序号	工序	加工内容及技术要求
1	下料	用锯床锯割所需的材料，包括需切削的材料
2	锻造	锻造所需的形状，并改善其内容组织
3	退火	消除锻造后的内应力，并改善其加工性能
4	刨（铣）	刨（铣）四周及上下二平面，厚度留余量 0.4 ～ 0.6 mm
5	平磨	磨上下平面及相邻两侧面，对角尺，*Ra* 0.63 ～ 1.25 μm

续表

序号	工序	加工内容及技术要求
6	划线	钳工按型孔及其他安装孔划线
7	钳工	钻排孔，去除型孔废料
8	插（铣）	插（铣）出型孔，单边余量 0.3 ～ 0.5 mm
9	钳工	加工其余各孔
10	热处理	按图样要求淬火
11	平磨	磨上下两面，为使模具光整，最好再磨四侧面
12	退磁	退磁处理

电火花加工中所选用的一组电脉冲参数称为电规准。①粗规准，主要用于粗加工；②中规准是粗、精加工间过渡加工采用的电规准，用以减小精加工余量，促使加工稳定性和提高加工速度；③精规准，用来进行精加工。

电火花成型加工设备的组成：电火花成型加工机床一般由 4 部分组成，即主机、工作液循环系统、脉冲电源系统、控制系统。

任务一　模具的数控线切割加工

电火花线切割加工（Wire Cut EDM，WEDM）是在电火花加工基础上，于 20 世纪 50 年代末在苏联发展起来的一种新的工艺形式，是用线状电极（钼丝或铜丝）靠火花放电对工件进行切割，故称为电火花线切割，有时简称线切割。线切割加工机床分为快走丝和慢走丝线切割机床两种。

一、线切割加工的特点

电火花线切割加工过程的工艺和机理与电火花成型加工既有共性，又有特性。电火花线切割加工与电火花成型加工的共性，线切割加工的电压、电流波形与电火花加工的基本相似。单个脉冲也有多种形式的放电状态，如开路、正常火花放电、短路等。线切割加工的加工机理、生产率、表面粗糙度等工艺规律，材料的可加工性等也与电火花成型加工基本相似，可以加工一切导电材料。

线切割加工与电火花成型加工的不同特点，由于电极工具是直径较小的细丝，因此脉冲宽度、平均电流等不能太大，加工工艺参数的范围较小，属中、精正极性电火花加工，工件常接脉冲电源正极。采用水或水基工作液，不会引燃起火，容易实现安全无人运转，

但由于工作液的电阻率远比煤油小，因而在开路状态下，仍有明显的电解电流。

二、线切割加工的应用

（一）加工模具

适用于各种形状的冲压模具和直通的模具型腔。调整不同的间隙补偿量，只需一次编程就可切割凸模、凸模固定板、凹模及卸料板等。模具配合间隙、加工精度通常都能达到 0.01 ～ 0.02 mm（快走丝）和 0.002 ～ 0.005 mm（慢走丝）的要求。

（二）加工电火花成型用的电极

电火花穿孔加工所用电极以及带锥度型腔加工用的电极，以及铜钨、银钨合金之类的电极材料，用线切割加工特别经济，同时，也适用于加工微细复杂形状的电极。

（三）加工试制新产品的零件

用线切割在坯料上直接割出零件，例如，试制切割特殊微电机硅钢片定转子铁芯，由于无须另行制造模具，可大大缩短制造周期、降低成本。另外，修改设计、变更加工程序比较方便，加工薄件时还可多片叠在一起加工。在零件制造方面，可用于加工品种多、数量少的零件，特殊难加工材料的零件。

（四）可加工微细异型孔

窄缝和复杂形状的工件，加工精度可控制在 0.01 mm 左右，表面粗糙度 $Ra < 2.5$ μm。

（五）线切割

线切割因切缝很窄，对金属去除量很少，对节省贵重金属有重要意义。用于加工淬火钢、硬质合金模具零件、样板、各种形状的细小零件、窄缝等。

三、数字程序控制基本原理

数控线切割加工时，数控装置要不断进行插补运算，并向驱动机床工作台的步进电动机发出相互协调的进给脉冲，使工作台（工件）按指定的路线运动。工作台的进给是步进的，它每走一步机床数控装置都要自动完成 4 个工作节拍。

（一）偏差判别

判别加工点对规定图形的偏离位置，以决定工作台的走向。

（二）工作台进给

工作台进给根据判断结果，控制工作台在 X 或 Y 方向进给一步，以使加工点向规定图形靠拢。

（三）偏差计算

在加工过程中，工作台每进给一步，都由机床的数控装置根据数控程序计算出新的加工点与规定图形之间的偏差，作为下一步判断的依据。

（四）终点判别

每当进给一步并完成偏差计算之后，就判断是否已加工到图形的终点，若加工点已到终点，便停止加工。

四、程序编制

（一）3B 格式程序编制

1. 3B 程序格式

3B 程序格式如表 8–1 所示。

表 8–1　3B 程序格式

B	X	B	Y	B	J	G	Z
分隔符号	X 坐标值	分隔符号	Y 坐标值	分隔符号	计数长度	计数方向	加工指令

分隔符号 X 坐标值分隔符号 Y 坐标值分隔符号计数长度计数方向加工指令

分隔符号 B，X，Y，J 均为数码，用分隔符号（B）将其隔开，以免混淆。

坐标值（X，Y），只输入坐标的绝对值，其单位为 μm（以下应四舍五入）。

计数方向 G，选取 X 方向进给总长度进行计数的称为计 X，用 GX 表示；选取 Y 方向进给总长度进行计数的称为计 Y，用 GY 表示。

计数长度 J，指被加工图形在计数方向上的投影长度（即绝对值）的总和，以 μm 为单位。

2. 纸带编码

采用五单位标准纸带。纸带上有 I_1、I_2、I_3、I_4、I_5 五个大孔，为信息代码孔；一列小孔 I_0，称为同步孔。

3. 程序编程的步骤与方法

工具、夹具的设计选择，尽可能选择通用（或标准）工具和夹具。

正确选择穿丝孔和电极丝切入的位置，穿丝孔是电极丝相对于工件运动的起点，同时，也是程序执行的起点，也称“程序起点”。一般选在工件上的基准点外，也可设在离型孔边缘 2 ～ 5 mm 处。

4. 确定切割线路

一般在开始加工时应沿着离开工件夹具的方向进行切割，最后再转向夹具方向。

（二）工艺计算

（1）根据工件的装夹情况和切割方向，确定相应的计算坐标系。

（2）按选定的电极丝半径 r，放电间隙和凸模、凹模的单面配合间隙 $Z/2$ 计算电极丝中心的补偿距离ΔR。

（3）将电极丝中心轨迹分割成平滑的直线和单一的圆弧线，按型孔或凸模的平均尺寸计算出各线段交点的左边值。

（三）编制程序

根据电极丝中心轨迹各交点坐标值及各线段的加工顺序，逐段编制切割程序。程序检验，画图检验和空运行。

五、手工编程实例

（一）4B 格式程序编制

4B 格式是在 3B 格式的基础上发展起来的，这种格式按工件轮廓编制，数控系统使电极丝相对于工件轮廓自动实现间隙补偿。程序格式中增加一个 R 和 D 或 DD（圆弧的凸、凹性）而成为 4B 程序格式。4B 程序格式如表 8-2 所示。

表 8-2　4B 程序格式

B	X	B	Y	B	J	B	R	G	D 或 DD	Z
分隔符号	X 坐标值	分隔符号	Y 坐标值	分隔符号	计数长度	分隔符号	圆弧半径	计数方向	曲线形式	加工指令

分隔符号 X 坐标值分隔符号 Y 坐标值分隔符号计数长度分隔符号圆弧半径计数方向曲线形式加工指令

（二）ISO 代码数控程序编制

1. 程序字

简称“字”，表示一套有规定次序的字符可以作为一个信息单元存储、传递和操作。一个字所包含的字符个数称为字长。程序字包括顺序号字、准备功能字、尺寸字、辅助功能字等。

2. 顺序号字

也称为程序段号或程序段号字。地址符是 N，后续数字一般 2 ～ 4 位。如 N02，N0010。

3. 准备功能字

地址符是 G，又称为 G 功能或 G 指令。它的定义是：建立机床或控制系统工作方式的一种命令。后续数字为两位正整数，即 G00 ～ G99。

4. 尺寸字

也称尺寸指令。主要用来指令电极丝运动到达的坐标位置。地址符有 X、Y、U、V、A、I、J 等，后续数字为整数，单位为 μm，可加正、负号。

5. 辅助功能字

辅助功能字由地址符 M 及随后的 2 位数字组成，即 M00 ～ M99，也称为 M 功能或 M 指令。

6. 程序段

程序段由若干个程序字组成，它实际上是数控加工程序的一句。例如 G01 X300 Y—5000。

7. 程序段格式

程序段格式是指程序段中的字、字符和数据的安排形式。

8. 程序格式

程序格式为程序名（单列一段）+ 程序主体 + 程序结束指令（单列一段）。

（三）ISO 代码及其程序编制

① G00 为快速定位指令，书写格式：C00 X—Y—。

② G01 为直线插补指令，书写格式：G01 X—Y—U—V—。

③ G02，G03 为圆弧插补指令。

G02——顺时针加工圆弧的插补指令。书写格式：G02 X—Y—I—J—。

G03——逆时针加工圆弧的插补指令。书写格式：G03 X—Y—I—J—。

④ G90，G91，G92 为坐标指令。

G90——绝对坐标指令，书写格式：G90（单列一段）。

G91——增量坐标指令，书写格式：G91（单列一段）。

G92——绝对坐标指令，书写格式：G90 X—Y—。

⑤ G05，G06，G07，G08，G09，G10，G11，G12 为镜像及交换指令。

G05——X 轴镜像，函数关系式：X=-X。

G06——Y 轴镜像，函数关系式：Y=-Y。

G07——X，Y 轴交换，函数关系式：X=Y，Y=X。

G08——X 轴镜像、Y 轴镜像，函数关系式：X=-X，Y=-Y。即 G08=G05+G06。

G09——X 轴镜像、X，Y 轴交换。即 G09=G05+G07。

G10——Y 轴镜像、X，Y 轴交换。即 G10=G06+G07。

G11——X 轴镜像、Y 轴镜像。即 G11=G05+G06+G07。

书写格式：G05（单列一段）。

⑥ G40，G41，G42 为间隙补偿指令。

G41——左偏补偿指令，书写格式：G41 D—。

G42——右偏补偿指令，书写格式：G42 D—。

G40——取消间隙补偿指令，书写格式：G40（单列一段）。

⑦ G50，G51，G52 为锥度加工指令。

G51——锥度左偏指令，书写格式：G51 D—。

G42——锥度右偏指令，书写格式：G52 D—。

G40——取消锥度指令，书写格式：G50（单列一段）。

⑧ G54，G55，G56，G57，G58，G59 为加工坐标系 1 ～ 6。书写格式：G54（单列一段）。

⑨ G80，G82，G84 为手动操作指令。

G80——接触感知指令。

G82——半程移动指令。

G84——校正电极丝指令。

⑩ M 是系统的辅助功能指令。

M00——程序暂停。

M02——程序结束。

M05——接触感知解除。

M96——程序调用（子程序）。

书写格式：M96 程序名（程序名后加“.”）。

M96 程序调用结束。

六、线切割加工工艺

（一）模坯准备

（1）工件材料及毛坯。

（2）凹模坯准备工序。下料：用锯床切割所需材料。锻造：改善内部组织，并锻成所需的形状。退火：消除锻造内应力，改善加工性能。刨（铣）：刨六面，厚度留余量 0.4 ～ 0.6 mm。磨：磨出上下平面及相邻两侧面，对角尺。划线：划出刃口轮廓，孔（螺孔、销孔、穿丝孔等）的位置。加工型孔部分：当凹模较大时，为减少线切割加工量，需将型孔漏料部分铣（车）出，只切割刃口高度；对淬透形差的材料，可将型孔的部分材料去除，留 3 ～ 5 mm 切割余量。孔加工：加工螺孔、销孔、穿丝孔等。淬火：达到设计要求。磨：磨削上下平面及相邻两侧面，对角尺；退磁处理。

（3）凸模的准备工序。可参照凹模的准备工序，将其中不需要的工序去掉即可。注意事项：为便于加工和装夹，一般都将毛坯锻造成平面六面体；凸模的切割轮廓线与毛坯侧面之间应留足够的切割余量（一般小于 5 mm）；在某种情况下，为防止切割时模坯产生变形，在模坯上需加工出穿丝孔。

（二）工艺参数的选择

①脉冲参数的选择。

脉冲参数的选择如表 8-3 所示。

表 8-3　快速走丝线切割加工脉冲参数的选择

应用	脉冲宽度 /mm	电流峰值	脉冲间隔	空载电压
快速切割或加大厚度工作	20 ～ 40	大于 12	为实现稳定加工，一般选择 t_0/t_1=3 ～ 4 以上	一般为 70 ～ 90 V
半精加工	6 ～ 20	6 ～ 12		
精加工	2 ～ 6	4.8 以下		

②电极丝的选择。钨丝抗拉强度高，直径为 0.03 ～ 0.10 mm，一般用于各种窄缝的精加工，但价格昂贵。黄铜丝适用于慢速加工，加工表面粗糙度和平直度较好，但抗拉强度差，损耗大，直径为 0.1 ～ 0.3 mm。钼丝抗拉强度高，适用于快走丝加工，直径为 0.08 ～ 0.20 mm。

③工作液的选配，乳化液和去离子水。

（三）工件的装夹与调整

工件的装夹，悬臂方式装夹如图 8-1 所示；两端支撑方式装夹，如图 8-2 所示；桥式支撑方式装夹如图 8-3 所示。板式支撑方式装夹，如图 8-4 所示。

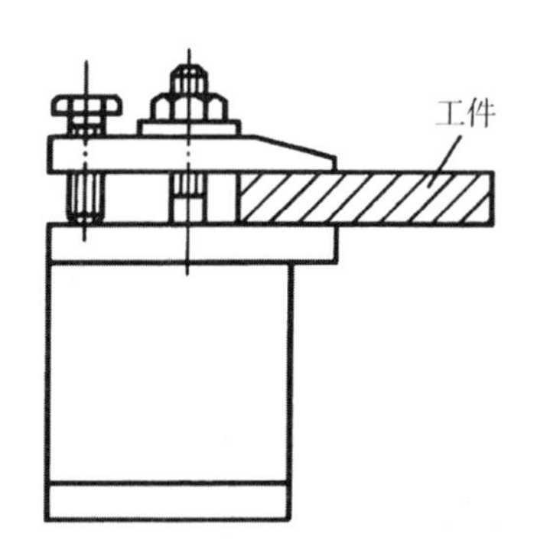

图 8-1　悬臂方式装夹

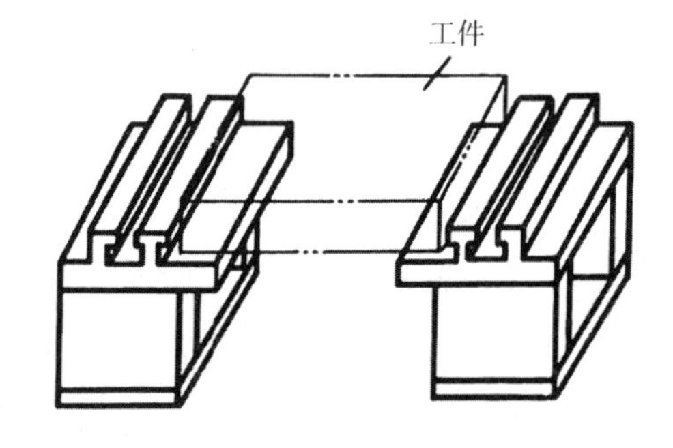

图 8-2　两端支撑方式装夹

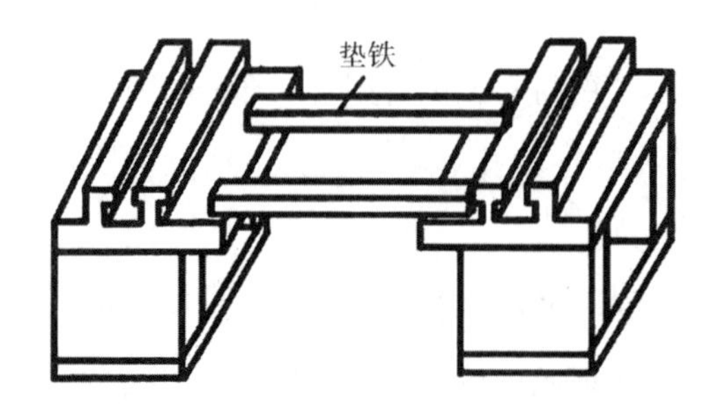

图 8-3　桥式支撑方式装夹

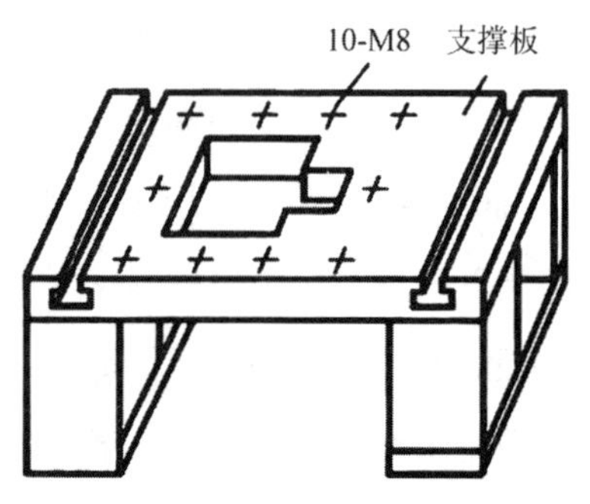

图 8-4　板式支撑方式装夹

（四）工件的调整

（1）用百分表找正，如图 8–5 所示。

（2）划线法找正，如图 8–6 所示。

（3）电极丝位置的调整，直接利用目测或借助 2 ～ 8 倍的放大镜来进行观察，如图 8–7 所示；火花法调整电极丝位置，如图 8–8 所示。

（4）自动找正中心，如图 8–9 所示。

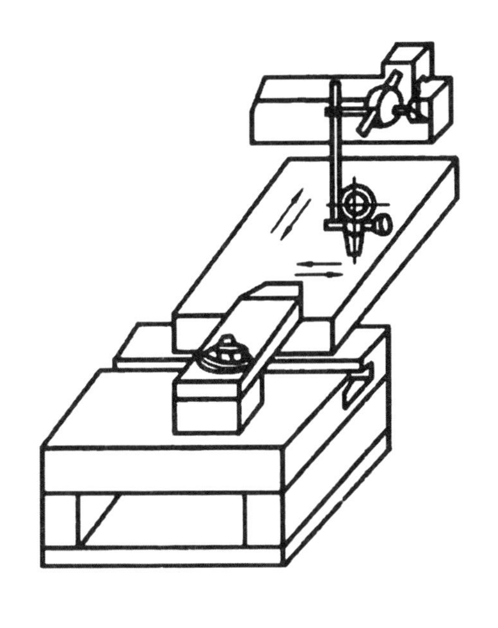

图 8–5　用百分表找正

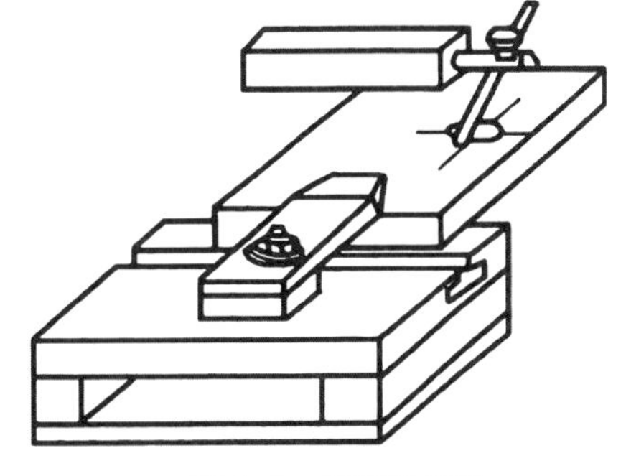

图 8–6　划线法找正

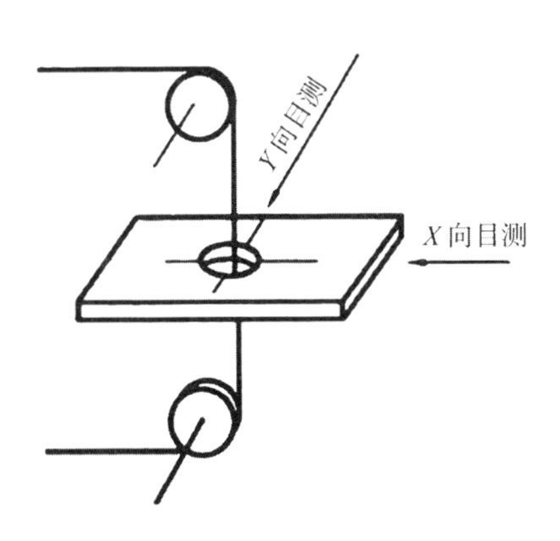

图 8–7　用目测法调整电极丝位置

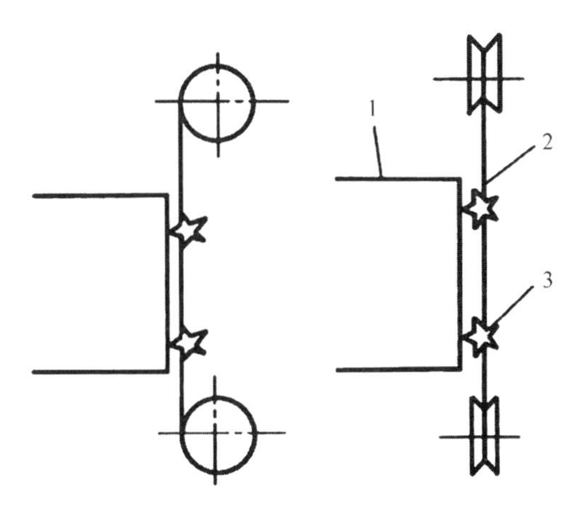

1—工件；2—电极丝；3—火花

图 8–8　火花法调整电极丝位置

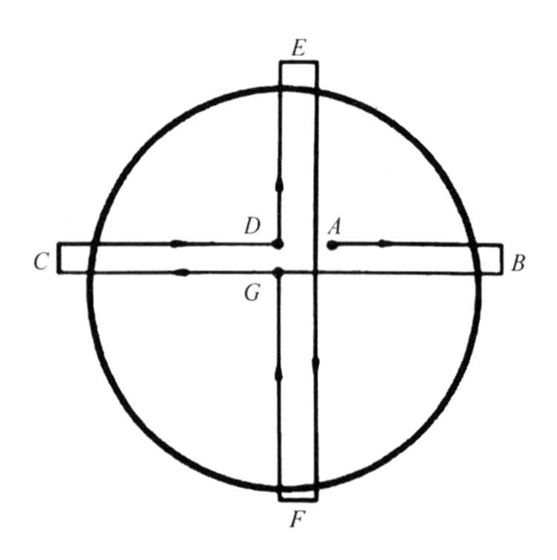

图 8-9　自动找正中心

实例列举：一个电极的精加工（本实例所用机床为 Sodick A3R，其控制电源为 Excellence Ⅺ）。加工条件：电极 / 工件材料：Cu/St（45 钢）；加工表面粗糙度：R_{max} 6 μm；电极减寸量（即减小量）：0.3 mm/ 单侧；加工深度：5.0 ± 0.01；加工位置：工件中心；单电极加工时的加工条件及加工图形如图 8-10 所示。

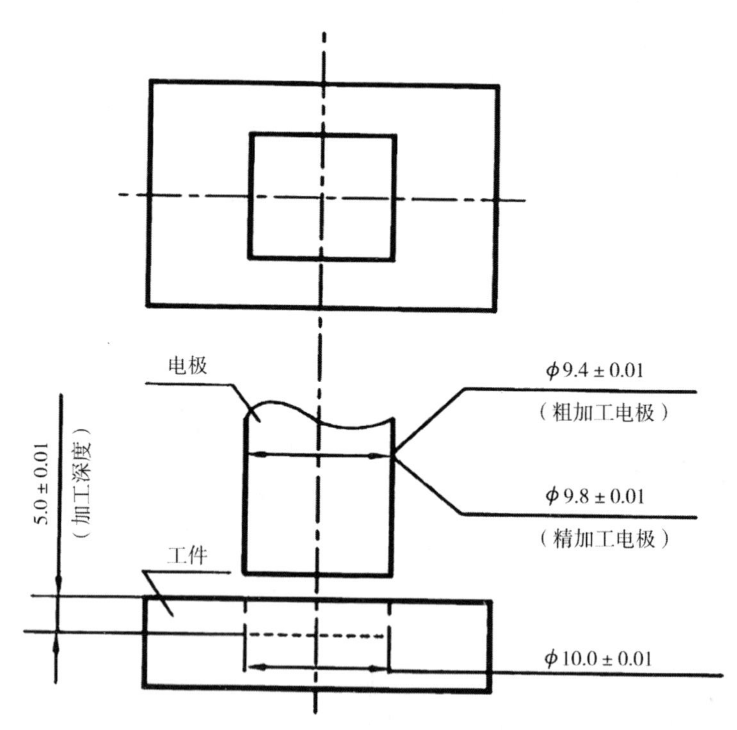

图 8-10　精、粗加工两个电极时的加工条件及加工图形

加工程序：

H0000=+00005000;　　　/ 加工深度

N0000;

G00G90G54XYZ1.0;　　　/ 加工开始位置，Z 轴距工件表面距离为 1.0 mm

G24;　　　　　/ 高速跃动

G01 C170 LNOO2 STEP10 Z330–H000 M04;

/ 以 C170 条件加工至距离底面 0.33 mm，M04 然后返回加工开始位置

G01 C140 LNOO2 STEP134 Z156–H000 M04;

/ 以 C140 条件加工至距离底面 0.156 mm

G01 C220 LNOO2 STEP196 Z096–H000 M04;

/ 以 C220 条件加工至距离底面 0.096 mm

G01 C210 LN002 STEP224 Z066–H000 M04; / 以 C210 条件加工至距离底面 0.066 mm

G01 C320 LN002 STEP256 Z040–H000 M04; / 以 C320 条件加工至距离底面 0.040 mm

G01 C300 LN002 STEP280 Z020–H000 M04; / 以 C300 条件加工至距离底面 0.020 mm

M02; / 加工结束

①程序分析：本程序为 Sodick A3R 机床的程序，在加工前根据具体的加工要素（如加工工件的材料、电极材料、加工要求达到的表面粗糙度、采用的电极个数等）在该机床的操作说明书上选用合适的加工条件。本加工选用的加工条件如表 8–4 所示。

表 8–4　加工条件表

C 代码	ON	IP	HP	PP	Z 轴进给余量 /μm	摇动步距 /μm
C170	19	10	11	10	Z330	10
C140	16	05	51	10	Z180	140
C220	13	03	51	10	Z120	200
C120	14	03	51	10	Z100	0
C210	12	02	51	10	Z070	30
C320	08	02	51	10	Z046	54
C310	08	01	52	10	Z026	74

②由表 8–4 可以看出，加工中峰值电流（IP）、脉冲宽度（ON）逐渐减小，加工深度逐渐加深，摇动的步距逐渐加大。即加工中首先是采用粗加工规准进行加工，然后慢慢采用精加工规准进行精修，最后得到理想的加工效果。

③最后采用的加工条件为 C300，摇动量为 280 μm，高度方向上电极距离工件底部的余量为 20 μm。由此分析可知，在该加工条件下机床的单边放电间隙为 20 μm。

任务二　模具的电化学及化学加工

一、电化学加工基本原理

电化学加工（ECM）是当前迅速发展的一种特种加工方式，是利用电极在电解液中发生的电化学作用对金属材料进行成型加工，已被广泛地应用于复杂型面、型孔的加工以及去毛刺等工艺过程。

电化学加工按加工原理可以分为 3 大类：

（一）利用阳极金属的溶解作用去除材料

利用阳极金属的溶解作用去除材料主要有电解加工、电解抛光、电解研磨、阳极切割等，用于内外表面形状、尺寸以及去毛刺等加工。

（二）利用阴极金属的沉积作用进行镀覆加工

利用阴极金属的沉积作用进行镀覆加工主要有电铸、电镀、电刷镀，用于表面加工、装饰、尺寸修复、磨具制造、精密图案印制、电路板复制等加工。

（三）电化学加工与其他加工方法结合完成的电化学复合加工

电化学加工与其他加工方法结合完成的电化学复合加工主要有电解磨削、电解电火花复合加工、电化学阳极机械加工等，用于形状与尺寸加工、表面光整加工、镜面加工、高速切割等，即形成通路，导线和溶液中均有电流流过。溶液中正、负离子的定向移动称为电荷迁移，在阴、阳极表面发生得失电子的化学反应称之为电化学反应。利用这种电化学作用对金属进行加工的方法即为电化学加工。

二、电铸加工

利用金属的电解沉积，翻制金属制品的工艺方法。

（一）电铸加工的原理和特点

1. 电铸加工的原理

如图 8-11 所示，用导电的原模作阴极，电铸材料作阳极，含电铸材料的金属盐溶液作电铸溶液。电铸加工在原理和本质上都是属于电镀工艺的范畴，刚好和电解加工相反，利用电镀液中的金属正离子在电场的作用下，镀覆沉积在阴极上的过程。

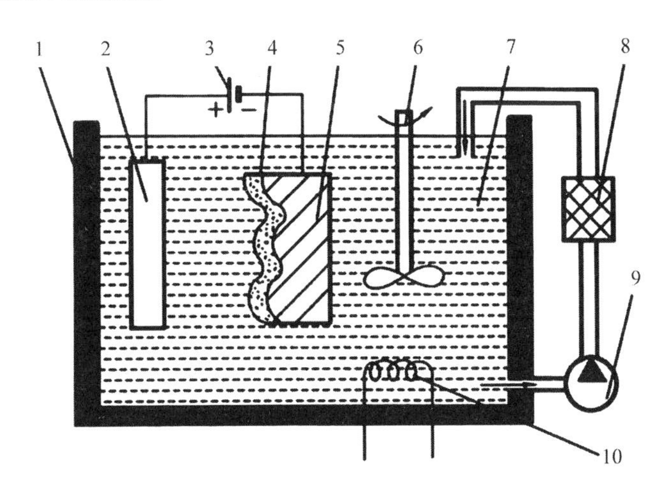

1—电铸槽；2—阳极；3—直流电源；4—电铸层；
5—原模；6—搅拌器；7—电铸液；8—过滤器；9—泵；10—加热器

图 8–11　电铸加工

2. 电铸加工的特点

能准确、精密地复制复杂型面和细微纹路；能获得尺寸精度高、表面粗糙度优于 *Ra*=0.1 μm 的复制品，同一原模生产的电铸件一致性极好；将石膏、石蜡、环氧树脂等作为原模材料，可把复杂工件的内表面复制为外表面，外表面复制为内表面，然后再电铸复制，适应性广泛；电铸也有诸如生产周期长、尖角或凹槽部分铸层不均匀、铸层存在一定的内应力、原模上的伤痕会带到产品上、电铸加工时间长等缺点。

（二）电铸法制模的工艺过程

根据母模所选用的材料和加工方法，电铸工艺过程大致如下：产品图纸→母模设计→母模制造→前处理→电沉积→加固→脱模→机械加工→成品。原模设计与制造→原模表面处理→电铸至规定厚度→衬套处理→脱模→清洗干燥→成品。

1. 原模设计与制造

原模的尺寸应与型腔一致，沿型腔深度方向应加长 5 ～ 8 mm，以备电铸后切除端面的粗糙度部分，原模电铸表面应有脱模斜度，并进行抛光，使表面粗糙度 *Ra* 达 0.08 ～ 0.16 μm。

2. 电铸金属及电铸溶液

常用的电铸金属有铜、镍和铁 3 种，相应的电铸溶液为含有所选用电铸金属离子的硫酸盐、氨基磺酸盐和氧化物等的水溶液。

3. 衬背和脱模

有些电铸件电铸成型之后，需要用其他材料在其背面加工（称为衬背），以防止变形，然后，再对电铸件进行脱模和机械加工。

（三）电铸过程的要点

溶液必须连续过滤，以除去电解质水解或硬水形成的沉淀、阳极夹杂物和尘土等固体悬浮物，防止电铸件产生针孔、粗糙、瘤斑和凹坑等缺陷；必须搅拌电铸镀液，降低浓差极化，以增大电流密度，缩短电铸时间；电铸件凸出部分电场强，镀层厚，凹入部分电场弱，镀层薄。为了使厚薄均匀，凸出部分应加以屏蔽，凹入部分要加装辅助阳极。要严格控制镀液成分、浓度、酸碱度、温度、电流密度等，以免铸件内应力过大导致变形、起皱、开裂和剥落。通常开始时电流宜稍小，随后逐渐增加，中途不宜断电，以免分层。

（四）电铸的基本设备

电铸的主要设备有电铸槽、直流电源、搅拌和循环过滤系统、加热和冷却装置等部分组成。

三、电解加工

（一）电解加工基本原理

电解加工是利用金属在电解液中产生阳极溶解的原理实现金属零件的成型加工，是利用金属在电解液中发生电化学阳极溶解的原理，将工件加工成型的一种工艺方法。

（二）电解加工主要特点

电解加工与其他加工方法相比，具有以下主要特点：

（1）能以简单的直线进给运动一次加工出复杂的型面和型腔，可以取代好几道切削加工工序，同时进给速度可达 0.3 ～ 15.0 mm/min，生产率高，设备构成简单。

（2）可加工高硬度、高强度和高韧性等难以切削加工的金属材料，如淬火钢、钛合金、不锈钢、硬质合金等。

（3）加工过程中无切削力和切削热，工件不产生内应力和变形，适合于加工易变形和薄壁类零件。加工后的零件无毛刺和残余应力，加工表面粗糙度 Ra 可达到 0.22 ～ 1.60 μm，尺寸精度对于内孔可以达到 ±（0.03 ～ 0.05）mm，对于型腔可以达到 ±（0.20 ～ 0.50）mm。

（4）加工过程中，工具阴极本身不参与电极反应，同时，工具材料又是抗腐蚀性好的不锈钢，或黄铜等，所以，除了火花短路等特殊情况外，阴极基本上无损耗，可长期使用。

（三）型腔电解加工工艺

（1）电解液的选择，中性、酸性和碱性溶液。

（2）工具电极设计与制造，电极材料包括黄铜、紫铜和不锈钢。电极尺寸一般是先根据被加工型腔尺寸和加工间隙确定电极尺寸，再通过工艺试验对电极尺寸、形状加以修正，以保证电解加工的精度。

（3）电极制造，采用机械加工、仿行铣、数控铣和反拷贝制作。

（四）电解加工设备

电解加工设备就是电解加工机床，主要包括机床本体、直流电源、电解液系统和自动控制系统。

任务三　模具的其他加工方法

一、模具的电解磨削加工

（一）电解磨削的基本原理

电解磨削是将金属的电化学阳极溶解作用和机械磨削作用相结合的一种磨削工艺。电解磨削原理，如图 8-12 所示。

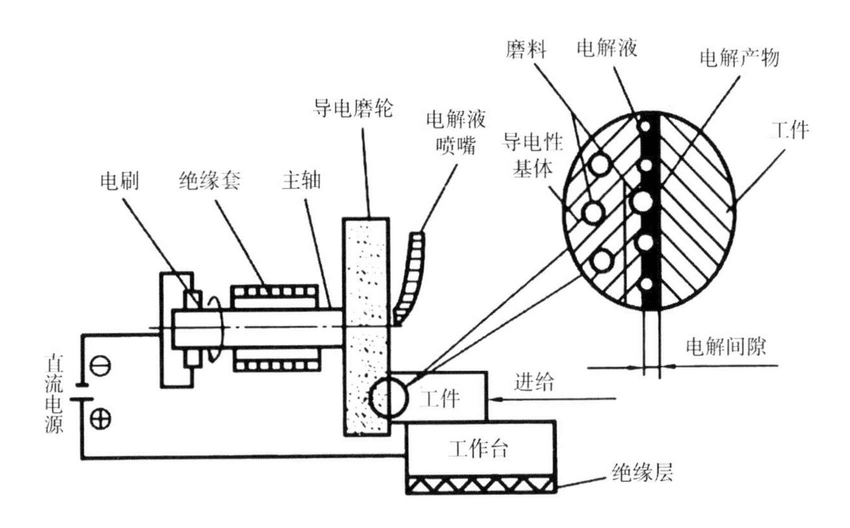

图 8-12　电解磨削原理

（二）电解磨削的特点

加工范围广，生产效率高；加工精度高，表面质量好；砂轮的磨损量小。

（三）电解磨削的应用

电解磨削在模具加工中主要应用于下列几个方面：

（1）磨削难加工材料；

（2）减少加工工序，保证磨削质量；

（3）提高加工效率；

（4）模具抛光。

（四）化学腐蚀加工

1. 原理

化学腐蚀加工是将零件要加工的部位暴露在化学介质中，产生化学反应，使零件材料腐蚀溶液，以获得所需要形状和尺寸的一种工艺方法。

2. 特点

可加工金属和非金属材料，不受被加工材料的硬度影响，不发生物理变化；加工后表面无毛刺，不变形，不产生加工硬化现象；只要腐蚀液能浸入的表面都可以加工，故适用于加工难以进行机械加工的表面；加工时不需要用夹具和贵重装备；辐射液和蒸汽污染环境，对设备和人体有危害作用，需采用适当的防护措施。

二、模具的超声加工

模具的超声加工是利用产生超声振动的工具，带动工件和工具间的磨料悬浮液冲击和抛磨工件的被加工部位，使局部材料破坏而成粉末，以进行穿孔、切割和研磨等，如图 8-13 所示。

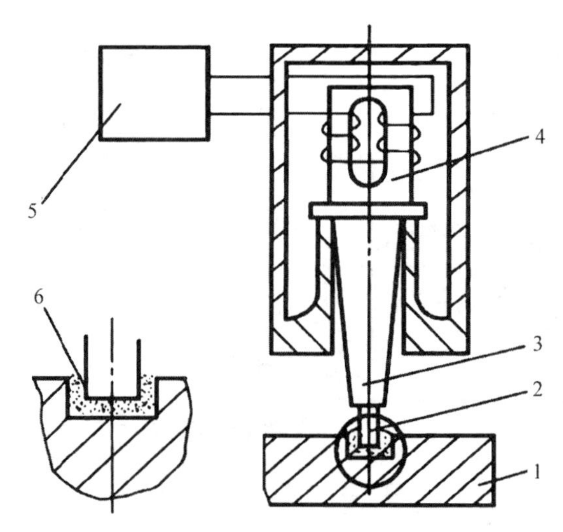

1—工具；2—工件；3—磨料悬浮液；4，5—变幅杆；6—超声换能器；7—超声波发生器

图 8-13　超声加工原理示意图

特点：适用于加工硬脆材料；结构比较简单、操作维修也比较方便；适合加工薄壁零件及工件的窄缝、小孔。

三、模具的激光加工

激光加工（Laser Machining）是利用激光固有的特性，使光能很快转变为热能来蚀除金属。激光是一种强度高、方向性好、单色性好的相干光，理论上可以把激光聚焦到微米甚至亚微米级大小的斑点上，使其在聚焦点处的功率密度达到 10^7 ～ 10^{11} W/cm^2，温度可达 1 000℃以上。激光加工具有以下特点：

（1）激光加工不需要加工工具，适于自动化连续加工。

（2）由于它的能量密度大，可加工任何材料。

（3）加工速度快、效率高、热影响区小。

（4）适于加工深而小的孔和窄缝，尺寸可达几微米。

（5）可以透过光学透明材料对工件进行加工，特别适于此特殊环境要求的工件。

四、模具的超声波加工

模具的超声波加工（Ultrasonic Machining）是利用作超声频（16～25 kHz）振动的工具，使工作液中的悬浮磨粒对工件表面撞击抛磨来实现加工，称为超声加工。适用于加工各种硬脆材料，特别是不导电的非金属材料，如玻璃、宝石、陶石及各种半导体材料。可加工各种复杂形状的型孔、型腔和型面，还可进行套料、切割和雕刻。工件受力小，变形小。精度可达 0.01～0.05 mm，表面粗糙度 Ra = 0.08～0.60 μm，优于电火花加工。

（一）超声加工的基本工艺规律

加工速度及其影响因素，影响加工速度的因素有工具振动频率与振幅、工具的压力、磨料种类与粒度、悬浮液浓度、工具与工件的材料等。工具的振幅与频率，提高振幅和频率，可以提高加工速度，但过大的振幅和过高的频率会使工具头或变幅杆承受很大的交变应力，降低其使用寿命。因此，一般振幅为 0.01～0.10 mm，频率为 16～25 kHz。

进给压力，加工时工具对工件应有一个适当的压力，过小的压力使间隙大，磨粒撞击作用弱而降低生产率；过大的压力又会使间隙过大而不利于磨粒循环更新，从而降低生产率。磨粒硬度高和颗粒大都有利于提高加工速度。使用时应根据加工工艺指标的要求及工件材料合理选用。磨料悬浮液浓度低，加工速度也低；反之，加工速度增加。但浓度太高不利于磨粒的循环和撞击运动从而影响加工速度。

（二）应用

不导电硬脆材料，也可加工各种高硬度与高强度的金属材料。要求较高的模具的抛磨精加工。各种圆孔、型孔、型腔、沟槽、异形贯通孔、弯曲孔、微细孔、套料等。超声波加工的生产率虽然比电火花加工和电化学加工低，但其加工精度和表面粗糙度都比较好，而且能加工半导体、非导体的硬脆材料，如玻璃、石英、陶瓷、宝石及金刚石等。一些淬火钢、硬质合金冲模、拉丝模和塑料模，最后也常用超声波抛磨和光整。

（三）超声型孔、型腔的加工

超声加工（图 8–14）可用于模具型孔、型腔、凸面及微细孔的加工，也可用于切割加工。

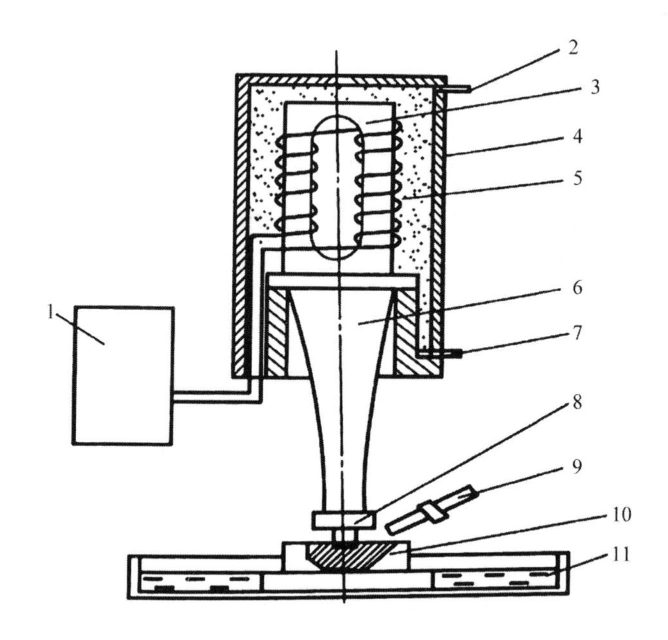

1—超声波发生器；2—冷却水入口；3—换能器；4—外罩；5—循环冷却水；6—变幅杆；
7—冷却水出口；8—工具；9—磨料悬浮液；10—工件；11—工作槽模具制造技术

图 8-14　超声波加工原理示意图

思考题

1. 名词解释

特种加工；电火花线切割加工；电化学抛光；电解磨削；超声波抛光。

2. 掌握电火花加工的基本原理及特点。评价电火花加工工艺效果的指标有哪些？各个指标的影响因素有哪些，如何影响？掌握电火花线切割加工原理及特点。掌握典型零件电火花线切割加工程序的编制方法。型腔模电火花加工主要的加工方法有哪些？各有何优缺点？电火花加工的电规准包含哪些参数？电规准转换的含义是什么？掌握影响电火花线切割工艺效果的因素。掌握线切割电极丝的选择原则。

3. 电化学加工有哪几种类型？各有何应用？激光加工有何特点及应用？电化学加工分为哪几种不同的类型？电铸加工有何特点？主要适合制造哪些模具零件？电解加工有何特点？多用于加工什么模具？和普通磨削相比电解磨削有哪些特点？它适合于加工哪些金属材料？试比较电解加工与电火花加工有何异同？

4. 有一孔形状及尺寸如图 8-15 所示，请设计电火花加工此孔的电极尺寸。已知，电火花机床精加工的单边放电间隙 δ 为 0.03 mm。

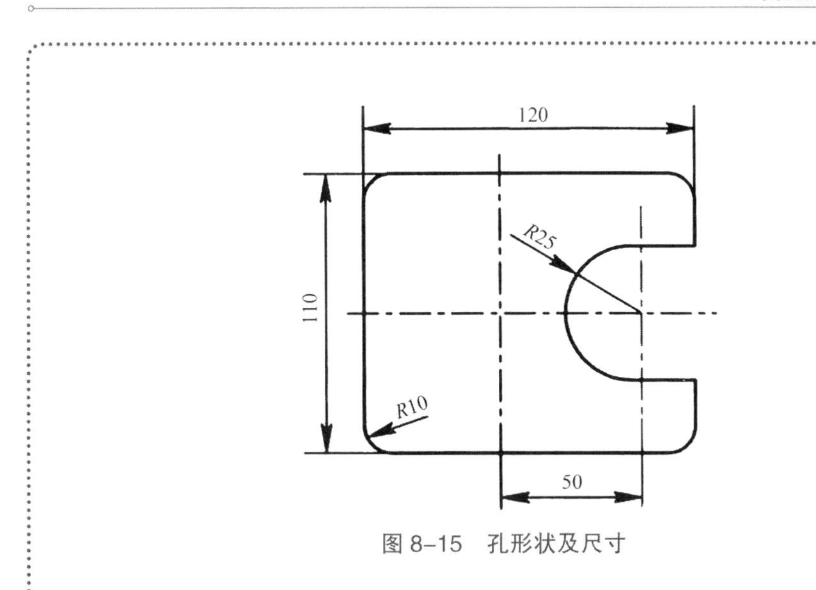

图 8–15　孔形状及尺寸

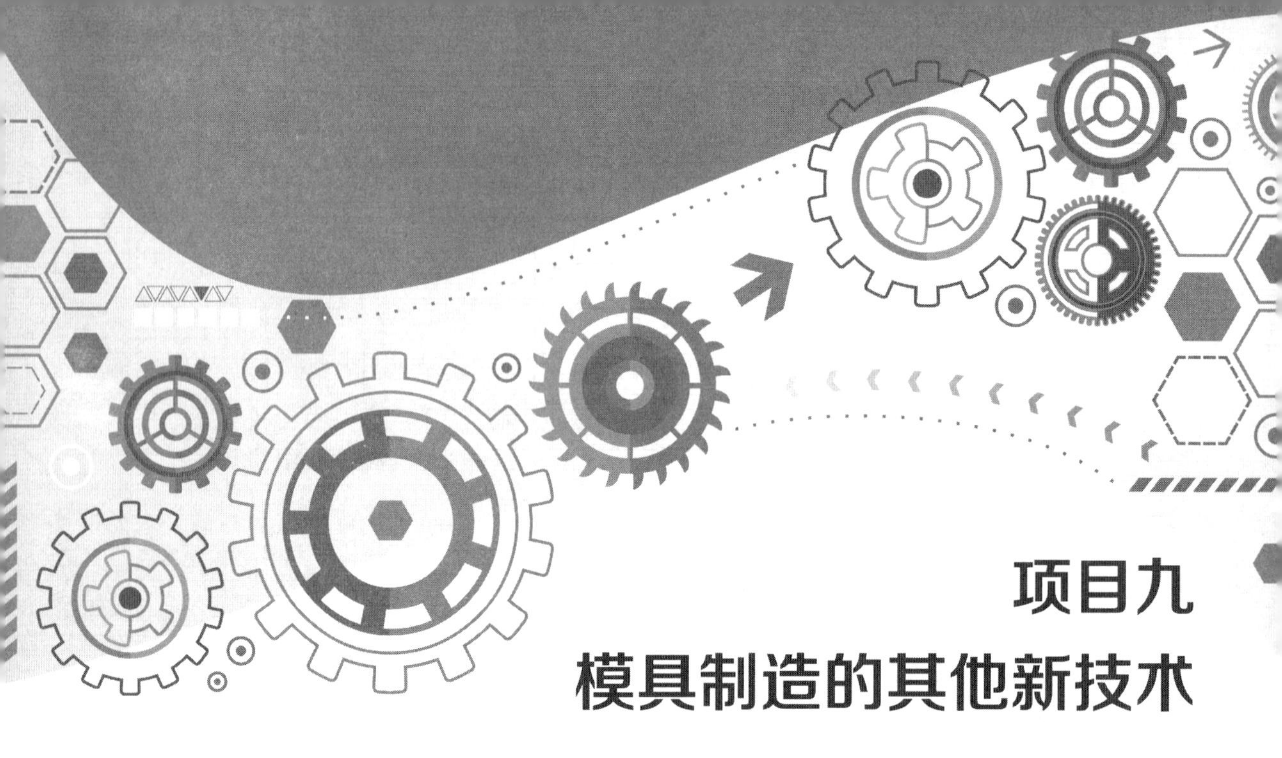

项目九 模具制造的其他新技术

导 读

随着科学技术的发展，人们对产品制造的要求越来越高，产品的生命周期也越来越短，模具制造业面临着越来越激烈的挑战。为了能在激烈的市场竞争中谋求发展，企业必须以最新的产品、最短的开发时间、最优的质量、最低的成本、最佳的服务、最好的环保效果和最快的市场响应速度来赢得市场和用户。一方面模具制造业要加快技术创新的步伐，缩短产品开发周期；另一方面模具制造业要寻求可持续发展战略。因此，人们从各种不同角度提出了许多不同的先进制造技术新模式、新哲理、新技术、新概念、新思想、新方法，如精密铸造技术、模具挤压成型、模具快速成型技术、模具高速加工技术等。本项目将对这几种新技术进行介绍。

学习目标

1. 了解精密铸造技术；
2. 了解模具的挤压成型；
3. 了解模具快速成型技术；

4. 了解模具高速加工技术；
5. 了解模具零件表面强化技术。

任务一　精密铸造技术

一、陶瓷型铸造

陶瓷型铸造是在砂型铸造的基础上发展起来的一种铸造工艺。陶瓷型是用质地较纯、热稳定性较高的耐火材料制作而成，用这种铸型铸造出的铸件具有较高的尺寸精度（IT8～IT10），表面粗糙度 $Ra = 1.25 \sim 10.00\ \mu m$。所以这种铸造方法亦称陶瓷型精密铸造。目前，陶瓷型铸造已成为铸造大型厚壁精密铸件的重要方法。在模具制造中常用于铸造形状特别复杂、图案花纹精致的模具，如塑料模、橡皮模、玻璃模、锻模、压铸模和冲模等。用这种工艺生产的模具，其使用寿命往往接近或超过机械加工生产的模具。但是由于陶瓷型铸造的精度和表面粗糙度还不能完全满足模具的设计要求，因此对要求较高的模具可与其他工艺结合起来应用。

（一）陶瓷层材料

制陶瓷型所用的造型材料包括耐火材料、黏接剂、催化剂、脱模剂、透气剂等。

1. 耐火材料

陶瓷型所用耐火材料要求杂质少、熔点高、高温热膨胀系数小。可用作陶瓷型耐火材料的有刚玉粉、铝钒土、碳化硅及锆砂（$ZrSiO_4$）等。

2. 黏接剂

陶瓷型常用的黏接剂是硅酸乙酯水解液。硅酸乙酯的分子式为（C_2H_5O）$_4$Si，它不能起黏接剂的作用，只有水解后成为硅酸溶胶才能用作黏接剂。所以可将溶质硅酸乙酯和水在溶剂酒精中通过盐酸的催化作用发生水解反应，得到硅酸溶液（即硅酸乙酯水解液），以用作陶瓷型的黏接剂。为了防止陶瓷型在喷烧及焙烧阶段产生大的裂纹，水解时往往还要加入质量分数为 0.5% 左右的醋酸或甘油。

3. 催化剂

硅酸乙酯水解液的 pH 值通常为 0.20～0.26，其稳定性较好，当与耐火粉料混合成浆料后，并不能在短时间内结胶，为了使陶瓷浆能在要求的时间内结胶，必须加入催化剂。所用的催化剂有氧氧化钙、氧化镁、氢氧化钠以及氧化钙等。

通常用氢氧化钙和氧化镁（化学纯）作催化剂，加入方法简单、易于控制。其中氢氧化钙的作用较强烈，氧化镁则较缓慢。加入量随铸型大小而定。对大型铸件，氢氧化钙的加入量为每 100 mL 硅酸乙酯水解液约 0.35 g，其结胶时间为 8 ～ 10 min，中小型铸件用量为 0.45 g，结胶时间为 3 ～ 5 min。

4. 脱模剂

硅酸乙酯水解液对模型的附着性能很强，因此在造型时为了防止粘模，影响型腔表面质量，需用脱模剂使模型与陶瓷型容易分离。常用的脱模剂有上光蜡、变压器油、机油、有机硅油及凡士林等。上光蜡与机油同时使用效果更佳，使用时应先将模型表面擦干净，用软布蘸上光蜡，在模型表面涂成均匀薄层，然后用干燥软布擦至均净光亮，再用布蘸上少许机油涂擦均匀，即可进行灌浆。

5. 透气剂

陶瓷型经喷烧后，表面能形成无数显微裂纹，这在一定程度上增进了铸件的透气性，但与砂型比较，它的透气性还是很差，故需往陶瓷浆料中加入透气剂以改善陶瓷型的透气性能。生产中常用的透气剂是双氧水。双氧水加入后会迅速分解放出氧气，形成微细的气泡，使陶瓷型的透气性提高。双氧水的加入量为耐火粉重量的 0.2% ～ 0.3%，其用量不可过多，否则，会使陶瓷型产生裂纹、变形及气孔等缺陷。使用双氧水时应注意安全，不可接触皮肤，以防灼伤。

（二）工艺过程及特点

1. 工艺过程

因为陶瓷型所用的材料一般为刚玉粉、硅酸乙酯等，这些材料都比较贵，所以只有小型陶瓷型才全部采用陶瓷浆料灌制。对于大型陶瓷型，如果也全部采用陶瓷浆造型，则成本太高。为了节约陶瓷浆料、降低成本，常采用带底套的陶瓷型，即与液体金属直接接触的面层用陶瓷材料灌注，而其余部分采用砂底套（或金属底套）代替陶瓷材料。因浆料中所用耐火材料的粒度很细、透气性很差，采用砂套可使这一情况得到改善，使铸件的尺寸精度提高，表面粗糙度减小。

（1）母模制作。

用来制造陶瓷型的模型称为母模。因母模的表面粗糙度对铸件的表面粗糙度有直接影响，故母模的表面粗糙度应比铸件表面粗糙度小，一般铸件要求 Ra = 2.5 ～ 10.0 μm，母模表面要求 Ra = 0.63 ～ 2.50 μm。制造带水玻璃砂底套的陶瓷型需要粗、精两个母模，如图 9–1 所示。图 9–1（a）是用于制造砂底套用的粗母模，图 9–1（b）是用于灌制陶瓷浆料的精母模。粗母模轮廓尺寸应比精母模尺寸均匀增大或缩小，两者间相应尺寸之差就决定了陶瓷层的厚度（一般为 10 mm 左右）。为简单起见，也可在精母模与陶瓷浆接触的表面上贴一层橡皮泥或黏土后作为粗母模使用。

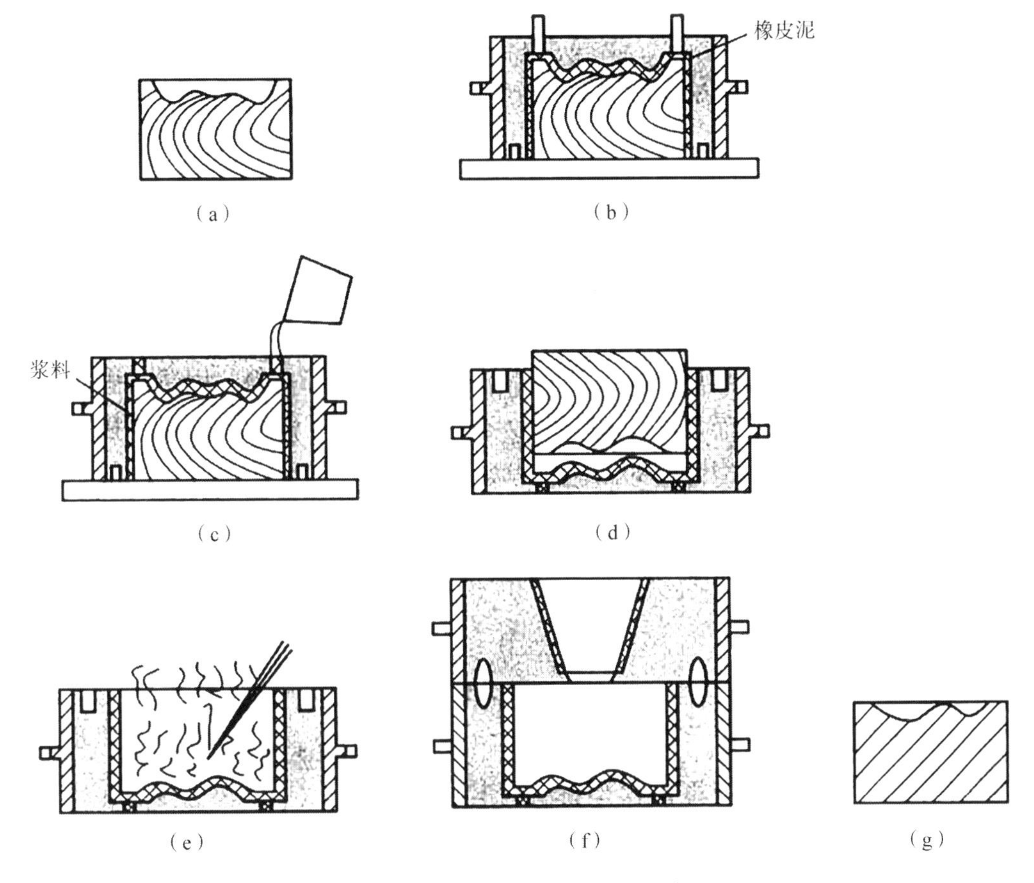

图 9–1　带水玻璃砂底套陶瓷型铸造的造型过程

（a）用于制造砂底套用的粗母模；（b）用于灌制陶瓷浆料的精母模；（c）、（d）、（e）灌浆和喷烧；（f）、（g）合箱

（2）砂套造型。

如图 9–1（b）所示，将粗母模置于平板上，外面套以砂箱，在母模上面竖两根圆棒后，填以水玻璃砂，击实后起模，并在砂套上打气眼，吹注二氧化碳使其硬化，即得到所需的水玻璃砂底套。砂底套顶面的两个孔，一个作灌注陶瓷浆的灌注孔，另一个是灌浆时的排气孔。

（3）灌浆和喷烧。

为了获得陶瓷层，在精母模外套上砂底套，使两者间的间隙均匀，将预先搅拌均匀的陶瓷材料从灌浆孔注入，充满间隙，如图 9–1（c）所示。待陶瓷浆料结胶、硬化后起模，如图 9–1（d）所示，再点火喷烧，并吹压缩空气助燃，使陶瓷型内残存的水分和少量的有机物质去除，并使陶瓷层强度增加，如图 9–1（e）所示。火焰熄灭后移入高温炉中焙烧，带水玻璃砂底套的陶瓷型焙烧温度为 300 ～ 600℃，升温速度 100 ～ 300℃ /h，保温 1 ～ 3 h。

出炉温度在 250℃以下，以免产生裂纹。

对不同的耐火材料与硅酸乙酯水解液的配比可按表 9-1 选择。

最后将陶瓷型按图 9-1（f）所示合箱，经浇注、冷却、清理即得到所需要的铸件，如图 9-1 所示。

表 9-1　耐火材料与水解液的配比

耐火材料种类	耐火材料（kg）：水解液（L）
刚玉粉或碳化硅粉	2：1
铝矾土粉	10：（3.5 ～ 4.0）
石英粉	5：2

2. 陶瓷型铸造的特点

（1）铸件尺寸精度高、表面粗糙度小。

由于陶瓷型采用热稳定性高，粒度细的耐火材料，灌浆层表面光滑，故能铸出表面粗糙度较小的铸件。其表面粗糙度 Ra = 1.00 ～ 1.25 μm。由于陶瓷型在高温下变形小，故铸件的尺寸精度也较高，可达 IT8 ～ IT10。

（2）投资少、生产准备周期短。

陶瓷型铸造的生产准备工作比较简易，不需要复杂设备，一般铸造车间只要添置一些原材料及简单的辅助装备，很快即可投入生产。

（3）可铸造大型精密铸件。

熔模铸造虽也能铸出精密铸件，但由于自身工艺的限制，浇注的铸件一般比较小，最大件只有几十千克，而陶瓷型铸件最大件可达十几吨。

此外，由于陶瓷所用的耐火材料的热稳定性高，所以能浇铸高熔点且难于用机械加工的精密零件。但是硅酸乙酯、刚玉粉等原材料价格较贵，铸件精度还不能完全满足模具的要求。

二、消失模铸造

消失模铸造（又称实型铸造）是用泡沫塑料（EPS、STMMA 或 EPMMA）（图 9-1）高分子材料制做成为与要生产铸造的零件结构、尺寸完全一样的实型模具，经过浸涂耐火涂料（起强化、光洁、透气作用）并烘干后，埋在干石英砂中经三维振动造型，浇铸造型砂箱在负压状态下浇入熔化的金属液，使高

图 9-1　消失模铸造用泡沫塑料

分子材料模型受热气化抽出，进而被液体金属取代冷却凝固后形成的一次性成型铸造新工艺生产铸件的新型铸造方法。

对于消失模铸造有多种不同的叫法，国内主要的叫法还有“干砂实型铸造”“负压实型铸造”，简称 EPS 铸造。国外的叫法主要有：lost foam process（USA）、policast process（Italy）等。

与传统铸造技术相比，消失模铸造技术具有无与伦比的优势，被国内外铸造界称为“21 世纪的铸造技术”和“铸造工业的绿色革命”。

消失模铸造有下列特点：

（1）铸件质量好，成本低；

（2）材质不限，大小皆宜；

（3）精度高、表面光洁、减少清理、节省机加；

（4）内部缺陷大大减少，铸件组织致密；

（5）可实现大规模、大批量生产；

（6）适用于相同铸件的大批量生产铸造；

（7）适用于人工操作与自动化流水线生产运行控制；

（8）生产线的生产状态符合环保技术参数指标要求；

（9）可以大大改善铸造生产线的工作环境与生产条件，降低劳动强度，减少能源消耗。

任务二　模具挤压成型

一、概述

型腔挤压法是利用金属塑性变形原理，实现模具型腔无切削加工的一种方法。加工时，把淬硬的钢制凸模在油压机的作用下缓慢挤入具有一定塑性的坯料中，得到与凸模形状相吻合的型腔表面。

挤压的模具型腔，其尺寸精度可达 IT7 级或更高，表面粗糙度 $Ra < 0.4\ \mu m$，金属材料的纤维不被切断，材料组织的强度和耐磨性高。

可以挤压形状复杂的型腔，一个挤压凸模可以多次使用，型腔的一致性好。适用于加工多型腔模具和有浮雕花纹及文字的型腔。

挤压的型腔材料应具有良好的塑性，在加工过程中不易产生加工硬化，如纯铜、锌合金、低碳钢。对塑性差的材料只能挤压形状简单，深度浅的模具型腔。

挤压时需要很大的挤压力和缓慢的挤压速度。

二、挤压方法

型腔挤压方式有开式挤压和闭式挤压两种。

（一）开式挤压

开式挤压时，模具坯料四周未受限制，金属向四周自由流动而形成型腔。这种方法主要用于挤压深度较浅、精度要求不高、外形表面尚需加工的模具型腔。

（二）闭式挤压

如图 9–2 所示，闭式挤压是将模具坯料约束在模套内，凸模挤压模具坯料时，金属径向流动受到限制，只能朝与挤压方向相反的方向流动，使挤压的型腔与凸模紧密贴合，型腔轮廓清晰。这种挤压方式主要用于精度高、表面粗糙度小、深度较大的模具型腔。

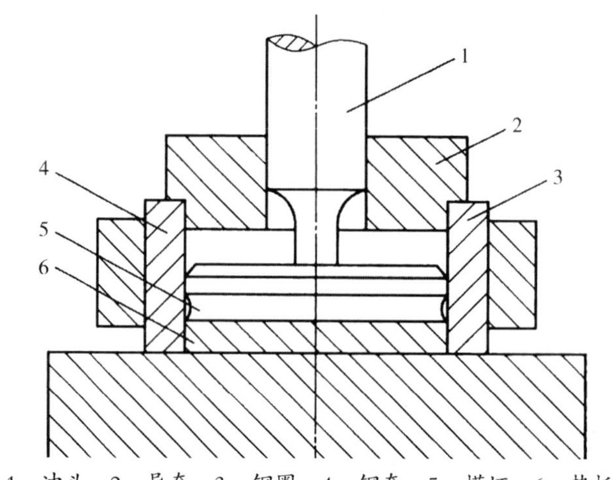

1—冲头；2—导套；3—钢圈；4—钢套；5—模坯；6—垫板

图 9–2　闭式挤压示意图

三、挤压工艺

（一）模具坯料的准备

冷挤压用的坯料应选用退火状态下塑性好、硬度低，淬火后有较高硬度和耐磨性、变形小的材料。常用的材料有铝合金、铜合金、低碳钢、中碳钢及部分工具钢，如 10、20、20Cr、45、T8A、T10A、3Cr2W8V、Cr12MoV 等。具体选用应根据模具类型、生产数量、型腔复杂程度而定。

坯料挤压前应进行退火处理，低碳钢退火至 100 ～ 160 HB，中碳钢球化退火到 160 ～ 200 HB。对要求较高的模具型腔，挤压后要进行热处理，如渗碳淬火或氮化处理等，处理时要防止氧化脱碳。挤压后的型腔还应进行消除应力的处理，以防型腔工作时发生变形。

（二）坯料的形状尺寸

开式挤压的坯料形状一般不受限制，模块外径 D 与型腔内径 d 之比为：$D/d=3\sim4$（图 9–3）；而闭式挤压坯料要与模套配合好，其尺寸可按下式确定

$$D=(2.5\sim2)d$$

$$H=(2.5\sim3)h$$

式中，D——坯料直径；

d——型腔直径；

H——坯料高度；

h——型腔深度。

型腔底部有凸出文字图案时，为保证清晰，应将坯料做成凸起的端面或挤压时从下面用凸垫反顶，如图 9–3（a）所示。挤压较深型腔，为减少挤压力，可在坯料上开减荷穴，如图 9–3（b）所示，其直径为（$0.6\sim0.7$）d，高度取（$0.6\sim0.7$）h，使凹穴体积为型腔体积的 60% 左右。坯料顶面经挤压后要成为光洁的型腔表面，坯料顶面粗糙度 $Ra<0.32$ μm。

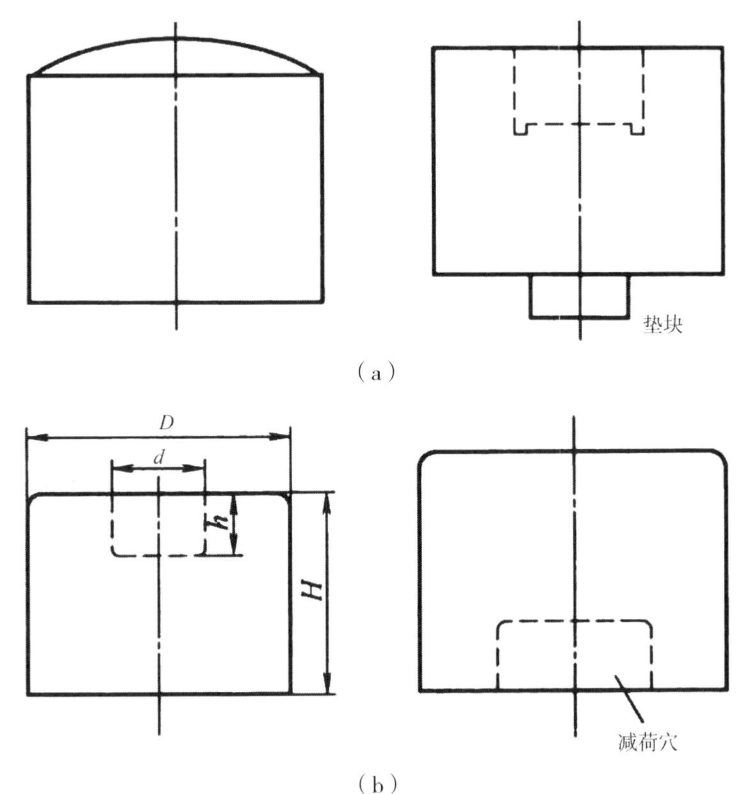

图 9–3　模坯示意图

（a）型腔带有图案或文字的模坯；（b）模坯的尺寸和形状

（三）挤压时的润滑

挤压过程中为防止凸模与坯料咬合，减少挤压力，提高凸模寿命，应在凸模与坯料之间进行必要的润滑。

一种简便的润滑方法是经过去油清洗的凸模和坯料在硫酸铜饱和溶液中浸泡 3 ～ 4 s，取出后涂以凡士林或机油稀释的二硫化钼作为润滑剂。

另一种方法是将凸模进行镀铜或镀锌处理，坯料进行磷酸盐表面处理。挤压时用二硫化钼作润滑剂，坯料在磷酸盐溶液中浸渍后表面形成一层不溶于水的多孔性磷酸盐薄膜。它能储存润滑剂，并能承受 600℃的高温，在挤压时可有效地使凸模与坯料隔离，提高润滑效果，防止凸模与坯料咬合。在涂润滑剂时，要防止润滑剂在文字或花纹处堆积，影响文字、图案的清晰。

（四）挤压工艺凸模与模套

1. 工艺凸模

挤压工艺凸模的工作条件十分恶劣，除了承受极大的挤压力外，工作表面还要承受很大的摩擦力。因此工艺凸模应有足够高的强度、硬度、韧性和耐磨性。

凸模结构分为三部分，即成型工作部分、过渡部分及导向部分。成型工作部分的型面尺寸与型腔尺寸一致，其精度比型腔精度高一级，表面粗糙度 $Ra = 0.08 \sim 0.32$ μm，端面圆角半径 $r \geqslant 0.2$ mm，工作部分的长度为型腔深度的 1.1 ～ 1.3 倍，为便于脱模，在可能情况下，工作部分可作出 1 : 50 的脱模斜度。

导向部分应与导向套的内孔配合，以保证工艺凸模垂直地挤入坯料，表面粗糙度 $Ra \leqslant 1.25$ μm，端面设有螺孔，以便取出工艺凸模。过渡部分把工艺凸模工作部分与导向部分连接起来，为减少工艺凸模的应力集中，防止挤压时断裂，过渡部分应采用较大的圆弧半径平滑过渡，一般 $Ra \geqslant 5$ mm。

2. 模套

闭式挤压时，模套的作用是限制金属坯料的径向流动，使变形区金属处于三向压应力状态，防止坯料破裂。模套一般有单层模套和双层模套两种，当单位挤压力 $\leqslant 1.1 \times 10^9$ Pa 时，可采用单层模套，则模套所能承受的挤压力越大。

当单位挤压力 $\geqslant 10^8$ Pa 时，可采用双层模套。有一定过盈量的内外层模套压合成一体后，内层模套受到外层模套的径向压力而形成一定的压应力，这样比同样尺寸的单层模套能承受更大的挤压力。

任务三　模具快速成型技术

一、基本原理

传统的制模技术大都是依据模样（母模）采用复制方式（如铸造、喷涂、电铸、复合材料浇注等）来制造模具的主要工作零件（凸凹模或模膛、模芯）。传统制模技术归纳起来大致有以下几种：①低熔点（Bi-Sn）合金制模技术；②锌基合金制模技术；③复合材料制模技术；④喷涂成型制模技术；⑤电铸成型制模技术；⑥铜基合金制模技术等。采用模具生产零件已成为当代工业生产的重要手段和工艺发展方向，然而，模具的设计与制造是一个多环节、多反复的复杂过程。由于在实际制造和检测前，很难保证产品在成型过程中每一个阶段的性能，所以长期以来模具设计都是凭经验或者是使用传统的CAD进行的。设计和制造出一副适用的模具往往需要经过由设计、制造、试模和修模的多次反复，这就导致模具制造的周期长、成本高，甚至可能造成模具的报废，难以适应快速增长的市场需求。进入20世纪90年代，随着规模经济概念的建立和发展，以及人们审美观的不断提高，人们对产品质量和开发阶段样品质量的概念已发生很大的变化，传统模具市场呈现逐步萎缩的态势，受到严重挑战。

应用快速成型方法快速制作模具的技术称为快速模具制造技术（Rapid Tooling，RT）。快速成型制造技术的出现为快速模具制造技术的发展创造了条件，快速模具制造是从产品设计迅速形成高效率、低成本批量生产的必经途径，它是一种快捷、方便、实用的模具制造技术，是随着工业化生产的发展而产生的，一直受到产品开发商和模具界的广泛重视。关于快速模具制造的研究正如火如荼，新的技术成果不断涌现，呈现出生机勃勃的发展趋势，有着强大的生命力。基于RT技术的快速模具制造由于技术集成度高，从CAD数据到物理实体转换过程快，因而与传统的数控加工方法相比，快速制模技术的显著特点是：制模周期短（比如，加工一件模具的制造周期仅为前者的1/10～3/1，生产成本也仅为前者的1/5～1/3），质量好，易于推广，制模成本低，精度和寿命能满足某种特定的功能需要，综合经济效益良好，特别适用于新产品开发试制、工艺验证和功能验证。快速成型制造技术不仅能适应各种生产类型特别是单件小批量的模具生产，而且能适应各种复杂程度的模具制造，它既能制造塑料模具，也能制造压模等金属模具。因此，快速成型一问世，就迅速应用于模具制造上。

快速成型制造技术模具制造方面的应用可分为直接制模（Direct Rapid Tooling，DRT）和间接制模（Indirect Rapid Tooling，IRT）两种。

二、直接制模（DRT）

直接制模是用 SLS、FDM、LOM 等快速成型工艺方法直接制造出树脂模、陶瓷模和金属模等模具，其优点是制模工艺简单、精度较高、工期短，缺点是单件模具成本较高，适用于样机、样件试制。

（一）SLA 工艺直接制模

利用 SLA 工艺制造的树脂件韧性较好，可作为小批量塑料零件的制造模具，这项技术已在实际生产中得到应用（图 9-2）。杜邦（Dupont）公司开发出一种高温下工作的光固化树脂，用 SLA 工艺直接成型模具，用于注塑成型工艺，其寿命可达 22 件。

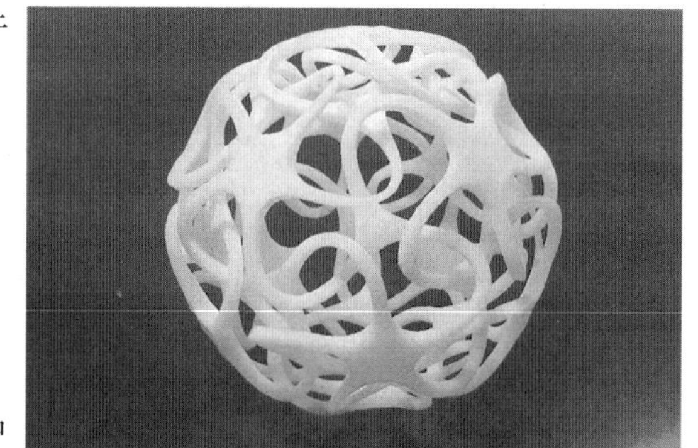

图 9-2　SLA 工艺

SLA 工艺制模的特点是：

（1）可以直接得到塑料模具；

（2）模具的表面粗糙度低，尺寸精度高；

（3）适于小型模具的生产；

（4）模型易发生翘曲，在成型过程中需设计支撑结构，尺寸精度不易保证；

（5）成型时间长，往往需要二次固化；

（6）紫外激光管寿命为 2 000 h，运行成本较高；

（7）材料有污染对皮肤有损害。

（二）LOM 工艺直接制模

采用特殊的纸质，利用 LOM 工艺方法可直接制造出纸质模具。LOM 模具有与普通木模同等水平的强度，甚至有更优的耐磨能力，可与普通木模一样进行钻孔等机械加工，也可以进行刮腻子等修饰加工。因此，以此代替木模，不仅仅适用于单件铸造生产，而且也适用于小批量铸造生产。实践中已有使用 300 次仍可继续使用的实例（如用于铸造机枪子弹）。

此外，因具有优越的强度和造型精度，还可以用作大型木模。例如，大型卡车驱动机构外壳零件的铸模。

LOM 模具的特点是：

（1）模具翘曲变形小，成型过程无须设计和制作支撑结构；

（2）有较高的强度和良好的力学性能，能耐 200℃的高温；

（3）适用于制作大中型模具；

（4）薄壁件的抗拉强度和弹性不够好；

（5）材料利用率低；

（6）后续打磨处理时耗时费力，导致模具制作周期增加，成本提高。

目前，美国Helisys公司、日本Kira公司和新加坡的Kinergy公司都在努力开发这项技术。如果采用金属箔作为成型材料，LOM 工艺可以直接制造出铸造用的 EPS 消失模，批量生产金属铸件。东京技术研究所用金属板材叠层制造金属模具的系统已经问世，还有可用于三维打印的金属材料 ProMetal 和 RTS-300 等。

（三）SLS 工艺直接制模

SLS 工艺可以采用树脂、陶瓷和金属粉等多种材料直接制造模具和铸件，这也是 SLS 技术的一大优势。DTM 公司提供了较宽的材料选择范围，其中 Nylon 和 Trueform 两种成型材料可以被用来制造树脂模。采用上述两种材料经 SLS 工艺制做成模具后，组合在注射模的模座上用于实际的注射成型。利用高功率激光（1 000 W 以上）对金属粉末进行扫描烧结，逐层叠加成型，成型件经过表面处理（打磨、精加工）即完成模具制作。制作的模具可作为压铸型、锻模使用。DMT公司开发了一种在钢粉外表面包裹薄膜层聚脂 RapidSteel 2.0 快速成型烧结材料，其金属粉末已由碳钢改变为不锈钢，所渗的合金由黄铜变为青铜，并且不像原来那样需要中间渗液态聚合物，其加工过程几乎缩短了一半。经 SLS 工艺快速烧结成型后可直接制作金属模具。Optomec 公司于 20 世纪末分别推出了 LENS-50、LENS-1500 机型，以钢合金、铁镍合金和镍铝合金为原料，采用激光技术，将金属熔化沉积成型，其生产的金属模具强度可达到传统方法生产的金属零件强度，精度在 X-Y 平面可达 0.13 mm，Z 方向可达 0.4 mm，但表面粗糙度高，相当于砂型铸件的表面粗糙度，在使用前需进行精加工。

在金属和树脂混合粉末激光烧结成型法研究方面，美国 DTM 公司的 COPPER PA 材料（一种同 POLYAMIDE 的复合材料），经过 SLS 工艺制作中空的金属模具然后灌注金属树脂，强化其内部结构，并可在模具表面渗上一层树脂进行表面结构强化，即可承受注射成型的压力、温度。具体制作步骤如下：

（1）利用激光烧结快速成型机制作 COPPER PA 金属中空暂时模；

（2）利用高温树脂和硬化剂，依照一定比例调配耐高温金属树脂溶液；

（3）将调制完成的耐高温金属树脂，灌注入中空金属模具中以强化其强度；

（4）以高温振动机，将金属树脂内气泡清除，完成后，再用高温烤箱以一定规范使高温金属树脂加热硬化；

（5）取出金属树脂硬化后的金属暂时模，放于室温使整个模具完全硬化；

（6）以 CNC 加工及切除模具毛边，装置于模座上，完成暂时模的制作。

混合金属粉末激光烧结成型技术是另一个研究热点。所用的成型粉末为两种或两种以上的金属粉末混合体，其中一种熔点较低，起黏接剂的作用。德国 Electrolux RP 公司的 Eosint M 系统利用不同熔点的几种金属粉末，通过 SLS 工艺制作金属模具，由于各种金属收缩量不一致，故能相互补偿其体积变化，使制品的总收缩量小于 0.1%，而且烧结时不需要特殊气体环境，其粉末颗粒度在 50 ～ 100 μm。

SLS 制模技术的特点是：

（1）制件的强度高在成型过程中无须设计、制作支撑结构；

（2）能直接成型塑料、陶瓷和金属制件；

（3）材料利用率高；

（4）适合中、小型模具的制作；

（5）成型件结构疏松、多孔，巨有内应力，制件易变形；

（6）生成陶瓷、金属制件的后处理较难，难以保证制件的尺寸精度；

（7）在成型过程中，需对整个截面进行扫描，所以成型时间较长。

（四）FDM 工艺直接制模

熔融沉积制模法（FDM）采用热熔喷头，使处于半流动状态的材料按模型的 CAD 分层数据控制的路径挤压并沉积在指定的位置凝固成型，逐层沉积、凝固后形成整个模型这一技术又称为熔化堆积法、熔融挤出制模法等。

熔融沉积制模技术用液化器代替了激光器，其技术关键是得到一定黏度、易沉积、挤出尺度易调整的材料。但这种层叠技术依赖于用来作模型的成型材料的快速固化性能（大约 0.1 s）。熔融沉积快速制模技术是各种快速制模中发展速度最快的一种熔融沉积快速制模工艺同其他快速制模工艺一样，也是采用在成型平台上一层层堆积材料的方法来成型零件，但是该工艺是首先将材料通过加热或其他方式熔融成为熔体状态或半熔融状态，然后通过喷头的作用成为基本堆积单元逐步堆积成型。根据成型零件的形态一般可分为熔融喷射和熔融挤压两种成型方式。用熔融沉积制模技术可以制作多种材料的原型，如石蜡型、塑料原型、陶瓷零件等。石蜡型零件可以直接用于精密铸造，省去了石蜡模的制作过程。

FDM 快速制模技术的特点是：

（1）生成的制件强度较好，翘曲变形小。

（2）适合于中、小型制件的生成。

（3）在成型过程中需设计、制作支撑结构。

（4）在制件的表面有明显的条纹。

（5）在成型过程中需对整个截面进行扫描涂覆，故成型时间较长。

（6）所需原材料的价格比较昂贵。几乎所有的快速成型技术制作的原型都可以作为熔模铸造的消失模，各种快速成型件用于铸造模技术各有优缺点。

由于各种成型技术所采用的材料不同，所以各种快速成型件的性能也各具特色。有的快速成型件适合用作熔模铸造的消失模，如FDM法制作的制件受热膨胀小而且烧熔后残留物基本没有；而有的快速成型件则由于材料的缘故不适于制作消失模，如用LOM法制作的制件，因其在烧熔后残留物较高而影响产品表面质量，但是由于其具有良好的力学性能，所以可以直接制作塑料、蜂蜡和低温合金的注塑模。

所以，我们在选择制模方法时，应该综合考虑各种制模方法的优缺点和制件的最终用途来决定选用哪一种直接制模法。

三、间接制模（IRT）

在直接制模法尚不成熟的情况下，具有竞争力的快速制模技术主要是快速成型与精密铸造、金属喷涂制模、电极研磨和粉末烧结等技术相结合的间接制模法。间接制模法是指利用快速成型技术首先制作模芯，然后用此模芯复制硬模具（如铸造模具），或者采用金属喷涂法获得轮廓形状，或者制作母模具复制软模具等对由快速成型技术得到的原型表面进行特殊处理后代替木模，直接制造石膏型或陶瓷型，或是由原型经硅橡胶过渡转换得到石膏型或陶瓷型，再由石膏型或陶瓷型浇注出金属模具。间接制模法能生产出表面质量、尺寸精度和力学性能较高的金属模具，国内外这方面的研究非常活跃。

随着原型制造精度的提高，各种间接制模工艺已基本成熟，其方法则根据零件生产批量大小而不同。常见的有硅胶模（批量50件以下）、环氧树脂模（数百件以下）、金属冷喷涂模（3 000件以下）、快速制作EDM电极加工钢模（5 000件以上）等。

依据材质不同，间接制模法生产出来的模具一般分为软质模具和硬质模具两大类。

（一）软质模具

软质模具因其所使用的软质材料（如硅橡胶环氧树脂、低熔点合金、锌合金、铝等）有别于传统的钢质材料而得名，由于其制造成本低和制作周期短，因而在新产品开发过程中作为产品功能检测和投入市场试运行以及国防、航空等领域。单件、小批量产品的生产方面受到高度重视，尤其适合于批量小、品种多、改型快的现代制造模式。目前，提出的软质模具主要有硅橡胶模、环氧树脂模、金属树脂模、金属喷涂模、电铸制模等。

1. 硅橡胶模

硅橡胶模以原型为样件，采用硫化的有机硅胶浇注制作硅橡胶模具，即软模（Soft

Tooling）。由于硅橡胶有良好的柔险和弹性，对于结构复杂、花纹精细、无拔模斜度或具有倒拔模斜度及具有深凹槽的模具来说，制件浇注完成后均可直接取出，这是相对于其他材料制造模具的独特之处。

如发现模具有少数的缺陷，可用新调配的硅橡胶修补。采用硅胶制模较好的是美国的 3D System 公司。翻成硅橡胶模具后，向模中灌注双组分的聚氨酯，固化后即得到所需的零件。调整双组分聚氨酯的构成比例，可使所得到的聚氨酯零件力学性能接近 ABS 或 PP。也可利用 RPT 加工的模型及其他方法加工的制件作为母模来制作硅橡胶模，再通过硅橡胶模来生产金属零件。

硅橡胶模的优点：

（1）过程简单，不需要高压注射机等专用设备，制作周期短；

（2）成本低，材料选择范围较广适宜于蜡、树脂、石膏等浇注成型，广泛应用于精铸蜡模的制作、艺术品的仿制和生产样件的制作；

（3）弹胜好，工件易于脱模，复印胜能好；

（4）能在室温下浇注高性能的聚氨酯塑料件，特别适合新产品的试制。

硅橡胶模的主要缺点是制模速度慢。硅胶一般需要 24 h 才能固化，为缩短这个时间，可以预加热原材料，将时间缩短一半。聚氨酯的固化通常也需要 20 h 左右，采用预加热方法也只能缩短至 4 h 左右，也就是说白天只能制作 2 ～ 4 个零件。反注射模（RIM）就是针对硅胶模的缺点设计的。它采用自动化混合快速凝固材料的方法，用单一模具每天能造 20 ～ 40 件，若用多模具，产量还可大大地提高。

2. 环氧树脂模

硅橡胶模具仅仅适用于较少数量制品的生产，如果制品数量增大时，则可用快速成型翻制环氧树脂模具。它是将液态的环氧树脂与有机或无机材料复合为基体材料，以原型为母模浇注模具的一种制模方法，也称桥模（Bridge Tooling）制作法。

当凹模制造完成后，倒置，同样需要在原型表面及分型面上均匀涂脱模剂及胶衣树脂，分开模具。在常温下浇注的模具，一般 1 ～ 2 d 基本固化定型，即能分模。取出原型，修模。刷脱模剂、胶衣树脂的目的是防止模具表面受摩擦、碰撞、大气老化和介质腐蚀等，使其在实际使用中安全可靠。采用环氧树脂浇注法制作模具工艺简单、周期短、成本低廉、树脂型模具传热性能好、强度高且型面不需再加工。环氧树脂模具寿命不及钢模，但比硅胶模寿命长，可达 1 000 ～ 5 000 件，可满足中小批量生产的需要，适用于注塑模、薄板拉伸模、吸塑模及聚氨酯发泡成型模等。

3. 金属树脂模（Metal Resin Mould）

金属树脂模实际生产中是用环氧树脂加金属粉（铁粉或铝粉）作为填充材料，也有的加水泥、石膏或加强纤维作为填料。这种简易模具也是利用 RP 原型翻制而成，强度或耐温性比高温硅橡胶更好。国内最成功的例子是一汽模具制造有限公司设计制造了 12 套模具用于红旗轿车的改型试制。该套模具采用瑞士汽巴公司的高强度树脂浇注成型，凹凸间隙大小采用进口专用蜡片准确控制。该模具尺寸精度高，制造周期可缩短 1/2 ～ 2/3，12 套模具的制造费用共节省约 1 000 万元人民币，这种树脂冲压模具技术为我国新型轿车的试制和小批量生产开辟了一条新的途径。

4. 金属喷涂模（Metal-Spraying Mould）

金属喷涂法是以 RP&M 原件作为基体样模，将低熔点金属或合金喷涂到样模表面上形成金属薄壳，然后背衬填充复合材料而快速制模的方法。金属喷涂法工艺简单、周期短、型腔和表面精细花纹可一次同时成型，耐磨性好、尺寸精度高。在制作过程中需要注意解决好涂层与原型表面的贴合和脱离间隙。金属喷涂制模具技术的应用领域非常广泛，包括注射模（塑料或蜡）吹塑模、旋转模、塑模、反应注射模（RIM）、吸塑模、浇注模等金属喷涂模极其适用于低压成型过程，如反应注塑、吹塑、浇塑等。如用于聚氨酯制品生产时，件数能达到 10 万件以上。用金属喷涂模已生产出了尼龙、ABS、PVC 等塑料的注塑件。模具寿命视注射压力从几十到几千件，这对于小批量塑料件是一个极为经济有效的生产方法。

5. 电铸制模（Electroforming）

电铸制模的原理和过程与金属喷涂法比较类似。它是采用电化学原理，通过电解液使金属沉积在原型表面，背衬其他填充材料来制作模具的方法。电铸法首先将零件的三维 CAD 模型转化成负型模型，并用快速成型方法制造负型模型，经过导电处理后，放在铜电镀液中沉积一定厚度的铜金属（48 h，1 mm）。取出后用环氧树脂或锡填充铜壳层的底部，并连接固定一根导电铜棒，就完成了铜电极的制备。一般从 CAD 设计到完成铜。电极的制作需要 1 周时间。电铸制模制作的模具复制性好且尺寸精度高，适合于精度要求较高、形态均匀一致和形状花纹不规则的型腔模具，如人物造型模具、儿童玩具和鞋模等。

（二）硬质模具

软质模具生产制品的数量一般为 50 ～ 5 000 件，对于上万件乃至几十万件的产品，仍然需要传统的钢质模具，硬质模具指的就是钢质模具，利用 RPM 原型制作钢质模具的主要方法有熔模铸造法、电火花加工法、陶瓷型精密铸造法等。

任务四　模具高速加工技术

一、概述

高速加工（HSM）是指使用超硬材料刀具，在高转速、高进给量下提高加工效率和加工质量的现代加工技术。

高速切削加工是面向21世纪的一项高新技术，它以高效率、高精度和高表面质量为基本特征，在汽车工业、航空航天、模具制造和仪器仪表等行业中获得了越来越广泛的应用，并已取得了重大的技术经济效益，是当代先进制造技术的重要组成部分。

（一）高速加工的原理

与传统加工相比，由于高速切削显著地提高了切削速度，从而使工件与前刀面的摩擦增大并使切屑和刀具接触面温度的提高。在该接触点，摩擦带来的高温能达到工件材料的熔点，使得切屑变软甚至液化，因而大大减小了对切削刀具的阻力，也就是减小了切削力，使得切削变得轻快，切屑的产生更加流畅。同时，由于加工产生的热量的70%～80%都集中在切屑上，而切屑的去除速度很快，所以传导到工件上的热量大大减少，提高了加工精度。高速切削加工技术的优点主要在于提高生产效率，提高加工精度和表面质量，降低切削阻力。

（二）高速加工的技术特征

高速切削是实现高效率制造的核心技术，工序的集约化和设备的通用化使之具有很高的生产效率。可以说，高速切削加工是一种不增加设备数量而大幅度提高加工效率所必不可少的技术。其技术特征主要表现在以下几个方面：

（1）切削速度很高，通常认为其速度超过普通切削的5～10倍；

（2）机床主轴转速很高，一般将主轴转速在10 000～20 000 r/min以上；

（3）进给速度很高，通常达15～50 m/min，最高可达90 m/min；

（4）对于不同的切削材料和所采用的刀具材料，高速切削的含义也不尽相同；

（5）切削过程中，刀刃的通过频率（Tooth Passing Frequency）接近于“机床－刀具－工件”系统的主导自然频率（Dominant Natural Frequency）。

二、高速铣削技术

高速铣削加工时当今世界的先进制造技术之一，该技术的采用大约开始于20世纪80

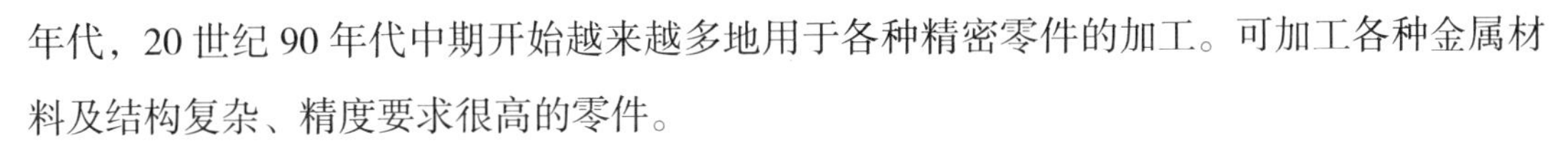

年代，20 世纪 90 年代中期开始越来越多地用于各种精密零件的加工。可加工各种金属材料及结构复杂、精度要求很高的零件。

（一）模具高速铣削加工与传统铣削加工的比较

高速铣削加工与传统数控铣削加工方法的主要区别在于进给速度、切削速度和切削深度等工艺参数的不同。高速铣削加工采用高进给速度和小切削参数；而传统铣削加工则采用低进给速度和大切削参数。从切削用量的选择看，高速铣削加工的工艺特点体现在以下几个方面。

1. 主轴转速高

在高速铣削加工中，主轴转速能够达到 10 000 ～ 30 000 r/min，一般为 20 000 r/min。

2. 进给速度快

典型的高速铣削加工进给速度对于钢材在 5 m/min 以上。最近开发的高速铣床的切削加工进给速度远远超过这个值。

3. 切削深度小

高速铣削加工的切削深度一般在 0.3 ～ 0.6 mm，在特殊情况下切削深度也可达到 0.1 mm 以下。小的切削深度可以减小切削力，降低加工过程产生的切削热，延长刀具的使用寿命。

4. 切削行距小

高速铣削加工采用的刀具轨迹行距一般在 0.2 mm 以下。一般来说，刀具轨迹行距小可以降低加工过程中的表面粗糙度，提高加工质量，从而大量减少后续精加工过程。

（二）模具高速铣削加工的优点

1. 加工质量好

与传统加工方法相比，用高速加工很容易生产和剪断切屑。当切屑厚度很小时，切屑温度上升，结果切屑温度更加细小。而当应力和切屑都减小时，刀具负载变小，工件变形也小，产生的摩擦热降低，同时大量的切削热量被切屑带走，所以模具和刀具的热变形很小，模具表面没有变质和微裂纹，从而大大改善工件的加工质量，并且有效地提高其加工精度。一般，高速加工的精度 IT 可达 10 μm 甚至更高，表面粗糙度 $Ra < 1$ μm，有效地减少了电加工和抛光工作量。

2. 刀具的使用寿命长

在高性能计算机数控系统的控制下，高速加工工艺能保证刀具在不同的速度下工作的负载恒定，再加上刀具每刃的切削量小，有利于延长刀具的使用寿命。

3. 工作效率高

模具制造中，采用高速铣削对模具进行高速精加工可改进模具的表面粗糙度和几何精度。除最后的油石打磨抛光工序外可免除所有的手工精整。虽然切削深度和厚度小，但由于主轴转速高，进给速度快，金属切除量反而增加了，加工效率得到提高。

4. 加工总成本低

计算模具制造工时时，尽管钳工作业的单位费用比高速铣削的单位费用低，但由于钳工作业时间占模具总加工时间的25% ~ 38%，并且钳工精整的加工精度低，钳工造成的误差会使模具在试用阶段失效而需要更多的返修费用。所以从产量与质量而言，都应该免除或尽量减少钳工作业。采用高速铣削能加工得到很小的表面粗糙度极高的精度，加工总成本低。

5. 直接加工淬硬模具

高速加工可在高速度、大进给量的条件下完成淬硬钢的精加工，所加工的材料硬度可达62 HRC。而传统的铣削加工只能在淬火前进行，因为淬火造成的变形必须经手工修整或采用电加工最终成型。下面则可以通过高速加工来完成，省去了电极材料、电极加工，同时避免了加工过程所导致的加工硬化。

任务五　模具零件表面强化技术

目前，我国模具的寿命还不高，模具消耗量很大，因此，提高我国的模具寿命是一个十分迫切的任务。模具热处理对使用寿命影响很大。我们经常接触到的模具损坏多半是热处理不当而引起。据统计，模具由于热处理不当，而造成模具失效的占总失效率的50%以上，所以国外模具的热处理，越来越多地使用真空炉、半真空炉和无氧化保护气氛炉。模具热处理工艺包括基体强韧化和表面强化处理。基体强韧化在于提高基体的强度和韧性，减少断裂和变形，故它的常规热处理必须严格按工艺进行。表面强化的主要目的是提高模具表面的耐磨性、耐蚀性和润滑性能。表面强化处理方法很多，主要有渗碳、渗氮、渗硫、渗硼、氮碳共渗、渗金属等。采用不同的表面强化处理工艺，可使模具使用寿命提高几倍甚至于几十倍，近几年又出现了一些新的表面强化工艺。

一、低温化学热处理

（一）离子渗氮

为了提高模具的抗蚀性、耐磨性、抗热疲劳和防黏附性能，可采用离子渗氮。离子渗氮的突出优点是显著地缩短了渗氮时间，可通过不同气体组分调节控制渗层组织，降低了渗氮层的表面脆性，变形小，渗层硬度分布曲线较平稳，不易产生剥落和热疲劳。可渗的基体材料比气体渗氮广，无毒，不会爆炸，生产安全，但对形状复杂模具，难以获得均匀的加热和均匀的渗层，且渗层较浅，过渡层较陡，温度测定及温度均匀性仍有待于解决。

离子渗氮温度以 450 ～ 520℃为宜，经处理 6 ～ 9 h 后，渗氮层深 0.2 ～ 0.3 mm。温度过低，渗层太薄；温度过高，则表层易出现疏松层，降低抗粘模能力。离子渗氮共渗层厚度以 0.2 ～ 0.3 mm 为宜。磨损后的离子渗氮模具，经修复和再次离子渗氮后，可重新投入使用，从而可大大地提高模具的总使用寿命。

（二）氮碳共渗

氮碳共渗工艺温度较低（560 ～ 570℃），变形量小，经处理的模具钢表面硬度高达 900 ～ 1 000 HV，耐磨性好，耐蚀性强，有较高的高温硬度，可用于压铸模、冷镦模、冷挤模、热挤模、高速锻模及塑料模，分别可提高使用寿命 1 ～ 9 倍。但气体氮碳共渗后常发生变形，膨胀量占化合物厚度的 25% 左右，不宜用于精密模具。处理前必经去应力退火和消除残余应力。

例如，Cr12MoV 钢制钢板弹簧孔冲孔凹模，经气体氮碳共渗和盐浴渗钒处理后，可使模具寿命提高 3 倍；又如，60Si2 钢制冷镦螺钉冲头，采用预先渗氮、短时碳氮共渗、直接淬油、低温淬火及较高温度回火处理工艺，可改善芯部韧性，提高冷镦冲头寿命 2 倍以上。

（三）碳氮硼三元共渗

三元共渗可在渗氮炉中进行，渗剂为含硼有机渗剂和氨，其比例为 1∶7，共渗温度为 600℃，共渗时间 4 h，共渗层化合物层厚 3 ～ 4 μm，扩散层深度为 0.23 mm，表面硬度为 HV011050。经共渗处理后模具的寿命显著提高。

例如，3Cr2W8V 钢热挤压成型模，按图 9-1 所示工艺造型处理后，再经离子碳、氮、硼三元共渗处理，可使模具的使用寿命提高 4 倍以上。

二、气相沉积

气相沉积技术是一种获得薄膜（膜厚 0.1 ～ 5.0 μm）的技术。即在真空中产生待沉积的材料蒸气，该蒸气冷凝于基体上形成所需的膜。该项技术包括物理气相沉积（PVD）、化学气相沉积（CVD）、物理化学气相沉积（PCVD）。它是在钢、镍、钴基等合金及硬质合金表面建立碳化物等覆盖层的现代方法，覆盖层有碳化物、氮化物、硼化物和复合型化合物等。

（一）物理气相沉积

物理气相沉积技术，由于处理温度低，热畸变小，无公害，容易获得超硬层，涂层均匀等特点，应用于精密模具表面强化处理，显示出良好的应用效果。采用 PVD 处理获得的 TiN 层可保证将塑料模的使用寿命提高 3 ～ 9 倍，金属压力加工工具寿命提高 3 ～ 59 倍。

螺钉头部凸模采用 TiN 层寿命不长，易发生脱落现象。

（二）化学气相沉积

化学气相沉积技术，沉积物由引入高温沉积区的气体离解所产生。CVD 处理的模具形状不受任何限制。CVD 可以在含碳量大于 0.8% 的工具钢、渗碳钢、高速钢、轴承钢、铸铁以及硬质合金等表面上进行。气相沉积 TiC、TiN 能应用于挤压模、落料模和弯曲模，也适用于粉末成型模和塑料模等。在金属模具上涂覆 TiC、TiN 覆层的工艺，其覆层硬度高达 3000 HV，且耐磨性好、抗摩擦性能提高、冲模的使用寿命可提高 1 ～ 4 倍。

（三）物理化学气相沉积

由于 CVD 处理温度较高，气氛中含氯化氢多，如处理不当，易污染大气。为克服上述缺点，可用氩气作载体，发展中温 CVD 法，处理温度 750 ～ 850℃即可。此法在耐磨性、耐蚀性方面不亚于高温 CVD 法。PCVD 兼具 CVD 与 PVD 技术的特点，但要求精确监控，保证工艺参数稳定。

三、激光热处理

近几年来，激光热处理技术在汽车工业、工模具工业中得到了广泛的应用。它改善金属材料的耐蚀性，特别是在工模具工业中，经激光热处理的工模具的组织性能比常规热处理有很大的改善。

（一）激光淬火

由于激光处理时的冷速极快，因而可使奥氏体晶粒内部形成的亚结构在冷却时来不及回复及再结晶，从而可获得超细的隐针马氏体结构，可显著提高强韧性，延长模具使用寿命（图 9–3）。现用于激光淬火的模具材料有 CrWMn、Cr12MoV、9CrSi、T10A、W6Mo5Cr4V2、W18Cr4V、GCr15 等。这些钢种经激光淬火后，其组织性能均得到很大的改善。例如，GCr15 冲孔模，把其硬度由 HRC 58 ～ 62 降至 HRC 45 ～ 50，并用激光进行强化处理，白亮层硬度为 HV849，基体硬度为 HV490，硬化层深度为 0.37 mm，模具使用寿命提高 2 倍以上。又如，CrWMn 钢加热时易在奥氏体晶界上形成网状的二次碳化物，显著增加脆性，降低冲击韧性，耐磨性也不能满足要求。采用激光淬火可获细马氏体和弥散分布的碳化物颗粒，消除了网状。在淬火回火态下，激光淬火可获得最大硬化层深度及最高硬度 HV1017.2。

图 9–3　激光淬火的应用

（二）激光熔凝硬化

用高能激光照射工件表面，被照射区将以极高的速率熔化，一旦光源消除，熔区依靠金属基体自身冷却，冷却速度极快。5CrNiMo渗硼层在激光熔凝处理后，与原始渗硼层相比，强化层深度增加，强化层硬度趋于平缓，渗硼层的脆性得到改善。

（三）激光合金化

激光表面合金化的合金元素为W、Ti、Ni、Cr等，以Ni、Cr为合金元素时，合金化层组织为以奥氏体为基体的胞状树枝晶，以Ti作为激光表面合金化元素时，具有组织变质作用，能使合金化层的网状碳化物变为继续网状或离散分布的碳化物。例如，T10A以Cr为激光表面合金化元素时，合金化层硬度可达HV900～1 000。又如，CrWMn复合粉末激光合金化，可获得综合技术指标优良的合金层，经测定，体积磨损量为淬火CrWMn的1/10，其使用寿命提高14倍。

四、稀土元素表面强化

在模具表面强化中，稀土元素的加入对改善钢的表层组织结构、物理、化学及机械性能都有极大影响。稀土元素具有提高渗速（渗速可提高25%～30%，处理时间可缩短1/3以上），强化表面（稀土元素具有微合金化作用，能改善表层组织结构，强化模具表面），净化表面（稀土元素与钢中P、S、As、Sn、Sb、Bi、Pb等低熔点有害杂质发生作用，形成高熔点化合物，同时抑制这些杂质元素在晶界上的偏聚，降低渗层的脆性）等多种功能。

（一）稀土碳共渗

RE-C共渗可使渗碳温度由920～930℃降低至860～880℃，减少模具变形及防止奥氏体晶粒长大；渗速可提高25%～30%（渗碳时间缩短1～2 h）；改善渗层脆性，使冲击断口裂纹形成能量和裂纹扩展能量提高约30%。

（二）稀土碳氮共渗

RE-C-N共渗可提高渗速25%～32%，提高渗层显微硬度及有效硬化层深度；使模具的耐磨性及疲劳极限分别提高1倍及12%以上；模具耐蚀性提高15%以上。RE-C-N共渗处理用于5CrMnMo钢制热锻模，其寿命提高1倍以上。

（三）稀土硼共渗

RE-B共渗的耐磨性较单一渗硼提高1.5～2.0倍，与常规淬火态相比提高3～4倍，而韧性则较单一渗硼提高6～7倍；可使渗硼温度降低100～150℃，处理时间缩短一半左右。采用RE-B共渗可使Cr12钢制拉深模寿命提高5～10倍，冲模寿命提高几倍至数十倍。

（四）稀土硼铝共渗

RE-B-Al 共渗所得共渗层，具有渗层较薄、硬度很高的特点，铝铁硼化合物具有较高的热硬性和抗高温氧化能力。H13 钢稀土硼铝共渗渗层致密，硬度高，相组成为 *d* 值发生变化（偏离标准值）的 FeB 和 Fe_2B 相。经稀土硼铝共渗后，铝挤压模使用寿命提高 2 ～ 3 倍，铝材表面质量提高 1 ～ 2 级。

模具表面强化处理的方法还有很多，我们要结合各种模具的工作条件及其使用的经济性等因素综合考虑。因为通过扩散、浸渗、涂覆、溅射、硬化等方法，改变表面层的成分和组织，就可使零件具有内部韧、表面硬、耐磨、耐热、耐蚀、抗疲劳、抗黏接的优异性能，可几倍乃至几十倍地提高模具的使用寿命。

思考题

1. 简述陶瓷型铸造的工艺过程?
2. 冷挤压技术在模具制造中有哪些应用?
3. 快速制模技术有哪些?
4. 高速加工的优势是什么?
5. 模具表面强化的方法有哪些?

参考文献

[1] 邹栋林，孟玉喜 . 机械制造与模具制造技术 [M]. 北京：中国环境出版社，2016.

[2] 吴光明 . 模具制造技术 [M]. 北京：机械工业出版社，2016.

[3] 卢永红 . 模具制造基础技能 [M]. 北京：经济管理出版社，2016.

[4] 张荣清 . 模具制造工艺 [M].2 版 . 北京：高等教育出版社，2016.

[5] 周兰菊，李云梅 . 模具制造技术 [M]. 北京：化学工业出版社，2016.

[6] 袁地军，刘定毅 . 模具制造综合实训 [M]. 北京：人民邮电出版社，2017.

[7] 付建军 . 模具制造工艺 [M]. 北京：机械工业出版社，2017.

[8] 胡桂兰 . 模具认知 [M]. 北京：高等教育出版社，2017.

[9] 厉萍 . 车工技能实训 [M]. 北京：高等教育出版社，2017.

[10] 缪遇春 . 塑料成型模具制造综合训练 [M]. 北京：电子工业出版社，2017.

[11] 万中发，谢小平 . 模具制造与装配技能训练（中级）培训教程 [M]. 上海：上海交通大学出版社，2017.

[12] 梁天宇，程正翠，刘永志 . 模具制造技术 [M]. 西安：西北工业大学出版社，2018.

[13] 成虹 . 模具制造技术 [M]. 北京：机械工业出版社，2016.

[14] 孙凤，刘延霞 . 模具制造技术基础 [M]. 北京：北京理工大学出版社，2018.

[15] 田普建，葛正浩 . 现代模具制造技术 [M]. 北京：化学工业出版社，2018.

[16] 楚伟峰 . 汽车冲压模具设计与制造 [M]. 合肥：合肥工业大学出版社，2018.

[17] 宁志良 . 冷冲压模具实体设计与制造 [M]. 成都：西南交通大学出版社，2018.

[18] 张永春 . 模具设计与制造项目化教程 [M]. 北京：北京航空航天大学出版社，2018.

[19] 颜科红 . 数字化模具制造 [M]. 北京：电子工业出版社，2020.

[20] 孙海锋 . 快速模具制造 [M]. 北京：高等教育出版社，2019.

[21] 范乃连 . 冲压模具制造项目教程 [M]. 北京：科学出版社，2019.

[22] 贺毅强，杨建明 . 冲压模具设计与制造 [M]. 哈尔滨：哈尔滨工业大学出版社，2019.

[23] 关兴举，张宗仁，姜涛 . 模具设计与制造基础 [M]. 天津：天津科学技术出版社，2019.

[24] 杨海鹏 . 冲压模具设计与制造实训教程 [M]. 北京：清华大学出版社，2019.

[25] 王基维 . 注塑模具设计与制造项目化教程 [M]. 哈尔滨：哈尔滨工业大学出版社，2020.

[26] 王秀凤，李卫东，张永春 . 冷冲压模具设计与制造 [M]. 北京: 北京航空航天大学出版社，2016.

[27] 王基维 . 冲压模具设计与制造项目化教程 [M]. 哈尔滨：哈尔滨工业大学出版社，2020.

[28] 任建平，褚建忠，郑贝贝 . 模具制造技术 [M]. 杭州：浙江大学出版社，2021.